住房和城乡建设部"十四五"规划教材

高等职业教育建筑设备类专业群"互联网＋"活页式创新系列教材

综合布线技术与通信网络

（第二版）

董 娟 主 编

李明君 副主编

中国建筑工业出版社

图书在版编目（CIP）数据

综合布线技术与通信网络／董娟主编；李明君副主
编. — 2 版. — 北京：中国建筑工业出版社，2023. 11
住房和城乡建设部"十四五"规划教材 高等职业教
育建筑设备类专业群"互联网＋"活页式创新系列教材
ISBN 978-7-112-29111-3

Ⅰ. ①综… Ⅱ. ①董… ②李… Ⅲ. ①计算机网络 –
布线 – 高等职业教育 – 教材②通信网 – 高等职业教育 – 教
材 Ⅳ. ①TP393. 03②TN915

中国国家版本馆 CIP 数据核字（2023）第 171329 号

本书共包含 6 个项目，其中有认识综合布线系统、综合布线系统设计、综合布线系统
施工、综合布线系统工程测试预验收、小型网络搭建、中型网络搭建。本书可作为高职高
专建筑智能化工程技术专业、建筑电气工程技术专业以及相关专业的教材。

为了更好地支持相应课程的教学，我们向采用本书作为教材的教师提供课件，有需要
者可与出版社联系。

建工书院：http://edu.cabplink.com。

邮箱：jckj@cabp.com.cn 电话：(010) 58337285

责任编辑：李 慧
文字编辑：胡欣蕊
责任校对：姜小莲

住房和城乡建设部"十四五"规划教材
高等职业教育建筑设备类专业群"互联网＋"活页式创新系列教材
综合布线技术与通信网络
（第二版）
董娟 主 编
李明君 副主编

＊

中国建筑工业出版社出版、发行（北京海淀三里河路 9 号）
各地新华书店、建筑书店经销
北京红光制版公司制版
北京市密东印刷有限公司印刷

＊

开本：787 毫米×1092 毫米 1/16 印张：20¾ 字数：414 千字
2024 年 3 月第二版 2024 年 3 月第一次印刷
定价：**59.00** 元（赠教师课件）
ISBN 978-7-112-29111-3
（41261）

教育部国家级教学资源库
（建筑智能化工程技术专业）
配套教材编委会

本书编审委员会

出 版 说 明

党和国家高度重视教材建设。2016 年，中办国办印发了《关于加强和改进新形势下大中小学教材建设的意见》，提出要健全国家教材制度。2019 年 12 月，教育部牵头制定了《普通高等学校教材管理办法》和《职业院校教材管理办法》，旨在全面加强党的领导，切实提高教材建设的科学化水平，打造精品教材。住房和城乡建设部历来重视土建类学科专业教材建设，从"九五"开始组织部级规划教材立项工作，经过近 30 年的不断建设，规划教材提升了住房和城乡建设行业教材质量和认可度，出版了一系列精品教材，有效促进了行业部门引导专业教育，推动了行业高质量发展。

为进一步加强高等教育、职业教育住房和城乡建设领域学科专业教材建设工作，提高住房和城乡建设行业人才培养质量，2020 年 12 月，住房和城乡建设部办公厅印发《关于申报高等教育职业教育住房和城乡建设领域学科专业"十四五"规划教材的通知》（建办人函〔2020〕656 号），开展了住房和城乡建设部"十四五"规划教材选题的申报工作。经过专家评审和部人事司审核，512 项选题列入住房和城乡建设领域学科专业"十四五"规划教材（简称规划教材）。2021年 9 月，住房和城乡建设部印发了《高等教育职业教育住房和城乡建设领域学科专业"十四五"规划教材选题的通知》（建人函〔2021〕36 号），简称为《通知》。为做好"十四五"规划教材的编写、审核、出版等工作，《通知》要求：（1）规划教材的编著者应依据《住房和城乡建设领域学科专业"十四五"规划教材申请书》（简称《申请书》）中的立项目标、申报依据、工作安排及进度，按时编写出高质量的教材；（2）规划教材编著者所在单位应履行《申请书》中的学校保证计划实施的主要条件，支持编著者按计划完成书稿编写工作；（3）高等学校土建类专业课程教材与教学资源专家委员会、全国住房和城乡建设职业教育教学指导委员会、住房和城乡建设部中等职业教育专业指导委员会应做好规划教材的指导、协调和审稿等工作，保证编写质量；（4）规划教材出版单位应积极配合，做好编辑、出版、发行等工作；（5）规划教材封面和书脊应标注"住房和城乡建设部'十四五'规划教材"字样和统一标识；（6）规划教材应在"十四五"期间完成出版，逾期不能完成的，不再作为《住房和城乡建设领域学科专业"十四五"规划教材》。

住房和城乡建设领域学科专业"十四五"规划教材的特点：一是重点以修订教育部、住房和城乡建设部"十二五""十三五"规划教材为主；二是严格按照专业标准规范要求编写，体现新发展理念；三是系列教材具有明显特点，满足不同层次和类型的学校专业教学要求；四是配备了数字资源，适应现代化教学的要求。规划教材的出版凝聚了作者、主审及编辑的心血，得到了有关院校、出版单位的大力支持，教材建设管理过程有严格保障。希望广大院校及各专业师生在选用、使用过程中，对规划教材的编写、出版质量进行反馈，以促进规划教材建设质量不断提高。

住房和城乡建设部"十四五"规划教材办公室

2021 年 11 月

前　言

在"互联网＋教育"大背景下，教材编写团队在多年教学与培训经验总结的基础上，以国家在线精品课程、教育部国家级教学资源库（建筑智能化工程技术专业）为支撑，按微课与慕课的理念建设有相关配套的后台资源，附有图片、动画、视频、习题和工程案例等教学资源，将传统纸质图书与现代数字化教学资源相结合，读者可扫描书中二维码观看相应资源，随扫随学，激发学生自主学习兴趣，实现教学资源信息化、教学终端移动化和教学过程数据化。

编写团队结合课程特点和教学内容，针对建筑施工人员、运营维护人员、工程监理和企事业单位网络维护人员的职业岗位任职要求，坚持以能力为本位的设计原则，力图实现"以学生为主体"的教学理念，以国家职业资格标准为依据，把提高学生的技术应用能力放在重要位置，以家庭、企业网络布线项目设计、施工、验收及运行管理职业岗位能力培养为根本目标，培养学生施工工艺、工程管理及运营维护等专业技术能力，开发出具有较强针对性和实用性的活页式立体化教材。在教材设计中，强化课程思政，融入工匠精神、工程伦理、科学素养和创新创业等内容，注重发挥课程思政在大学生社会主义核心价值观教育中的引领作用。

本教材由黑龙江建筑职业技术学院董娟担任主编，负责组织编写、统稿及线上资源开发等工作，黄河担任主审，黑龙江建筑职业技术学院李明君担任副主编。具体分工为：项目1、项目4由董娟、广州番禺职业技术学院黄日财共同编写，项目2由山东电子职业技术学院刘文臣编写，项目3由李明君、董娟编写，项目5、项目6

由王瑞、杨喜林、侯音编写。全书案例由大连海尔空调器有限公司付乐乐，哈尔滨麒乐成诚科技发展有限公司翟源志编写。

本教材在编写过程中，编者查阅了大量公开或内部发行的技术资料和书刊，参考借鉴了部分内容，在此向原作者致以衷心的感谢。

由于编者水平有限，书中难免存在不足之处，敬请读者和专家批评指正。

目 录

CHAPTER 1

项目 1

认识综合布线系统

任务 1.1　综合布线系统简介

任务 1.2　常用综合布线线缆与相关
部件介绍

✖ 任务1.1
综合布线系统简介

1.1.1 教学目标与思路

1.1-1
智能建筑

扫码查看工程概况

【教学载体】校园网络综合布线系统。

【教学目标】

知识目标	能力目标	素养目标	思政要素
1. 了解智能建筑的概念及相关知识。 2. 了解综合布线系统的基本概念、特点和组成。 3. 了解综合布线系统的标准和发展趋势。	1. 能够查阅资料，了解国内外行业最新动态。 2. 能够阅读相关标准及规范。	1. 具有良好的阅读理解能力，能有效地获得各种资讯； 2. 能正确表达自己见解，编制学习计划，积极学习。	1. 了解国内技术发展的新动态及培养民族自豪感。 2. 自主学习、发奋图强，为祖国伟大复兴而努力。 3. 工匠精神。

【学习任务】通过参观一个智能建筑的综合布线系统工程，初步了解系统的功能、结构、原理和组成。

【建议学时】2~4学时

【思维导图】

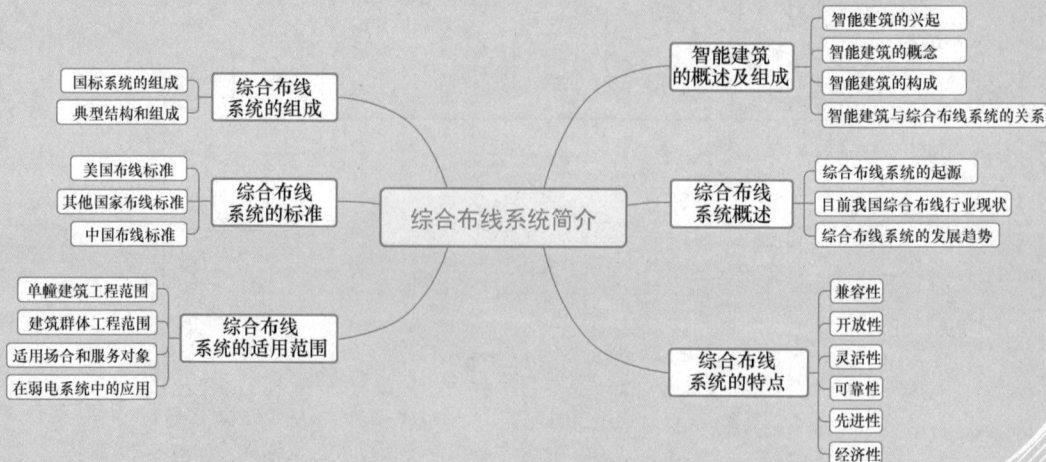

1.1.2　学生任务单

任务名称	综合布线系统简介	
学生姓名	班级学号	
同组成员		
负责任务		
完成日期	完成效果（教师评价及签字）	

明确任务	任务目标	1. 了解智能建筑的概念及相关知识。 2. 能初步认识综合布线系统的标准和发展趋势。 3. 能概括综合布线系统的概念、特点和组成。		
自学简述	课前预习 （学习内容、浏览资源、查阅资料）			
	拓展学习 （任务以外的学习内容）			
任务研究	完成步骤 （用流程图表达）			
	任务分工	任务分工	完成人	完成时间

	本人任务	
	角色扮演	
	岗位职责	
	提交成果	

任务实施	完成步骤	第1步		
		第2步		
		第3步		
		第4步		
		第5步		
	问题求助			
	难点解决			
	重点记录 (完成任务过程中,用到的基本知识、公式、规范、方法和工具等)			成果提交

学习反思	不足之处	
	待解问题	
	课后学习	

过程评价	自我评价 (5分)	课前学习	时间观念	实施方法	知识技能	成果质量	分值
	小组评价 (5分)	任务承担	时间观念	团队合作	知识技能	成果质量	分值

1.1.3　知识与技能

1. 知识点——智能建筑的概述及组成

（1）智能建筑的兴起

在 20 世纪 50 年代，经济发达国家在城市中兴建新式大型高层建筑，为了加强和提高建筑物的使用功能和服务水平，首先提出了楼宇自动化的需求，在建筑物内安装了各种仪表、控制装置和信号显示设备，实现大楼的集中控制、监视，以便运行操作和维护管理。20 世纪 80 年代以来，随着科学技术的不断发展，大型建筑的服务功能不断增加，尤其计算机、通信、控制技术及图形显示技术的相互融合和发展，使得大厦的智能化程度越来越高，满足了现代化办公的多方面需求。1984 年 1 月，由美国联合技术公司（UTC）在美国康涅狄格州哈特福德市，将一座金融大厦进行改建，改建后的大厦称为都市大厦。这幢大厦内添置了计算机、数字程控交换机等先进的办公设备以及高速通信等基础设施。大楼的客户不必购置设备便可获得语音通信、文字处理、电子邮件收发、情报资料检索等服务。

此外，大楼内的给水排水、消防、安保、供配电、照明、交通等系统均由计算机控制，实现了自动化综合管理，使用户感到更加舒适、方便和安全，这引起了世人对智能大厦的关注。"智能大厦"这一名词从此出现。随后，智能大厦在欧美、日本等世界各国蓬勃发展，先后出现了一批智能化程度不同的智能大厦。美国自 20 世纪 90 年代以来新建和改建的办公大楼约有 70% 为智能化大厦，日本则制定了从智能设备、智能家庭、智能建筑到智能城市的发展计划，计划在 21 世纪末将 65% 的建筑智能化。新加坡政府也拨巨资进行了专项研究，准备把新加坡建设成为"智能城市花园"。

20 世纪 80 年代后期，智能大厦的概念开始引入国内。随着我国改革开放的深入，国民经济持续发展，综合国力不断增强，人们对工作和生活环境的要求也不断提高，一个安全、高效和舒适的工作和生活环境已成为人们的迫切需要。这一时期智能大厦主要是一些涉外的酒店和特殊需要的工业建筑，采用的技术和设备主要是从国外引进的。虽然普及程度不高，但是人们的热情是高涨的，得到设计单位、产品供应商以及业内专家的积极响应，可以说他们是智能大厦的第一推动。

为了实现智能大厦的规范化建设，1997 年中国工程建设标准化协会发布了《建筑与建筑群综合布线系统工程设计规范》，建设部在 1997 年颁布了《建筑智能化系统工程设计管理暂行规定》，在 1998 年 10 月，建设部又颁布了《建筑智能化系统工程设计和系统集成专项资质管理暂行办法》，这些都极大地促进了中国智能大厦的建设走上规范化的高速发展轨道。

（2）智能建筑的概念

"智能建筑"被视为城市现代化、信息化的主要标志。之所以被称为数字城市，就是数字化、网络化、智能化和可视化的技术系统。即通过建设宽带多媒体信息网络系统、地理信息系统等基础设施平台，整合城市信息资源，建立电子政务和电子商务、劳动社会保险等相结合的信息化小区（或社区），逐步实现城市中经济和信息化的细胞网络，形成整个城市综合运用的地理信息系统。

在 2015 年 11 月起实施的现行国家标准《智能建筑设计标准》GB 50314—2015 中对智能建筑（Intelligent Building，IB）作了如下定义：以建筑物为平台，基于对各类智能化信息的综合应用，集架构、系统、应用、管理及优化组合为一体，具有感知、传输、记忆、推理、判断和决策的综合智慧能力，形成以人、建筑、环境互为协调的整合体，为人们提供安全、高效、便利及可持续发展功能环境的建筑。

（3）智能建筑的构成

根据现行国家标准《智能建筑设计标准》GB 50314—2015，从设计的角度出发，智能建筑的智能化系统工程设计应由信息化应用系统、智能化集成系统、信息设施系统、建筑设备管理系统、公共安全系统、应急响应系统、机房工程等设计要素构成。以建筑物的应用需求为依据，通过对智能化系统工程的设施、业务及管理等应用功能作层次化结构规划，从而构成由若干智能化设施组合而成的架构形式。

智能建筑是信息时代的必然产物，是建筑业和电子信息业共同谋求发展的方向，现代计算机技术、现代控制技术、现代通信技术、现代图形显示技术（简称4C技术）密切结合的结晶。它将计算机（Computer）、通信（Communication）、图形显示（CRT）、控制（Control）技术和建筑等各方面的先进技术相互融合，集成为最优化的整体。它是指在建筑物内建立一个以计算机综合网络为主体的系统，使建筑物实现智能化的信息管理控制，并结合现代化的服务和管理方式，给人们提供一个安全和舒适的生活、学习、工作的环境空间。20 世纪 90 年代，在房地产开发热潮中，房地产开发商发现了智能建筑这个"标签"的商业价值，为开发方建筑冠以"智能大厦""3A 建筑""5A 建筑"，甚至"7A 建筑"等名词。智能建筑的基本功能主要由三大部分构成，即建筑自动化或楼宇自动化（Building Automation，BA）、通信自动化（Communication Automation，CA）和办公自动化（Office Automation，OA），这就是上述的"3A"。某些房地产开发商为了突出某项功能，以提高建筑等级、工程造价和增加卖点，又提出了防火自动化（FA）和信息管理自动化（MA），即形成"5A"智能建筑系统，如图 1.1-1 所示。

（4）智能建筑与综合布线系统的关系

综合布线系统是智能建筑的非常重要的组成部分，它是智能建筑信息传输的通道，

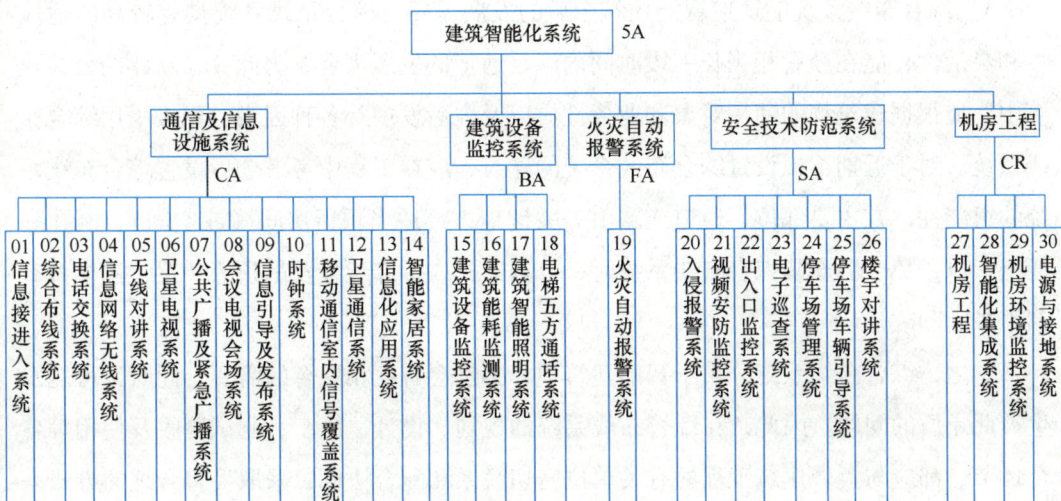

图 1.1-1 "5A" 建筑智能化系统

为其他子系统的构建提供了灵活、可靠的通信基础。我们可以将智能大厦简单看成是一个人的身体，各个应用系统看成是人的各个肢体，而综合布线系统则是遍布人体的神经网络，连接各个肢体，传输各种信息。由于综合布线系统充分考虑了用户的未来应用，能够适应未来科技发展的需要，因此大厦建成以后，完全可以根据时间和需要决定安装新的应用系统，而不需要重新布线，节省系统扩展带来的新投资。

综合布线系统在建筑内和其他设施一样，都是附属于建筑物的基础设施，为智能化建筑中的用户服务。虽然综合布线系统和房屋建筑彼此结合形成不可分离的整体，但是它们是不同类型和工程性质的建设项目。它们在规划、设计、施工、测试验收及使用的全过程中，关系是极为密切的，具体表现在以下几点。

1）综合布线系统是智能化建筑中必备的基础设施。综合布线系统将智能建筑内的通信、计算机、监控等设备及设施相互连接，形成完整配套的整体，从而实现高度智能化。综合布线系统是智能化建筑能够保证提供高效优质服务的基础设施之一。在智能建筑中，如果没有综合布线系统，各种设施和设备会因无信息传输媒质连接而无法相互联系和正常运行，智能化也难以实现，这时也就不能称为智能化建筑。在建筑物中，只有敷设了综合布线系统，才有实现智能化的可能性，这是智能建筑中的关键内容。

2）综合布线系统是衡量智能建筑智能化程度的主要标志。在衡量智能建筑的智能化程度时，主要是看建筑物内综合布线系统承载信息系统的种类和能力，设备配置是否成套、各类信息点分布是否合理、工程质量是否优良，这些都是决定智能化建筑的智能化程度高低的重要因素。智能化建筑能否为用户更好地服务，综合布线系统是具有决定性作用的。

3）综合布线系统能适应智能建筑今后的发展需要。综合布线系统具有较高的适应性和灵活性，能在今后相当长一段时间内满足通信的发展需要，为此，在新建的公共建筑中，应根据建筑物的使用对象和业务性质以及今后发展等各种因素，积极采用综合布线系统。对于近期不拟设置综合布线系统的建筑，应在工程中考虑今后设置综合布线系统的可能性，在主要部位、通道或路由等关键地方，适当预留房间（或空间）、洞孔和线槽，以避免今后安装综合布线系统时，打洞穿孔或拆卸地板及吊顶等装置，这样做有利于扩建和改建。

总之，综合布线系统分布于智能建筑中，必然会有互相融合的需要，同时又可能发生彼此矛盾的问题。因此，在综合布线系统的规划、设计、施工、测试验收及使用等各个环节，都应与负责建筑工程的有关单位密切联系和配合协调，采取妥善合理的方式来处理，以满足各方面的要求。

2. 知识点——综合布线系统概述

综合布线系统是一种模块化的、灵活性极大的建筑物内或建筑物之间的信息传输通道。它将数据通信设备、交换设备和语音系统及其他信息管理系统集成，形成一套标准的、规范的信息传输系统。

（1）综合布线系统的起源

综合布线系统的兴起与发展，是在计算机技术和通信技术发展的基础上进一步适应社会信息化和经济国际化的需要，也是办公自动化进一步发展的结果。传统的布线，如电话线缆、有线电视线缆、计算机网络线缆等都是由不同的单位各自设计和安装，采用不同的线缆及终端插座，各个系统互相独立。由于各个系统的终端插座、终端插头、配线架等设备都无法兼容，所以当设备需要移动或新技术的发展，需要更换设备时，就必须重新布线。这样既增加了资金的投入，也使得建筑物内线缆杂乱无章，增加了管理和维护的难度。

早在20世纪50年代初期，一些发达国家就在高层建筑中采用电子器件组成控制系统，各种仪表、信号灯以及操作按键通过各种线路接至分散在现场各处的机电设备上，以用来集中监控设备的运行情况，并对各种机电系统实现手动或自动控制。由于电子器件较多，线路又多又长，因此，控制点数目受到很大的限制。随着微电子技术的发展，建筑物功能的日益复杂化，到了20世纪60年代，开始出现数字式自动化系统。20世纪70年代，建筑物自动化系统迅速发展，采用专用计算机系统进行管理、控制和显示。20世纪80年代中期开始，随着超大规模集成电路技术和信息技术的发展，出现了智能化建筑物。

1984年首座智能建筑在美国出现后，传统布线的不足就更加暴露出来。随着全球社会的信息化与经济国际化的深入发展，人们对信息共享的需求日趋迫切，急需一个适合信息时代的布线方案。美国的朗讯科技（原 AT&T）公司贝尔实验室的科学家们经过多年的研究，在该公司的办公楼和工厂试验成功的基础上，于 20 世纪 80 年代末期在美国率先推出了结构化布线系统（SCS），其代表产品是 SYSTIMAX PDS（建筑与建筑群综合布线系统）。

我国在 20 世纪 80 年代末期也开始引入综合布线系统，但由于经济发展有限，综合布线系统发展缓慢。20 世纪 90 年代中后期，随着经济飞速发展，综合布线系统发展迅速。目前现代化建筑中广泛采用综合布线系统。综合布线系统也已成为我国现代化建筑工程中的热门课题，也是建筑工程和通信工程设计及安装施工中相互结合的一项十分重要的内容。

（2）目前我国综合布线行业现状

计算机网络发展到现在大面积普及的 1000Base-T，大约经历了二十多年的时间。数字通信技术也大致上经历了虚拟电路、帧中继、B-ISDN 和 ATM 的几个阶段。网络在世界范围内的迅速扩展直接导致了 20 世纪 80 年代中后期对于综合布线系统的深入思考。

综合布线系统应该说是跨学科跨行业的系统工程，内容非常广泛。作为信息产业体现在楼宇自动化系统、通信自动化系统、办公自动化系统、计算机网络几个方面。随着因特网和信息高速公路的发展，各国的政府机关、大的集团公司也都在针对自己的领域特点，进行综合布线，以适应新的需要。智能化大厦、智能化小区已成为 21 世纪的开发热点。

综合布线是在网络工程中"插入"的最基本的工作。在过去，布线是没有组织的，也没有标准。遗憾的是实践经验告诉我们，一段像头发丝那么细的导线接触到了墙壁空间的某个地方，或者因为一台小型通风电动机启动而产生了一个电场，这个电场在网络电缆线上产生噪声，就会导致功能强大的计算机硬件、复杂的网络软件以及实行精密纠错控制的网络协议管理的模块无法工作。如此看来，如何强调综合布线系统的重要性都是不过分的。就其必要性而言，主要体现在以下几个方面。

1）综合布线系统具有良好的初期投资特性；

2）综合布线系统具有较高的性能价格比；

3）综合布线系统工程费用较低。

综合布线比传统布线在材料和工程费等方面可以节约大量开支，而且一个系统的集成度越高，它的总支出也就越低。

（3）综合布线系统的发展趋势

综合布线技术从提出到今天的广泛应用，虽然只有二十多年的时间，但其发展同其他 IT 技术一样迅猛。随着网络在国民经济及社会生活各个领域的不断扩展，综合布线技术已成为 IT 行业炙手可热的发展方向。由于宽带网络公司、宽带智能社区以及研究院所、高等院校的宽带管理、宽带科研、宽带教学等像雨后春笋般成长，导致网络充斥整个空间，因而综合布线的需求连年增长。

随着计算机技术、通信技术的迅速发展，综合布线系统也在发生变化，但总的目标是向集成布线系统、智能大厦、智能小区家居布线系统方向发展。

1）集成布线系统

集成布线系统是美国西蒙公司于 1999 年 1 月在我国推出的。它的基本思想是："现在的结构化布线系统对语音和数据系统的综合支持给我们带来一个启示，能否使用相同或类似的综合布线思想来解决楼房自动控制系统的综合布线问题，使各楼房控制系统都像电话/计算机一样，成为即插即用的系统"，带着这个问题，美国西蒙公司根据市场的需要，在 1999 年初推出了整体大厦集成布线系统 TBIC。TBIC 系统扩展了结构化布线系统的应用范围，以双绞线、光缆和同轴电缆为主要传输介质支持语音、数据及所有楼宇自动控制系统弱电信号远传地连接。为大厦铺设一条完全开放的、综合的信息高速公路。它的目的是为大厦提供集成布线平台，使大厦真正成为即插即用大厦。

2）智能大厦布线

根据智能楼宇智能化（5AS）要求，一个 5AS 系统应主要有：通信自动化系统（CAS）、办公自动化系统（OAS）、大厦管理自动化系统（BAS）、安全保卫自动化系统（SAS）及消防自动化系统（FAS）子系统。主子系统的物理拓扑结构采用常规的星形结构，即从主跳接 MC、经过互联中间跳接 IC 到楼层水平跳接 HC，或直接从 MC 到 HC。

水平布线子系统从 HC 配置成单星形或多星形结构。单星形结构是指从 HC 直接连到设备上，而多星形结构则要通过一层星形结构-区域配线跳接 ZC，为应用系统提供更大的灵活性。

3）智能小区布线

智能小区布线将成为今后一段时间内布线系统的新热点。其中有两个原因，一是标准已经成熟，二是市场推动，已有越来越多的人在家庭办公或在家上网，并且多数家庭拥有不止一部电话和一台电视机，他们对宽带要求越来越高，所以家庭也需要一套系统来对这些接线进行有效管理。

发展家居综合布线系统，由此可以满足随着智能住宅小区的迅速发展以及人们对家庭信息服务和改善生活环境愿望的增加。家居布线属于多媒体系统，光纤和 7 类双绞线可能是未来家庭布线系统具有竞争力的两种传输介质。

综合布线系统（GCS）是建筑物内部或建筑群之间的传输网络。它能使建筑物内部的语音、数据、图文、图形及多媒体通信设备、信息交换设备、建筑物物业管理及建筑物自动化管理设备等系统之间彼此相联，也能使建筑物内部通信网络设备与外部的铁芯网络相联。展望未来，综合布线系统领域正致力于电缆技术方面开辟新的研究领域，并将在下一代电缆技术方面不断取得突破。这种新一代的电缆不仅支持使用当今的应用，而且会支持未来的应用，还能保证用户的网络不会随着 21 世纪技术的发展而过时。

3. 知识点——综合布线系统的特点

与传统布线技术相比，综合布线系统具有以下六个特点：

（1）兼容性

旧式的建筑物中都提供了电话、电力、闭路电视等服务，采用传统的专业布线方式，每项应用服务都要使用不同的电缆及开关插座。例如，电话系统采用一般的对绞线电缆，闭路电视系统采用专用的视频电缆，计算机网络系统采用同轴电缆或双绞线电缆。各个应用系统的电缆规格差异很大，彼此不能兼容，因此只能各个系统独立安装，布线混乱无序，直接影响建筑物的美观和使用。综合布线系统具有综合所有系统和互相兼容的特点，采用光缆或高质量的布线材料和接续设备能满足不同生产厂家终端设备的需要，使话音、数据和视频信号均能高质量地传输。

（2）开放性

开放性是指综合布线系统采用开放式体系结构，符合多种国际上现行的标准，几乎对所有著名厂商的产品都是开放的，如计算机设备、交换机设备等，并对所有通信协议也是支持的，如 ISO/IEC 8802－3，ISO/IEC 8802－5 等。

（3）灵活性

传统的布线系统的体系结构是固定的，不考虑设备的搬迁或增加，因此设备搬移或增加后就必须重新布线，耗时费力。综合布线采用标准的传输线缆和相关连接硬件，模块化设计，所有的通道都是通用性的。所有设备的开通及变动均不需要重新布线，只需增减相应的设备以及在配线架上进行必要的跳线管理即可实现。综合布线系统的组网也是灵活多样的，同一房间内可以安装多台不同的用户终端，如以太网工作站和令牌环网工作站并存。

（4）可靠性

传统布线方式是各个系统独立安装，不考虑互相兼容，往往因为各应用系统布线不当会造成交叉干扰，无法保障各应用系统的信号高质量传输。综合布线采用高品质的材料和组合压接的方式构成一套高标准的信息传输通道。所有线缆和相关连接器件均通过国际标准化组织（ISO）认证，每条通道都要经过专业测试仪器进行严格测试链路阻抗及衰减,以保证其电气性能。

(5)先进性

综合布线系统采用光纤与双绞线电缆混合布线方式,合理地组成了一套完整的布线体系。所有布线均采用世界上最新通信标准,链路均按 8 芯双绞线配置。超 5 类双绞线电缆引到桌面,可以满足 100Mbps 数据传输的需求,特殊情况下,还可以将光纤引到桌面,实现千兆数据传输的应用需求。

(6)经济性

综合布线与传统的布线方式相比,它是一种既具有良好的初期投资特性,又具有很高的性能价格比的高科技产品。综合布线系统可以兼容各种应用系统,又考虑了建筑内设备的变更及科学技术的发展,因此,可以确保大厦建成后的较长一段时间内,满足用户应用不断增长的需求,节省了重新布线的额外投资。

由于综合布线是将原来相互独立、互不兼容的若干种布线,集中成为一套完整的布线体系,统一设计,并由一个施工单位完成几乎全部弱电线缆的布线,因而可省去大量的重复劳动和设备占用,并且随着系统个数的增加,综合布线的初始特性体现越明显。

4. 知识点——综合布线系统的适用范围

综合布线系统的范围应根据建筑工程项目范围来定,主要有单幢建筑和建筑群体两种范围。

(1)单幢建筑综合布线系统工程范围

单幢建筑中的综合布线系统工程范围,一般指在整幢建筑内部敷设的通信线路,还应包括引出建筑物的通信线路。如建筑物内敷设的管路、槽道系统、通信缆线、接续设备以及其他辅助设施(如电缆竖井和专用的房间等)。此外,各种终端设备(如电话机、传真机等)及其连接软线和插头等,在使用前随时可以连接安装,一般不需要设计和施工。综合有线系统的工程设计和安装施工是单独进行的,所以,这两部分工作应该与建筑工程中的有关环节密切联系和互相配合。

(2)建筑群体综合布线系统工程范围

建筑群体因建筑幢数不一而规模不同,但综合布线系统的工程范围除包括每幢建筑内的通信线路外,还需包括各幢建筑之间相互连接的通信线路。我国颁布的通信行业标准《信息通信综合布线系统 第 2 部分:光纤光缆布线及连接件通用技术要求》YD/T 926.2—2023 的适用范围是跨越距离不超过 3000m、建筑总面积不超过 100 万 m² 的布线区域,区域内的人员为 50～5 万人。如布线区域超出上述范围时,可参考使用。标准中大楼指各种商务、办公和综合性大楼等,但不包括普通住宅楼。

上述范围是从基本建设和工程管理的要求考虑的,与今后的业务管理和维护职责等的划分范围有可能不同。因此，综合布线系统的具体范围应根据网络结构、设备布置和维护办法等因素来划分。为了适应信息社会的需要，综合布线系统应能满足传输话音、资料和图像以及其他信息的要求，尤其是当今时代出现的智能化建筑和先进技术装备的建筑群体更是如此。

（3）综合布线系统的适用场合和服务对象

综合布线系统的适用场合和服务对象有以下几类：商业贸易类型，如商务贸易中心（包括商业大厦）、金融机构（包括专业银行和保险公司等）、高级宾馆饭店、股票证券市场和高级商城大厦等高层建筑；综合办公类型，如政府机关、群众团体、公司总部等办公大厦以及办公、贸易和商业兼有的综合业务楼和租赁大楼等；交通运输类型，如航空港、车站、长途汽车客运枢纽站、江海港区（包括航运客货站）、城市公共交通指挥中心、出租车调度中心、邮政、电信通信枢纽楼等公共服务建筑；新闻机构类型，如广播电台、电视台和新闻通讯及报社业务楼等；其他重要建筑类型，如医院、急救中心、科学研究机构、高等院校和工业企业及气象中心的高科技业务楼等；此外，在军事基地和重要部门的建筑、高等院校中的校园建筑、高级住宅小区等也需要采用综合布线系统。

（4）综合布线在弱电系统中的应用

综合布线系统应支持具有 TCP/IP 通信协议的视频安防监控系统、出入口控制系统、停车库（场）管理系统、访客对讲系统、智能卡应用系统，建筑设备管理系统、能耗计量及数据远传系统、公共广播系统、信息导引（标识）及发布系统等弱电系统的信息传输。综合布线系统支持弱电各子系统应用时，应满足各子系统提出的下列条件：

1）传输带宽与传输速度；

2）缆线的应用传输距离；

3）设备的接口类型；

4）屏蔽与非屏蔽电缆及光缆布线系统的选择条件；

5）以太网供电（POE）的供电方式及供电线对实际承载的电流与功耗；

6）各弱电子系统设备安装的位置、场地面积和工艺要求。

随着科学技术的发展和人们生活水平的提高，综合布线系统的应用范围和服务对象会逐步扩大和增加。在 21 世纪，民用的高层住宅建筑将要走向智能化，这时建筑中有必要采用相应类型级别的综合布线系统。

总之，综合布线系统具有广泛的应用前景，所以，在综合布线系统工程设计中，应留有一定的发展余地，为智能化建筑中实现传输各种信息创造有利条件。

5. 知识点——综合布线系统的标准

随着综合布线系统产品和应用技术的不断发展，与之相关的综合布线系统的国内和国际标准也更加系列化、规范化、标准化和开放化。国际标准化组织和国内标准化组织都在努力制定更新的标准以满足技术和市场的需求，标准的完善才会使市场更加规范化。

从综合布线系统出现到现在已有 30 多年的时间，期间相关标准不断完善和提高。不论国外标准（包括国际标准、其他国家标准），还是国内标准都是从无到有、从少到多的，而且标准的类型、品种和数量都在逐渐增加，标准的内容也日趋完善。下面介绍与综合布线系统相关的一些主要标准，这些也是综合布线系统方案中引用最多的标准。在实际工程项目中，虽然并不需要涉及所有的标准和规范，但作为综合布线系统的设计人员，在进行综合布线系统方案设计时，应遵守综合布线系统性能、系统设计标准。综合布线施工工程应遵守布线测试、安装、管理标准以及防火、防雷接地标准。

（1）美国布线标准

美国国家标准学会（ANSI）是 ISO 的主要成员，在国际标准化方面扮演重要的角色。ANSI 布线的美洲标准主要由 TIA/EIA 制定，ANSI/TIA/EIA 标准在全世界一直起着综合布线产品的导向工作。美洲标准主要包括 TIA/EIA568-A、TIA/EIA568-B、TIA/EIA568-C、TIA/EIA 569-A、TIA/EIA 569-B、TIA/EIA 570-A、EIA/TIA 606-A 和 TIA/EIA607-A 等。

（2）国际布线标准

国际标准组织由 ISO（国际标准化组织）和 IEC（国际电工技术委员会）组成，1995 年制定颁布了 ISO/IEC11801 国际标准，名为《信息技术—用户通用布线标准》。该标准是根据《商用建筑通用布线标准》ANSI/TIA/EIA568 制定的，主要针对欧洲使用的电缆。目前，该标准有以下 3 个版本。

1）ISO/IEC11801—1995。

2）ISO/IEC11801—2000。

3）ISO/IEC11801—2002（E）。

在 ISO/IEC11801—2002（E）中，定义了 6 类（250MHz）、7 类（700MHz）缆线的标准，把 CAT5/Class D 的系统按照 CAT5 + 重新定义，以确保所有的 CAT5/ClassD 系统均可运行吉比特以太网；定义了 CAT6/ClassE 和 CAT7/ClassF 链路，并考虑了电磁兼容性（EMC）问题。

（3）中国布线标准

现在国内综合布线系统标准分为两类，即国家标准和通信行业标准。

1）国家标准

在国内进行综合布线系统设计施工时，必须参考国家标准和通信行业标准。国家标准的制定主要是以 ANSI/TIA/EIA568-A 和 ISO/IEC11801 等作为依据，并结合国内具体实际情况进行相应的修改。

2000 年，中华人民共和国建设部和中华人民共和国国家质量监督检验检疫总局联合发布了《建筑与建筑群综合布线系统工程设计规范》GB/T 50311—2000 和《建筑与建筑群综合布线系统工程验收规范》GB/T 50312—2000。

2007 年，中华人民共和国建设部和中华人民共和国国家质量监督检验检疫总局联合发布《综合布线系统工程设计规范》GB 50311—2007 和《综合布线系统工程验收规范》GB 50312—2007。

2016 年，中华人民共和国住房和城乡建设部和中华人民共和国国家质量监督检验检疫总局联合发布《综合布线系统工程设计规范》GB 50311—2016、《综合布线系统工程验收规范》GB/T 50312—2016。

与综合布线系统设计、实施和验收有关的国家现行标准如下：

《智能建筑设计标准》GB 50314—2015；

《通信管道与通信工程设计标准》GB 50373—2019；

《通信管道工程施工及验收标准》GB/T 50374—2018；

《智能建筑工程质量验收规范》GB 50339—2013；

《智能建筑工程质量检测标准》JGJ/T 454—2019。

2）通信行业标准

1997 年 9 月，我国通信行业系列标准《大楼通信综合布线系统》YD/T 926—1997 发布，1998 年 1 月 1 日起正式实施。2001 年 10 月，信息产业部发布通信行业系列标准《大楼通信综合布线系统》YD/T 926—2001，于 2001 年 11 月 1 日起正式实施，同时 YD/T 926—1997 作废，2009 年，工业和信息化部发布通信行业系列标准《大楼通信综合布线系统》YD/T 926—2009，同时 YD/T 926—2001 作废。2023 年，工业和信息化部发布了行业标准《信息通信综合布线系统 第 1 部分：总规范》YD/T 926.1—2023 和《信息通信综合布线系统 第 2 部分：光纤光缆布线及连接件通用技术要求》YD/T 926.2—2023，同时，YD/T 926.1—2009、YD/T 926.2—2009、YD/T 926.3—2009 作废。相关的通信行业标准如下：

①《住宅通信综合布线系统》YD/T 1384—2005。

②《综合布线系统工程施工监理暂行规定》YD 5124—2005。

③《通信管道工程施工监理规范》YD/T 5072—2017。

④《3.5GHz 固定无线接入工程设计规范》YD/T 5097—2005。

⑤《通信线路工程设计规范》GB 51158—2015。

⑥《信息通信综合布线系统 第 1 部分：总规范》YD/T 926.1—2023。

⑦《信息通信综合布线系统 第 2 部分：电纤光缆布线及连接件通用技术要求》YD/T 926.2—2023。

6. 知识点——综合布线系统的组成

（1）国标《综合布线系统工程设计规范》中综合布线系统的组成

目前，在国内，对于综合布线系统的组成及各子系统组成，也说法不一，甚至在国内标准中也不一样。在现行国家标准《综合布线系统工程设计规范》GB 50311—2016 中，将综合布线系统分为工作区子系统、配线子系统、干线子系统、建筑群子系统、设备间子系统、进线间、管理共 7 部分。

1.1-2 综合布线系统的组成

综合布线系统采用模块化结构。按照每个模块的作用，依照现行国家标准《综合布线系统工程设计规范》GB 50311—2016，园区网综合布线系统应按以下 7 个部分进行设计，如图 1.1-2 所示。

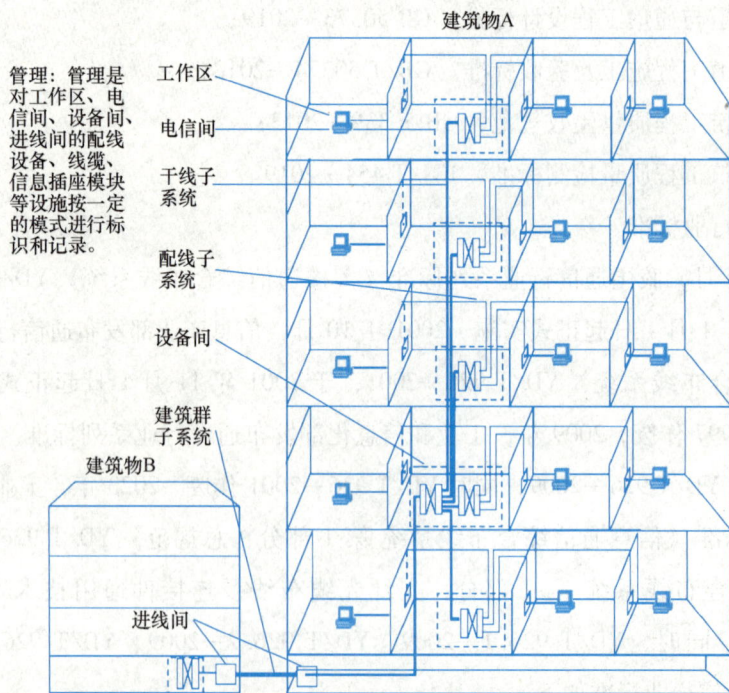

图 1.1-2　综合布线系统组成

1）工作区子系统

工作区子系统是一个独立的需要设置终端设备（TE）的区域宜划分为一个工作区。

工作区子系统应包括信息插座模块（TO）、终端设备处的连接缆线及适配器。工作区子系统是包括办公室、写字间、作业间、机房等需要电话、计算机或其他终端设备（如网络打印机、网络摄像头等）设施的区域或相应设备的统称。

2）配线子系统

配线子系统应由工作区内的信息插座模块、信息插座模块至电信间配线设备（FD）的水平缆线、电信间的配线设备及设备缆线和跳线等组成。配线子系统应由工作区的信息插座模块、信息插座模块至电信间配线设备（Floor Distributor, FD）的配线电缆和光缆、电信间的配线设备及设备缆线和跳线等组成。配线子系统水平线缆的一端与管理子系统（每个电信间的配线设备）相连，另一端与工作区子系统的信息插座相连，以便用户通过跳线连接各种终端设备，从而实现与网络的连接，如图 1.1-3 所示。

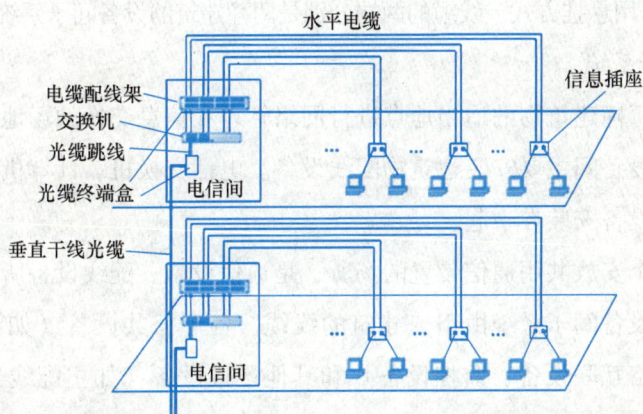

图 1.1-3　配线子系统的连接

配线子系统通常由超 5 类、6 类或超 6 类 4 对非屏蔽双绞线组成，连接至本层电信间的配线柜内。当然，根据传输速度或传输距离的需要，也可以采用多模光纤。配线子系统应当按楼层各工作区的要求设置信息插座的数量和位置，设计并布放相应数量的水平线路。为了简化施工程序，配线子系统的管路或槽道的设计与施工最好与建筑物同步进行。

3）干线子系统

干线子系统应由设备间至电信间的主干缆线、安装在设备间的建筑物配线设备（BD）及设备缆线和跳线组成。

干线子系统是建筑物内综合布线系统的主干部分，是指从主配线架（BD）至楼层配线架（FD）之间的缆线及配套设施组成的系统。两端分别敷设到设备间子系统或管理子系统及各个楼层配线子系统引入口处，提供各楼层电信间、设备间和引入口设备之间的互联，实现主配线架与楼层配线架的连接。

在通常情况下，干线子系统主干布线可采用大对数超 5 类或 6 类双绞线。如果考虑可扩展性或更高传输速度等，则应当采用光缆。干线子系统的主干线缆通常敷设在专用的上升管路或电缆竖井内。

4）建筑群子系统

建筑群子系统应由连接多个建筑物之间的主干缆线、建筑群配线设备（CD）及其他建筑物的楼宇配线架（BD）之间的缆线、跳线及配套设施组成。

大中型网络中都拥有多幢建筑物，建筑群子系统（Campus Backbone Subsystem）用于实现建筑物之间的各种通信。建筑群子系统是指建筑物之间使用传输介质（电缆或光缆）和各种支持设备（如配线架、交换机）连接在一起，构成一个完整的系统，从而实现彼此实现语音、数据、图像或监控等信号的传输。

建筑群子系统的主干缆线采用多模或单模光缆，或者大对数双绞线，既可采用地下管道敷设方式，也可采用悬挂方式。线缆的两端分别是两幢建筑的设备间子系统的接续设备。

5）设备间子系统

设备间是在每幢建筑物的适当地点进行网络管理和信息交换的场地。对于综合布线系统工程设计，设备间主要安装建筑物配线设备。电话交换机、计算机主机设备及入口设施也可与配线设备安装在一起。

设备间是一个安放共用通信装置的场所，是通信设施、配线设备所在地，也是线路管理的集中点。设备间子系统由引入建筑的线缆、各个公共设备（如计算机主机、各种控制系统、网络互联设备、监控设备）和其他连接设备（如主配线架）等组成，把建筑物内公共系统需要相互连接的各种不同设备集中连接在一起，完成各个楼层配线子系统之间的通信线路的调配、连接和测试，并建立与其他建筑物的连接，从而形成对外传输的路径。

6）进线间子系统

进线间子系统一般提供给多家电信业务经营者使用，通常设于地下一层。进线间主要作为室外电缆和光缆引入楼内的成端与分支及光缆的盘长空间位置。对于光缆至大楼（FTTB）至用户（FTTH）、至桌面（FTTO）的应用及容量日益增多，进线间就显得尤为重要。

7）管理间子系统

管理间应对工作区、电信间、设备间、进线间、布线路径环境中的配线设备、缆线、信息插座模块等设施按一定的模式进行标识、记录和管理。

管理间子系统设置在各楼层的设备间内，由配线架、接插软线和理线器、机柜等装置组成，其主要功能是实现配线管理及功能转换，以及连接配线子系统和干线子系统。管理间是针对设备间和工作区的配线设备和缆线按一定的规模进行标识和记录的规定，其内容包括管理方式、标识、色标、交叉连接等。管理间子系统交连或互连等管理垂直电缆和各楼层配线子系统的电缆，为连接其他子系统提供连接手段。

（2）综合布线系统的典型结构和组成

综合布线系统是一个开放式的结构，该结构下的每个分支子系统都是相对独立单元，对每个分支单元系统的改动都不会影响其他子系统。只要改变节点连接可在星状、总线型、环状等各种类型网络拓扑间进行转换，它应能支持当前普遍采用的各种局域网及计算机系统，同时支持电话、数据、图像、多媒体业务等信息的传递。

《综合布线系统工程设计规范》GB 50311—2016、《综合布线系统工程设计与施工》（08X101-3）和《信息通信综合布线系统 第 1 部分：总规范》YD/T 926.1—2023 都规定综合布线系统由 3 个子系统为基本组成，综合布线系统基本构成应符合如图 1.1-4 所示的构成原理图。

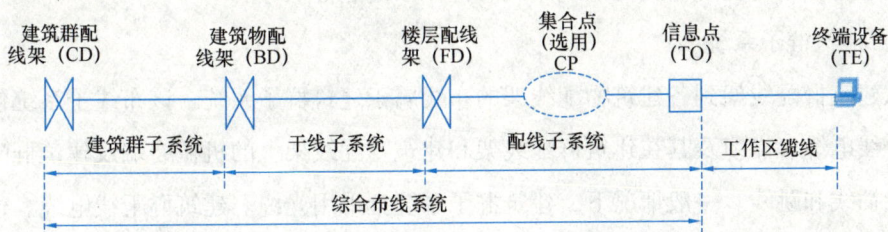

图 1.1-4 综合布线系统基本构成

为了便于理解，在综合布线系统实际工程中，综合布线系统构成如图 1.1-5、图 1.1-6所示。

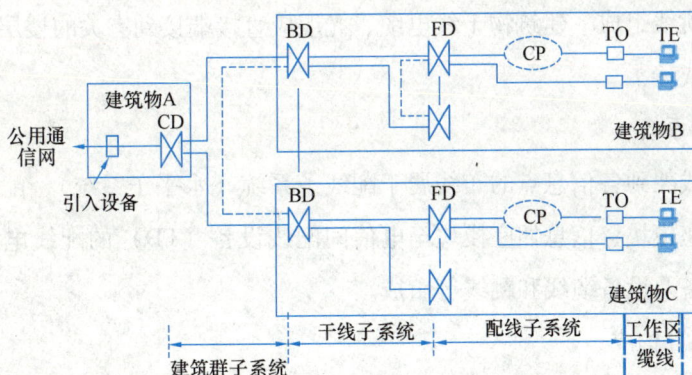

图 1.1-5 综合布线系统构成（一）

在图 1.1-5 中，根据工程的实际情况，FD 与 FD、BD 与 BD 之间可以建立直达的路由。预先将管槽敷设完毕，待以后需要时再完成缆线的布放。这个路由的存在为实现配线和网络的实时调度与管理带来了许多的方便之处。但不同层的 FD 之间是否要设路由

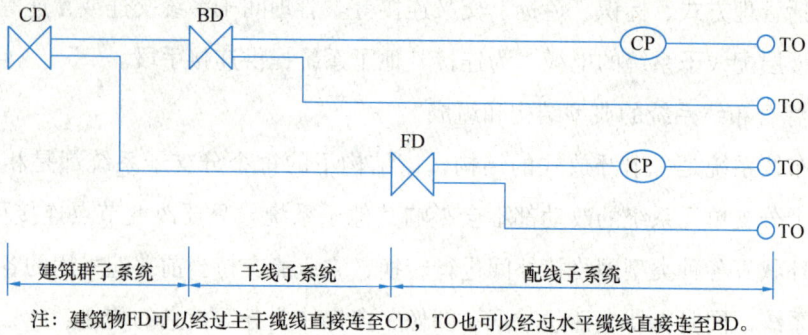

注：建筑物FD可以经过主干缆线直接连至CD，TO也可以经过水平缆线直接连至BD。

图 1.1-6　综合布线系统构成（二）

可根据以后的网络应用而定。因为竖井已将缆线路由作了沟通，只是还未布放缆线。

综合布线系统构成图对于电缆和光缆系统都是适用的。但在工程的实际应用中应加以正确理解，因为光缆布线与电缆布线有许多不同之处。

1）建筑群子系统

从建筑群配线架到各建筑物配线架的布线属于建筑群子系统。该布线子系统包括建筑群干线电缆、光缆及其在建筑群配线架和建筑物配线架上的机械终端及建筑群配线架上的接插线和跳线。一般情况下，建筑群子系统宜采用光缆。建筑群干线电缆、建筑群干线光缆也可用来直接连接两个建筑物的配线架。

2）干线子系统

从建筑物配线架到各楼层电信间配线架的布线属于干线子系统（垂直子系统）。该子系统由设备间至电信间的干线电缆和光缆、安装在设备间的建筑物配线设备（BD）及设备线缆和跳线组成。建筑物干线电缆、光缆应直接端接到有关的楼层配线架，中间不应有集合点或接头。

3）配线子系统

从楼层配线架到各信息点的布线属于配线子系统（水平子系统），配线子系统由工作区的信息插座模块、信息插座模块至电信间配线设备（FD）的配线电缆和光缆、电信间的配线设备及设备缆线和跳线等组成。

4）引入部分构成

综合布线系统进线间的入口设施及引入线缆构成如图 1.1-7 所示。其中对设置了设备间的建筑物，设备间所在楼层的 FD 可以和设备间中的 BD/CD 及入口设施安装在同一场地。

在实际综合布线系统中，各个子系统有时叠加在一起。例如，位于大楼一层的电信间也常常合并到大楼一层的网络设备间，进线间也经常设置在大楼一层的网络设备间。

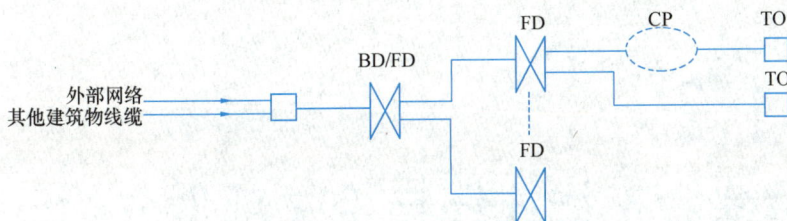

图 1.1-7　综合布线系统进线间的入口设施及引入线缆构成

同时，在信息点数量较少，传输距离小于 90m 的情况下，水平电缆可以直接由信息点（TO）连接至 BD（光缆不受 90m 长度的限制），如图 1.1-7 所示。另外，楼层配线设备（FD）也可不经过大楼配线设备（BD）而直接通过干线缆线连接至建筑群配线设备（CD）。这些都和工作区用户性质和网络构成有关。

1.1.4　问题思考

1. 什么是智能建筑？什么是综合布线系统？
2. 简述综合布线系统和智能建筑的关系。
3. 综合布线系统和传统布线系统比较，其主要优点是什么？
4. 综合布线系统通常应用在什么场所？
5. 在我国综合布线系统标准有哪些？
6. 综合布线系统主要由哪几部分组成？各部分包括哪些范围？

1.1.5　知识拓展

资源名称	综合布线系统	综合布线与智能建筑
资源类型	视频	视频
资源二维码	 1.1-3	 1.1-4

任务 1.2
常用综合布线线缆与相关部件介绍

1.2.1 教学目标与思路

【教学载体】各类综合布线线缆、连接件。

【教学目标】

知识目标	能力目标	素养目标	思政要素
1. 熟悉综合布线线缆的分类及性能； 2. 掌握各类连接件的作用及类别。	1. 能够查阅相关资料，自主了解行业最新动态及产品信息； 2. 能够对各类厂商产品进行分析，了解其产品特点。	1. 具有良好倾听的能力，能有效地获得各种资讯； 2. 能正确表达自己思想，学会理解和分析问题； 3. 培养学生团队合作意识。	1. 具有良好的职业道德和一丝不苟的工匠精神、鲁班精神； 2. 树立质量意识、安全意识、标准和规范意识； 3. 培养学生劳动习惯、劳动精神，改善生活习惯，提高自理能力。

【学习任务】通过对综合布线产品进行市场调研，了解传输介质和布线相关部件的性能及使用场所，记录产品价格，了解布线品牌厂商。

【建议学时】2~4学时

【思维导图】

1.2.2　学生任务单

任务名称	常用综合布线线缆与相关部件介绍	
学生姓名	班级学号	
同组成员		
负责任务		
完成日期	完成效果（教师评价及签字）	

明确任务	任务目标	1. 调研各类传输介质的结构、传输距离及分类； 2. 调研连接器件、配线设备的种类； 3. 调研各类不同型号产品的价格； 4. 到市场上调查目前常用的五个品牌的 4 对 5e 类和 6 类非屏蔽双绞线电缆，观察双绞线的结构和标记，对比两种双绞线电缆的价格和性能指标； 5. 到市场上或互联网上调查目前常用的五个品牌的综合布线系统产品，并列出其生产的电缆产品系列； 6. 了解目前中国市场常用的综合布线系统产品的厂家都有哪些?
自学简述	课前预习 （学习内容、浏览资源、查阅资料）	
	拓展学习 （任务以外的学习内容）	
任务研究	完成步骤 （用流程图表达）	

		任务分工	完成人	完成时间
任务研究	任务分工			

		本人任务	
		角色扮演	
		岗位职责	
		提交成果	

任务实施	完成步骤	第1步		成果提交
		第2步		
		第3步		
		第4步		
		第5步		
	问题求助			
	难点解决			
	重点记录 (完成任务过程中,用到的基本知识、公式、规范、方法和工具等)			
学习反思	不足之处			
	待解问题			
	课后学习			

过程评价	自我评价 (5分)	课前学习	时间观念	实施方法	知识技能	成果质量	分值
	小组评价 (5分)	任务承担	时间观念	团队合作	知识技能	成果质量	分值

1.2.3　知识与技能

1. 技能点——线缆的识别

（1）双绞线的结构及分类。

1）双绞线的结构

双绞线是综合布线系统中最常用的传输介质，主要应用于计算机网络、电话语音等通信系统。双绞线由按规则螺旋结构排列的两根、四根或八根绝缘导线组成。一个线对可以作为一条通信线路，各线对螺旋排列的目的是使各线对发出的电磁波相互抵消，从而使相互之间的电磁干扰最小。如图 1.2-1、图 1.2-2 所示。

> 1.2-1
> 综合布线系统线缆
> 双绞线的选择

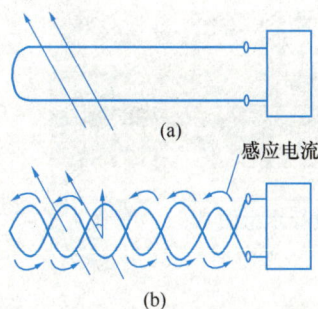

(a)

感应电流

(b)

(相邻两箭头所示磁通产生的感应电压因极性相反而相互抵消)

图 1.2-1　双绞线电磁波相互抵消示意图
（a）平行导线；（b）双绞线

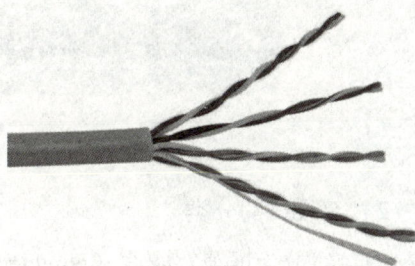

图 1.2-2　超五类双绞线

双绞线电缆（TP：Twisted Pair wire）是综合布线系统工程中最常用的有线通信传输介质。也称双扭线电缆或对称双绞电缆，为便于统一，本书中统一用双绞线表示。

双绞线是由两根具有绝缘保护层的铜导线（22~26号）互相缠绕而成，每根铜导线的绝缘层上分别涂有不同的颜色，如果把一对或多对双绞线放在一个绝缘套管中便构成了双绞线电缆（简称双绞线）。

在双绞线电缆内，不同线对具有不同的扭绞长度，按逆时针方向扭绞。把两根绝缘的铜导线按一定密度互相绞合在一起，可降低信号干扰的程度，每一根导线在传输中辐射出来的电波会被另一根线上发出的电波抵消，一般扭线越密其抗干扰能力就越强。

双绞线较适合于近距离、环境单纯（远离磁场、潮湿等）的局域网络系统。双绞线可用来传输数字和模拟信号。

铜电缆的直径通常用 AWG（American Wire Gauge）单位来衡量。AWG 数越小，电线直径却越大。直径越大的电线越有用，它们具有更大的物理强度和更小的电阻。

双绞线的绝缘铜导线线芯大小有22、24和26等规格，常用的5类和超5类非屏蔽双绞线是24AWG，直径约为0.51mm。

双绞线电缆内每根铜导线的绝缘层都有色标来标记，导线的颜色标记具体为白橙/橙、白蓝/蓝、白绿/绿、白棕/棕。根据双绞线电缆内铜导线直径大小，分为多种规格双绞线，如22~26AWG规格线缆（AWG是美国制定的线缆规格，也是业界常用的参考标准，如24AWG是指直径为0.5mm的铜导线）。100Ω和120Ω的双绞线铜导线直径为0.4~0.65mm，150Ω的双绞线铜导线直径为0.6~0.65mm。

如图1.2-3所示，线标中：CAT6A F/FTP 23AWG 4PAIRS TO TIA/EIA 568C 099M 2019.04.25，双层屏蔽超六类双绞线，23AWG线规4对TIA/EIA 568C标准99m及2019年4月25日生产。

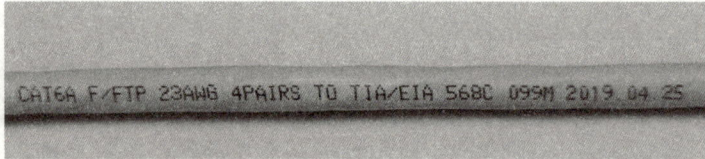

图1.2-3　某品牌双绞线线标示意图

2）双绞线的分类

双绞线分为屏蔽双绞线（Shielded Twisted Pair，STP）和非屏蔽双绞线（Unshielded Twisted Pair，UTP）两类。

屏蔽双绞线电缆的外层由铝箔包裹，相对非屏蔽双绞线具有更好的抗电磁干扰能力，造价也相对高一些。屏蔽双绞线电缆结构和非屏蔽双绞线电缆的结构，如图1.2-4所示。

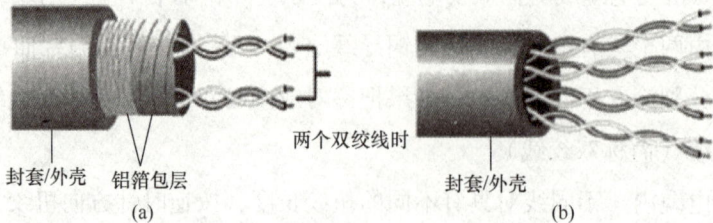

图1.2-4　屏蔽双绞线电缆和非屏蔽双绞线电缆的结构
（a）屏蔽双绞线电缆的结构；（b）非屏蔽双线电缆的结构

在双绞线电缆中增加屏蔽层就是为了提高电缆的物理性能和电气性能，减少周围信号对电缆中传输的信号的电磁干扰。

① 电缆屏蔽层的形式

电缆屏蔽层的设计有如下几种形式：屏蔽整个电缆；屏蔽电缆中的线对；屏蔽电缆中的单根导线。

② 屏蔽双绞线电缆的类型

电缆屏蔽层由金属箔、金属丝或金属网构成。屏蔽双绞线电缆与非屏蔽双绞线电缆一样，电缆芯是铜双绞线电缆，护套层是塑橡皮。只不过在护套层内增加了金属层。按金属屏蔽层数量和金属屏蔽层绕包方式，屏蔽双绞线电缆可分为以下几种：

a. 电缆金属箔屏蔽双绞线电缆（F/UTP）

b. 线对金属箔屏蔽双绞线电缆（U/FTP）

c. 电缆金属编织网加金属箔屏蔽双绞线电缆（SF/UTP）

d. 电缆金属箔编织网屏蔽加上线对金属箔屏蔽双绞线电缆（S/FTP）

（图1.2-5～图1.2-7为屏蔽双绞线）。

图1.2-5 屏蔽超五类双绞线 图1.2-6 单层屏蔽六类双绞线 图1.2-7 双层屏蔽超六类双绞线

非屏蔽双绞线电缆（UTP：Unshielded Twisted Pair），是指没有用来屏蔽双绞线的金属屏蔽层，它在绝缘套管中封装了一对或一对以上的双绞线，每对双绞线按一定密度互相绞在一起，提高了抗系统本身电子噪声和电磁干扰的能力，但不能防止周围的电子干扰。

UTP电缆是有线通信系统和综合布线系统中最普遍的传输介质，并且因其灵活性而应用广泛。UTP电缆可以用于传输语音、低速数据、高速数据等。UTP电缆还可以同时用于干线布线子系统和水平布线子系统。

非屏蔽双绞线由于没有屏蔽层，在传输信息过程中会向周围发射电磁波，使用专用设备就可以很容易地窃听到，因此，在安全性要求较高的场合应选用屏蔽双绞线。屏蔽双绞线相对于非屏蔽双绞线的价格会高一些，而且与屏蔽器件的连接要求较为严格，因此，安装要相对非屏蔽双绞线更复杂些，在考虑性价比较高的民用建筑中多采用非屏蔽双绞线（图1.2-8、图1.2-9）。

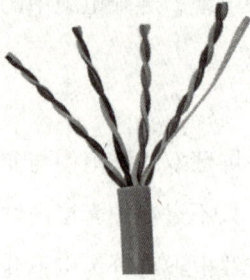

图 1.2-8　非屏蔽超五类双绞线　　　　图 1.2-9　非屏蔽六类双绞线

按性能指标分类。双绞线电缆分为 1 类、2 类、3 类、4 类、5 类、5e、6 类、7 类双绞线电缆。

按特性阻抗分类。双绞线电缆有 100Ω、120Ω、150Ω 等几种。常用的是 100Ω 的双绞线电缆。

按双绞线对数进行分类。有 1 对、2 对、4 对双绞线电缆，其中 4 对双绞线电缆最常用。另外还有 25 对、50 对、100 对的大对数双绞线电缆。

双绞线电缆的传输性能与带宽有直接关系，带宽越大，双绞线的传输速度越高。根据双绞线带宽不同，可将双绞线分为 3~6 类线缆。

目前网络布线中常用超 5 类双绞线和 6 类双绞线，6 类双绞线主要用于千兆以太网的数据传输。语音系统的布线常用 3 类、4 类双绞线。双绞线的传输距离与传输速度有关。在 10Mbps 以太网中，3 类双绞线最大传输距离为 100m，5 类双绞线最大传输距离可达 150m。在 100Mbps 以太网中，5 类双绞线最大传输距离为 100m，在 1000Mbps 以太网中，6 类双绞线最大传输距离为 100m。

3）双绞线的特性参数

双绞线的电气特性直接影响其传输质量，其电气特性参数同时也是布线工程的测试参数，在此作简要介绍。

① 特性阻抗。特性阻抗是指链路在规定工作频率范围内呈现的电阻。无论使用何种双绞线，使每对芯线的特性阻抗在整个工作带宽范围内应保证恒定、均匀。链路上任何点的阻抗不连续性将导致该链路信号发生反射和信号畸变。

特性阻抗包括电阻及频率范围内的感性阻抗和容性阻抗，与线对间的距离及绝缘体的电气性能有关。双绞线的特性阻抗有 100Ω、120Ω、150Ω 几种，综合布线中通常使用 100Ω 的双绞线。

② 直流电阻。直流电阻是指一对导线电阻的和。

③ 衰减。衰减（A，Attenuation）是指信号传输时在一定长度的线缆中的损耗，它

是对信号损失的度量。单位为分贝（dB），应尽量得到低分贝的衰减。

衰减与线缆的长度有关，长度增加，信号衰减随之增加，同时衰减量与频率有着直接的关系。双绞线的传输距离一般不超过100m。

④ 近端串音。在一条链路中处于线缆一侧的某发送线对，对于同侧的其他相邻（接收）线对通过电磁感应所造成的信号耦合（由发射机在近端传送信号，在相邻线对近端测出的不良信号耦合）为近端串音（NEXT，Near End Cross Talk）。应尽量得到高分贝的近端串扰。

⑤ 近端串音功率和。近端串音功率和（PSNEXT，Power Sum NEXT）是指在4对对绞电缆一侧测量3个相邻线对对某线对近端串扰总和（所有近端干扰信号同时工作时，在接收线对上形成的组合串扰）。

⑥ 衰减串音比值。衰减串音比值（ACR，Attenuation-to-Crosstalk Ratio）是指在受相邻发送信号线对串扰的线对上，其串扰损耗（NEXT）与本线对传输信号衰减值（A）的差值。ACR是系统信号噪声比的惟一衡量标准，它对于表示信号和噪声串扰之间的关系有着重要的价值。ACR值越高，意味着线缆的抗干扰能力越强。

⑦ 远端串扰。与近端串扰相对应，远端串扰（FEXT，Far End Cross Talk）是信号从近端发出，而在链路的另一端（远端），发送信号的线对向其他相邻线对通过电磁耦合而造成的串扰。

⑧ 等电平远端串音。等电平远端串音（ELFEXT，Equal Level FEXT）：某线对上远端串扰损耗与该线路传输信号衰减的差值。

从链路或信道近端线缆的一个线对发送信号，经过线路衰减从链路远端干扰相邻接收线对（由发射机在远端传送信号，在相邻线对近端测出的不良信号耦合）为远端串音（FEXT）。

⑨ 等电平远端串音功率和。等电平远端串音功率和（PS ELFEXT，Power Sum ELFEXT）：在4对对绞电缆一侧测量3个相邻线对对某线对远端串扰总和（所有远端干扰信号同时工作，在接收线对上形成的组合串扰）。

⑩ 回波损耗。回波损耗（RL，Return Loss）：由于链路或信道特性阻抗偏离标准值导致功率反射而引起（布线系统中阻抗不匹配产生的反射能量）。由输出线对的信号幅度和该线对所构成的链路上反射回来的信号幅度的差值导出。回波损耗对于全双工传输的应用非常重要。电缆制造过程中的结构变化、连接器类型和布线安装情况是影响回波损耗数值的主要因素。

⑪ 传播时延。传播时延是指信号从链路或信道一端传播到另一端所需的时间。

⑫ 传播时延偏差。传播时延偏差是指以同一缆线中信号传播时延最小的线对作为

参考,其余线对与参考线对时延差值(最快线对与最慢线对信号传输时延的差值)。

⑬ 插入损耗。插入损耗是指发射机与接收机之间插入电缆或元器件产生的信号损耗,通常指衰减。

(2)同轴电缆的结构及分类。

1)同轴电缆的结构

同轴电缆由外层、外导体(屏蔽层)、绝缘体、内导体组成,外层为防水、绝缘的塑料用于电缆的保护,外导体为网状的金属网用于电缆的屏蔽,绝缘体为围绕内导体的一层绝缘塑料,内导体一根圆柱形的硬铜芯。同轴电缆内部结构如图1.2-10所示。

同轴电缆分为粗缆和细缆两种。在早期的网络中经常使用粗同轴电缆作为连接网络的主干,后来随着光纤的广泛使用,粗同轴电缆已经不再使用。细同轴电缆的直径与粗同轴电缆相比要小一些,用于将桌面工作站连接到网络中,目前已经被物美价廉的双绞线所取代。

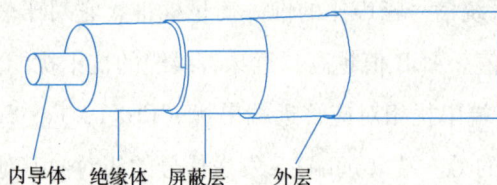

内导体　绝缘体　屏蔽层　外层

图1.2-10　同轴电缆内部结构

根据不同的应用,同轴电缆分为基带同轴电缆和宽带同轴电缆两种。基带同轴电缆为50Ω阻抗,主要用于计算机网络通信,可以传输数字信号。宽带同轴电缆为75Ω阻抗,主要用于有线电视系统传输模拟信号,通过改造后也可以用于计算机网络通信。

2)同轴电缆的类型

① RG6/RG-59同轴电缆。RG6/RG-59电缆用于视频、CATV和私人安全视频监视网络。特性阻抗为75Ω。

RG6是支持住宅区CATV系统的主要传输介质。

② RG-8或RG-11同轴电缆。即通常所说的粗缆,特性阻抗为50Ω。可组成粗缆以太网,即10Base-5以太网。

③ RG-58/U或RG-58C/U同轴电缆。即通常所说的细缆,特性阻抗为50Ω。可组成细缆以太网,即10Base-2以太网。

(3)光纤的结构与分类。

1)光纤结构

光纤是一种能传导光波的介质,可以使用玻璃和塑料制造光纤,超高纯度石英玻璃纤维制作的光纤可以达到最低的传输损耗。光纤质地脆、易断裂，因此纤芯需要外加一层保护层，光纤结构如图 1.2-11 所示。

2）光纤传输特性

光纤通过内部的全反射来传输一束经过编码的光信号。由于光纤的折射系数高于外部包层的折射系数，因此可以使入射的光波在外部包层的界面上形成全反射现象，如图 1.2-12所示。

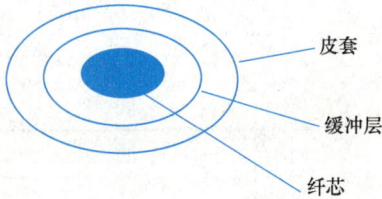

图 1.2-11　光纤结构

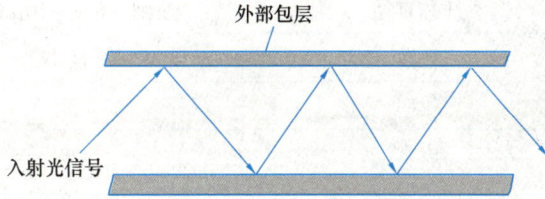

图 1.2-12　光纤传输特性

3）光传输系统的组成

光传输系统由光源、传输介质、光发送器、光接收器组成，光源有发光二极管 LED、光电二极管（PIN）、半导体激光器等，传输介质为光纤介质，如图 1.2-13 所示。光发送器主要作用是将电信号转换为光信号，再将光信号导入光纤中，光接收器主要作用是从光纤上接收光信号，再将光信号转换为电信号。

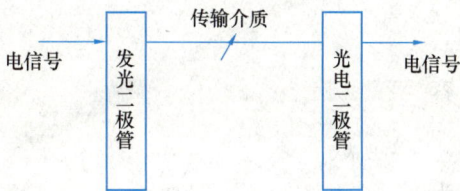

图 1.2-13　光源和传输介质

4）光纤种类

光纤主要分为两大类，即单模光纤和多模光纤。

① 单模光纤

单模光纤主要用于长距离通信，纤芯直径很小，其纤芯直径为 $8 \sim 10\mu m$，而包层直径为 $125\mu m$。由于单模光纤的纤芯直径接近一个光波的波长，因此光波在光纤中进行传输时，不再进行反射，而是沿着一条直线传输。正由于这种特性使单模光纤具有传输损耗小、传输频带宽、传输容量大的特点。在没有进行信号增强的情况下，单模光纤的最大传输距离可达 3000m，而不需要进行信号中继放大。

② 多模光纤

多模光纤的纤芯直径较大，不同入射角的光线在光纤介质内部以不同的反射角传播，这时每一束光线有一个不同的模式，具有这种特性的光纤称为多模光纤。多模光纤在光传输过程中比单模光纤损耗大，因此传输距离没有单模光纤远，可用带宽也相对较小些。

　　目前单模光纤与多模光纤的价格差价不大，但单模光纤的连接器件比多模光纤的昂贵得多，因此，整个单模光纤的通信系统造价相比多模光纤的也要高得多。单模光纤与多模光纤的特性比较详见表 1.2-1。

单模光纤与多模光纤的特性比较　　　　　　　　　　表 1.2-1

项目	单模光纤	多模光纤
纤芯直径	细（8.3~10μm）	粗（50~62.5μm）
耗散	极小	大
效率	高	低
成本	高	低
传输速度	高	低
光源	激光	发光二极管

　　5）光缆

　　光缆由一捆光导纤维组成，外表覆盖一层较厚的防水、绝缘的表皮，从而增强光纤的防护能力，使光缆可以应用在各种复杂的综合布线环境，如图 1.2-14 所示为 62.5μm/125μm 的室内多模光缆。

　　光纤只能单向传输信号，因此，要双向传输信号必须使用两根光纤，为了扩大传输容量，光缆一般含多根光纤且多为偶数，例如 6 芯、8 芯、12 芯、24 芯、48 芯等光缆，一根光缆甚至可容纳上千根光纤。

　　在综合布线系统中，一般采用纤芯为 62.5μm/125μm 规格的多模光缆，有时也用 50μm/125μm 和 100μm/140μm 的多模光缆。户外布线大于 2km 时可选用单模光缆。

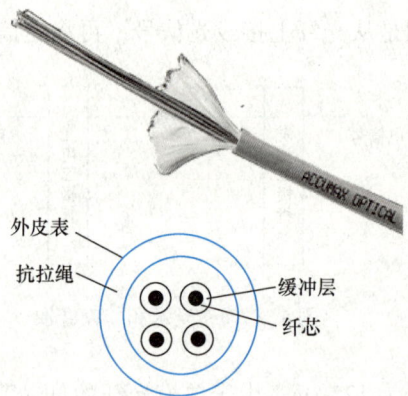

图 1.2-14　62.5μm/125μm 的室内多模光缆

　　光缆的分类有多种方法，通常的分类方法如下：按应用场合分为室内光缆、室外光缆、室内外通用光缆等；按敷设方式分为架空光缆、直埋光缆、管道光缆、水底光缆等；按结构分为紧套管光缆、松套管光缆、单一套管光缆等；按光缆缆芯结构分为层绞式、中心束管式、骨架式和带状式四种基本形式；按光缆中光纤芯数分为 4 芯、6 芯、8 芯、12 芯、24 芯、36 芯、48 芯、72 芯、……、144 芯等。

　　在综合布线系统中，主要按照光缆的使用环境和敷设方式进行分类。

（4）电缆布线系统的分级、类别及选用。

综合布线电缆布线系统的分级与类别见表 1.2-2。

综合布线电缆布线系统的分级与类别　　　　表 1.2-2

系统分级	系统产品类别	支持最高宽带（Hz）	支持应用器件	
			电缆	连接硬件
A	—	100k	—	—
B	—	1M	—	—
C	3 类（大对数）	16M	3 类	3 类
D	5 类（屏蔽和非屏蔽）	100M	5 类	5 类
E	6 类（屏蔽和非屏蔽）	250M	6 类	6 类
E_A	6_A 类（屏蔽和非屏蔽）	500M	6A 类	6A 类
F	7 类（屏蔽）	600M	7 类	7 类
F_A	7_A 类（屏蔽）	1000M	7A 类	7A 类

综合布线系统工程的产品类别及链路、信道等级的确定应综合考虑建筑物的性质、功能、应用网络和业务对传输带宽及缆线长度的要求、业务终端的类型、业务的需求及发展、性能价格、现场安装条件等因素，并应符合表 1.2-3 的规定。

布线系统等级与类别的选用　　　　表 1.2-3

业务种类		配线子系统		干线子系统		建筑群子系统	
		等级	类型	等级	类型	等级	类型
语音		D/E	5/6（4 对）	C/D	3/5（大对数）	C	3（室外大对数）
数据	电缆	D、E、E_A、F、F_A	5、6_A、7、7_A（4 对）	E、E_A、F、F_A	6、6_A、7、7_A（4 对）	—	—
	光纤	OF = −300 OF = −500 OF = −2000	OM1、OM2、OM3、OM4 多模光纤；OS1、OS2 单模光纤及相应等级连接器件	OF = −300 OF = −500 OF = −2000	OM1、OM2、OM3、OM4 多模光纤；OS1、OS2 单模光纤及相应等级连接器件	OF = −300 OF = −500 OF = −2000	OS1、OS2 单模光纤及相应等级连接器件
其他应用		可采用 5 类/6 类/6_A 类 4 对对绞电缆和 OM1、OM2、OM3、OM4 多模、OS1、OS2 单模光纤及相应等级连接器件					

（5）无线通信与介质。

2. 技能点—综合布线相关部件的选择

（1）双绞线连接器的选择

双绞线的主要连接器件有配线架、信息插座和接插软线（跳接线）。

信息插座采用信息模块和 RJ 连接头连接。在电信间，双绞线电缆端接至配线架，再用跳接线连接。

1）RJ-45 连接器

RJ-45 连接器是一种塑料接插件，又称作 RJ-45 水晶头。用于制作双绞线跳线，实现与配线架、信息插座、网卡或其他网络设备（如集线器、交换机、路由器等）的连接。RJ-45 连接器是 8 针的。

根据端接的双绞线的类型，有 5 类、5e 类、6 类 RJ-45 连接器；有非屏蔽 RJ-45 连接器（如图 1.2-15 所示，用于非屏蔽双绞线端接）和屏蔽的 RJ-45 连接器（如图 1.2-16所示，用于屏蔽双绞线端接）。

图 1.2-15　非屏蔽 RJ-45 连接器　　图 1.2-16　屏蔽 RJ-45 连接器

双绞线跳线，是指两端带有 RJ-45 连接器的一段双绞线电缆，如图 1.2-17 所示。如图 1.2-18 所示为双绞线跳线的两端。

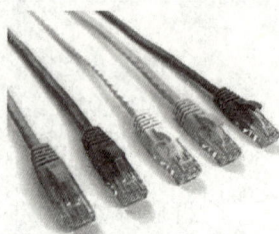

图 1.2-17　双绞线跳线　　　　图 1.2-18　双绞线跳线的两端

在计算机网络中使用的双绞线跳线有直通线、交叉线、反接线三种类型。制作双绞线跳线时可以按照《商用建筑通用布线标准》EIA/TIA 568A 或 EIA/TIA 568B 两种标准之一进行，但在同一工程中只能按照同一个标准进行，一般多采用《商用建筑通用布线标准》EIA/TIA 568B 标准。

2）信息插座

信息插座通常由信息模块、面板和底盒三部分组成。信息模块是信息插座的核心，双绞线电缆与信息插座的连接实际上是与信息模块的连接。如图 1.2-19 所示给出了信息插座的结构图。

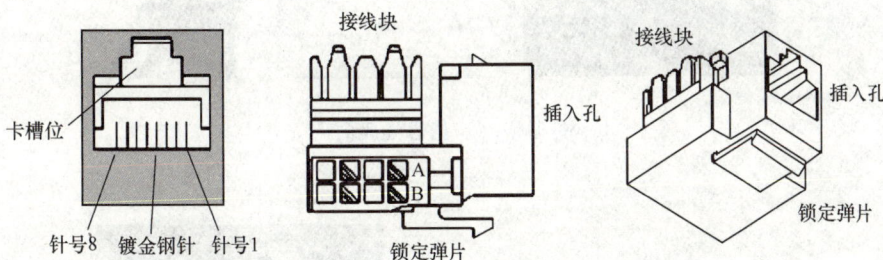

信息插座中的信息模块通过配线子系统与楼层配线架相连，通过工作区跳线与应用综合布线的终端设备相连。信息模块的类型必须与配线子系统和工作区跳线的线缆类型一致。

RJ-45 信息模块用于端接水平电缆，模块中有 8 个与电缆导线连接的接线，RJ-45 模块的正视图、侧视图、立体图如图 1.2-20 所示。

RJ-45 信息模块的类型是与双绞线电缆的类型相对应的，比如根据其对应的双绞线电缆的等级，RJ-45 信息模块可以分为 3 类、5 类、

面板
信息模块
配线子系统线缆

图 1.2-19　信息插座的结构图

5e 类和 6 类 RJ-45 信息模块等。RJ-45 信息模块也分为非屏蔽模块和屏蔽模块。如图 1.2-21 所示是非屏蔽信息模块，如图 1.2-22 所示是屏蔽信息模块，如图 1.2-23 所示为免工具双绞线信息模块。

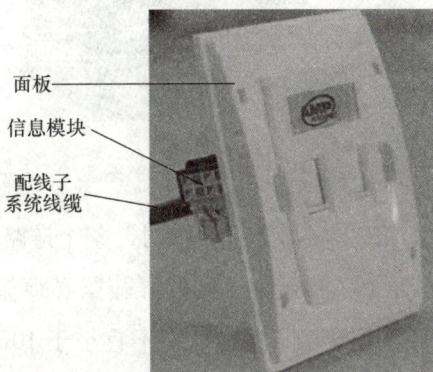

卡槽位
针号8　镀金钢针　针号1

接线块
插入孔
锁定弹片
A
B

接线块
插入孔
锁定弹片

图 1.2-20　RJ-45 模块的正视图、侧视图、立体图

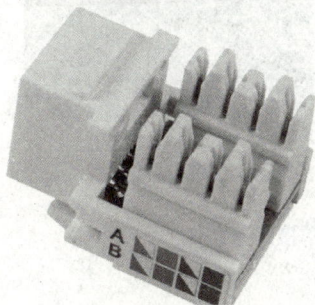

图 1.2-21　非屏蔽信息模块　　　　图 1.2-22　屏蔽信息模块

图 1.2-23　免工具双绞线信息模块

　　当安装屏蔽电缆系统时，整个链路都必须屏蔽，包括电缆和连接器。屏蔽双绞线的屏蔽层和连接硬件端接处屏蔽罩必须保持良好接触。电缆屏蔽层应与连接硬件屏蔽罩 3600 圆周接触，接触长度不宜小于 10mm，图 1.2-24 ~ 图 1.2-27 为信息插座面板、信息插座单接线底盒、桌面型插座、弹起式地面型插座示意图。

图 1.2-24　信息插座面板

图 1.2-25　信息插座单接线底盒

图 1.2-26　桌面型插座　　　　图 1.2-27　弹起式地面型插座

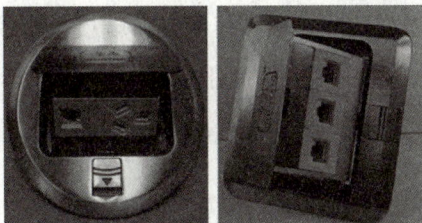

3）双绞线电缆配线架

配线架是电缆或光缆进行端接和连接的装置。在配线架上可进行互连或交接操作。建筑群配线架是端接建筑群干线电缆、光缆的连接装置。建筑物配线架是端接建筑物干线电缆、干线光缆并可连接建筑群干线电缆、干线光缆的连接装置。楼层配线架是端接水平电缆、水平光缆与其他布线子系统或设备相连接的装置。光纤配线架在后面部分还会单独介绍，这里介绍的都是铜缆配线架。

铜缆配线架系统分 110 型配线架系统和模块式快速配线架系统。相应地，许多厂商都有自己的产品系列，并且对应 3 类、5 类、5e 类、6 类和 7 类缆线分别有不同的规格和型号。

① 110 型连接管理系统

110 型配线架是 110 型连接管理系统的核心部分，110 配线架是阻燃、注模塑料做的基本器件，布线系统中的电缆线对就端接在其上。

110 型配线架有 25 对、50 对、100 对、300 对多种规格，它的套件还应包括 4 对连接块或 5 对连接块（图 1.2-28）、空白标签和标签夹、基座。

110 型配线架主要有以下类型：

110AW2：100 对和 300 对连接块，带腿。

110DW2：25 对、50 对、100 对和 300 对接线块，不带腿。

110AB：100 对和 300 对带连接器的终端块，带腿。

110PB-C：150 对和 450 对带连接器的终端块，不带腿。

110AB：100 对和 300 对接线块，带腿。

110BB：100 对连接块，不带腿。

110 型配线架主要有五种端接硬件类型，即 110A 型、110P 型、110JP 型、110VP VisiPatch 型和 XLBET 超大型。

a. 110A 型配线架

110A 型配线架配有若干引脚，俗称"带脚的 110 配线架"，机架型 110A 配线架适用于电信间、设备间水平布线或设备端接、集中点的互配端接。

110A 型配线架用由金属制成的 188B1 和 188B2 两种底板，底板上面装有两个封闭的塑料分线环。

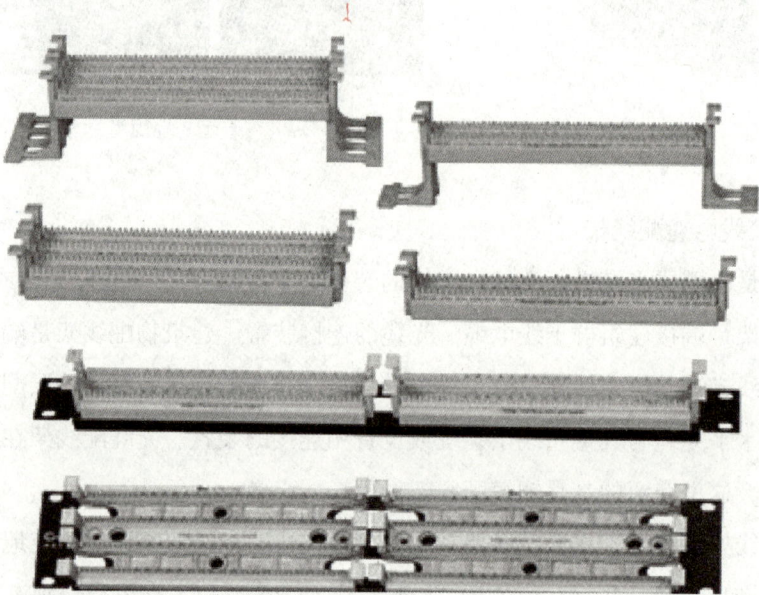

图 1.2-28　110 型配线架

b. 110P 型配线架

110P 型配线架有 300 对和 900 对两种型号。110P 型配线架没有支撑腿，不能安装在墙上，只能用于某些空间有限的特殊环境，如装在 19 英寸（483mm）的机柜内。

110P 型配线架用插拔快接跳线代替了跨接线（图 1.2-29）。

c. 110JP 型配线架

110JP 型配线架指 110Cat5 Jack Panels，是 110 型模块插孔配线架，它有一个 110 型配线架装置和与其相连接的 8 针模块化插座（图 1.2-30）。

d. 110 VisiPatch 型配线架

110 VisiPatch 是在 110 型配线架的基础上研发的一种全新的配线架系统。110 Visi-Patch 型配线架采用全球先进的 110 绝缘置换连接器（Insulation Displacement Connector，IDC）卡接技术和设计，加强了配线的组织和管理。

e. 超大型 XLBET

超大型建筑物进线终端架系统 XLBET 适用于建筑群（校园）子系统，用来连接从中心机房来的电话网络电缆。

② 模块化快速配线架

图 1.2-29 110P 型配线架

图 1.2-30 110 型模块插孔配线架

模块化快速架又称为快接式（插拔式）配线架、机柜式配线架，是一种 19 英寸（483mm）的模块式嵌座配线架。它通过背部的卡线连接水平或垂直干线，并通过前面的 RJ-45 水晶头将工作区终端连接到网络设备。

按安装方式，模块式配线架有壁挂式和机架式两种。常用的配线架，通常在 1U 或 2U 的空间可以提供 24 个或 48 个标准的 RJ-45 接口（图 1.2-31～图 1.2-34）。

图 1.2-31 24 个标准接口配线架

4）理线器

理线器也称线缆管理器，安装在机柜或机架上，为机柜中的电缆提供平行进入配线

图 1.2-32   48 个模块化快速配线架

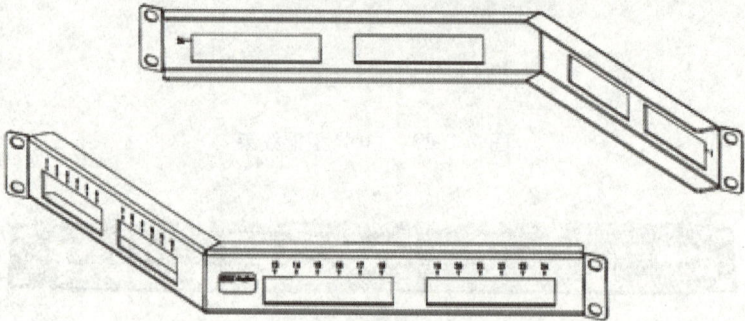

图 1.2-33   角型高密度配线架构成

图 1.2-34   凹型高密度配线架构成

架 RJ-45 模块的通路，使电缆在压入模块之前不再多次直角转弯，减少了自身的信号辐射损耗，也减少了对周围电缆的辐射干扰，并起到固定和整理线缆，使布线系统更加整洁、规范。

从外观上看，理线器可分为过线环式理线器和墙式理线器（图 1.2-35）。

（2）光纤连接器件的选择

光纤连接部件主要有配线架、端接架、接线盒、光缆信息插座、各种连接器（如 ST、SC、FC 等）以及用于光缆与电缆转换的器件。

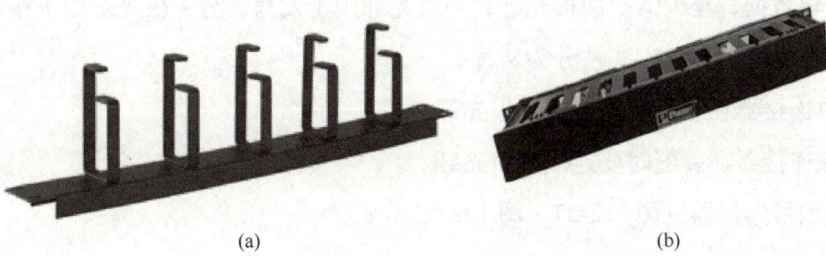

(a)　　　　　　　　　　　(b)

图 1.2-35　理线器

(a) 过线环式理线器；(b) 墙式理线器

它们的作用是实现光缆线路的端接、接续、交连和光缆传输系统的管理，从而形成综合布线系统光缆传输系统通道。

1）光纤连接器

大多数的光纤连接器由三部分组成（图 1.2-36），即两个光纤接头和一个耦合器。耦合器是把两条光缆连接在一起的设备，使用时把两个连接器分别插到光纤耦合器的两端。耦合器的作用是把两个连接器对齐，保证两个连接器之间有一个低的连接损耗。耦合器多配有金属或非金属法兰，以便于连接器的安装固定。光纤连接器使用卡口式、旋拧式、"n" 型弹簧夹和 MT-RJ 等连接到插座上。

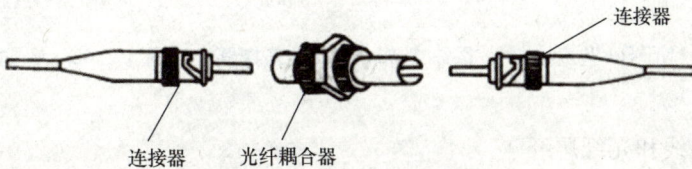

图 1.2-36　光纤连接器的组成

① 按传输媒介的不同可分为单模光纤连接器和多模光纤连接器；

② 按结构的不同可分为 FC、SC、ST、D4、DIN、Biconic、MU、LC、MT 等各种形式；

③ 按连接器的插针端面可分为 FC、PC（UPC）和 APC；

④ 按光纤芯数还有单芯、多芯之分；

⑤ 按传输媒介的不同可分为单模光纤连接器和多模光纤连接器；

⑥ 按结构的不同可分为 FC、SC、ST、D4、DIN、Biconic、MU、LC、MT 等各种形式；

⑦ 按连接器的插针端面可分为 FC、PC（UPC）和 APC；

⑧ 按光纤芯数还有单芯、多芯之分。

要传输数据，至少需要两根光纤，一根光纤用于发送，另一根光纤用于接收。光纤连接器根据光纤连接的方式被分为两种：

① 单连接器在装配时只连接一根光纤；

② 双连接器在装配时要连接两根光纤。

各种型号连接器见图 1.2-37 ~ 图 1.2-43。

图 1.2-37　ST 型连接器　　图 1.2-38　SC 型连接器　　图 1.2-39　FC 型连接器　　图 1.2-40　LC 型连接器

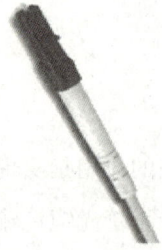

图 1.2-41　MT-RJ 型连接器　　图 1.2-42　MU 型连接器　　图 1.2-43　VF 型连接器

2）光纤跳线和光纤尾纤

① 光纤跳线

光纤跳线是由一段 1 ~ 10m 的互连光缆与光纤连接器组成，用在配线架上交接各种链路。

光纤跳线有单芯和双芯、单模和多模之分。由于光纤一般只是单向传输，需要进行全双工通信的设备需要连接两根光纤来完成收、发工作，因此如果使用单芯跳线，就需要两根跳线。

根据光纤跳线两端的连接器的类型，光纤跳线有以下多种类型：

a. ST-ST 跳线：两端均为 ST 连接器的光纤跳线。

b. SC-SC 跳线：两端均为 SC 连接器的光纤跳线。

c. FC-FC 跳线：两端均为 FC 连接器的光纤跳线。

d. LC-LC 跳线：两端均为 LC 连接器的光纤跳线。

e. ST-SC 跳线：一端为 ST 连接器，另一端为 SC 连接器的光纤跳线。

f. ST-FC 跳线：一端为 ST 连接器，另一端为 FC 连接器的光纤跳线。

g. FC-SC 跳线：一端为 FC 连接器，另一端为 SC 连接器的光纤跳线。

各种类型的跳线见图 1.2-44 ~ 图 1.2-46。

图 1.2-44　双绞线 FC 跳线　图 1.2-45　双芯 ST 光纤跳线　图 1.2-46　LC 光纤跳线

② 光纤尾纤

光纤尾纤只有一端有连接头，另一端是一根光缆纤芯的断头，通过熔接可与其他光缆纤芯相连。

它常出现在光纤终端盒内，用于连接光缆与光纤收发器。同样有单芯和双芯、单模和多模之分。一条光纤跳线剪断后就形成两条光纤尾纤。

光纤尾纤只有一端有连接头，另一端是一根光缆纤芯的断头，通过熔接可与其他光缆纤芯相连。

它常出现在光纤终端盒内，用于连接光缆与光纤收发器。同样有单芯和双芯、单模和多模之分。一条光纤跳线剪断后就形成两条光纤尾纤。

3）光纤适配器（耦合器）

光纤适配器（Fiber Adapter）又称光纤耦合器，实际上就是光纤的插座，它的类型与光纤连接器的类型对应，有 ST、SC、FC、LC、MU 等几种，和光纤连接器是对应的（图 1.2-47）。

光纤耦合器一般安装在光纤终端箱上，提供光纤连接器的连接固定。

不同接口的耦合器见图 1.2-48。

4）光纤配线设备

光纤配线设备主要分为室内配线设备和室外配线设备两大类。

室内配线设备包括机架式（光纤配线架、混合配线架）、机柜式（光纤配线柜、混合配线柜）和壁挂式（光纤配线箱、光纤终端盒、综合配线箱）。

室外配线设备包括光缆交接箱、光纤配线箱、光缆接续盒。

这些配线设备主要由配线单元、熔接单元、光缆固定开剥保护单元、存储单元及连

图 1.2-47　光纤耦合器

（a）ST 光纤耦合器；（b）SC 光纤耦合器；（c）FC 光纤耦合器 ；（d）LC 光纤耦合器

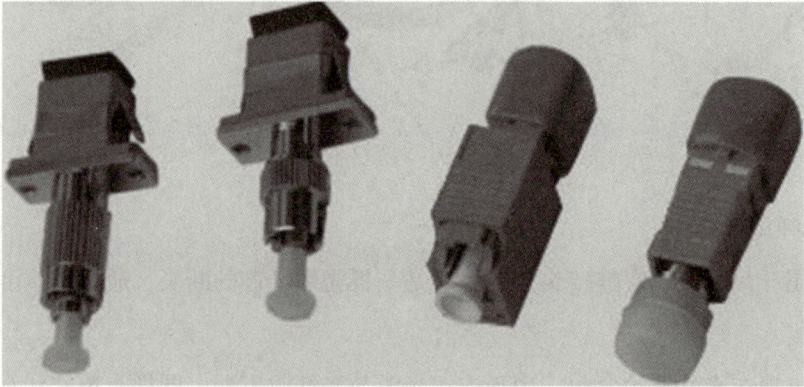

图 1.2-48　不同接口的耦合器

接器件组成。

　　各种类型的光纤配线设备见图 1.2-49 ～ 图 1.2-53。

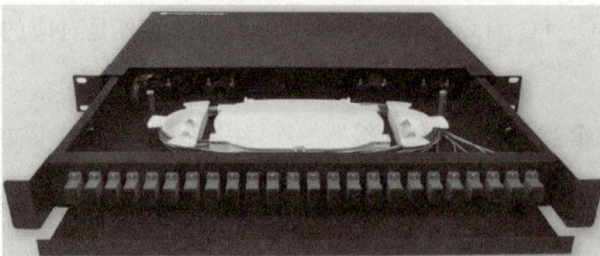

图 1.2-49　机架式光纤配线架

图 1.2-50　光纤交接箱

图 1.2-51 光纤接续盒

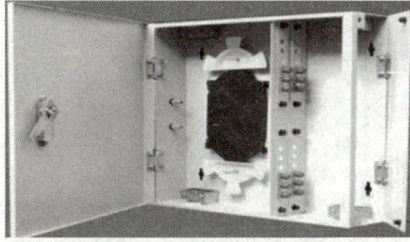
图 1.2-52 光纤配线箱

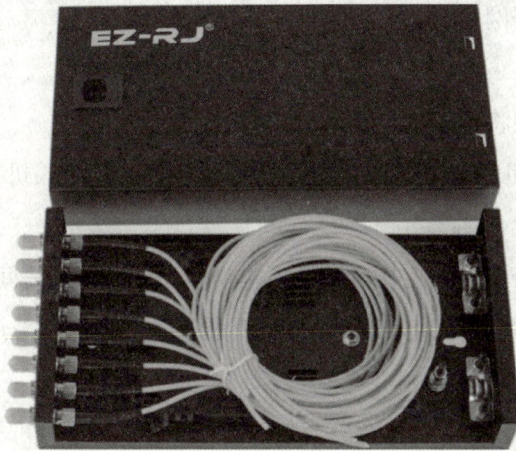

图 1.2-53 光纤终端盒

5）光纤信息插座

光纤到桌面时，需要在工作区安装光纤信息插座。光纤信息插座的作用和基本结构与使用 RJ-45 信息模块的双绞线信息插座一致，是光缆布线在工作区的信息出口，用于光纤与桌面的连接，如图 1.2-54 所示。实际上就是一个带光纤耦合器的光纤面板。光缆敷设到光纤信息插座的底盒后，光缆与一条光纤尾纤熔接，尾纤的连接器插入光纤面板上的光纤耦合器的一端，光纤耦合器的另一端用光纤跳线连接计算机。

为了满足不同应用场合的要求，光缆信息插座有多种类型。例如，如果配线子系统为多模光纤，则光缆信息插座中应选用多模光纤模块；如果配线子系统为单模光纤，则光缆信息插座中应选用单模光纤模块。另外，还有 SC 信息插座、LC 信息插座、ST 信息插座等。

（3）机柜

1）机柜的结构和规格

综合布线系统一般采用 19 英寸（483mm）宽的机柜，称为标准机柜，用以安装各

图 1.2-54　光纤信息插座

种配线模块和交换机等网络设备。

2）机柜的分类

从不同的角度可以将机柜进行不同的分类。

① 根据外形可将机柜分为立式机柜（图 1.2-55）、挂墙式机柜（图 1.2-56）和开放式机柜（图 1.2-57）三种。

立式机柜主要用于设备间。挂墙式机柜主要用于没有独立房间的楼层配线间。各高校建立的网络技术实验/实训室和综合布线实验/实训室大多采用开放式机架来叠放设备。

② 从应用对象来看，除可分为布线型机柜（又称为网络型机柜）、服务器型机柜两种类型外，还有控制台型机柜、ETSI 机柜、X Class 通信机柜、EMC 机柜、自调整组合机柜及用户自行定制机柜等。

图 1.2-55　立式机柜　　　　　图 1.2-56　挂墙式机柜　　　　　图 1.2-57　开放式机柜

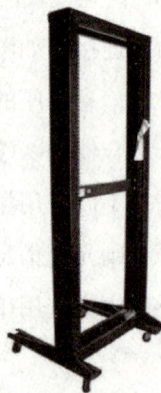

布线型机柜就是19英寸（483mm）的标准机柜，它是宽度为600mm，深度为600mm。服务器型机柜由于要摆放服务器主机、显示器、存储设备等，和布线型机柜相比要求空间要大，通风散热性能更好。所以它的前门门条和后门一般都带透气孔，风扇也较多。根据设备大小和数量多少，尺寸一般要选择600mm×800mm、800mm×600mm、800mm×800mm机柜，甚至要选购更大尺寸的产品。

③ 从材质和结构方面可将机柜分为豪华优质型机柜和普通型机柜。

机柜的材料与机柜的性能有密切的关系，制造19英寸（483mm）标准机柜的材料主要有铝型材料和冷轧钢板两种材料。冷轧钢板制造的机柜具有机械强度高、承重量大的特点。

④ 19英寸（483mm）标准机柜从组装方式来看，大致有一体化焊接型和组装型两种。

一体化焊接型价格相对便宜，焊接工艺和产品材料是这类机柜的关键，一些劣质产品遇到较重的负荷容易产生变形。组装型是目前比较流行的形式，包装中都是散件，需要时可以迅速组装起来，而且调整方便，灵活性强。

3）机柜中的配件

① 固定托盘。用于安装各种设备，尺寸繁多，用途广泛，有19英寸（483mm）标准托盘、非标准固定托盘等。常规配置的固定托盘深度有440mm、480mm、580mm、620mm等规格。固定托盘的承重量不小于50kg（图1.2-58）。

图1.2-58　固定托盘

② 滑动托盘。用于安装键盘及其他各种设备，可以方便地拉出和退回；19英寸（483mm）标准滑动托盘适用于任何19英寸（483mm）标准机柜。常规配置的滑动托盘深度有400mm、480mm两种规格。滑动托盘的承重量不小于20kg（图1.2-59）。

③ 理线环。布线机柜使用的理线装置，安装和拆卸非常方便，使用的数量和位置可以任意调整（图1.2-60）。

④ DW 型背板：可用于安装 110 型配线架或光纤盒，有 2U 和 4U 两种规格（图 1.2-61）。

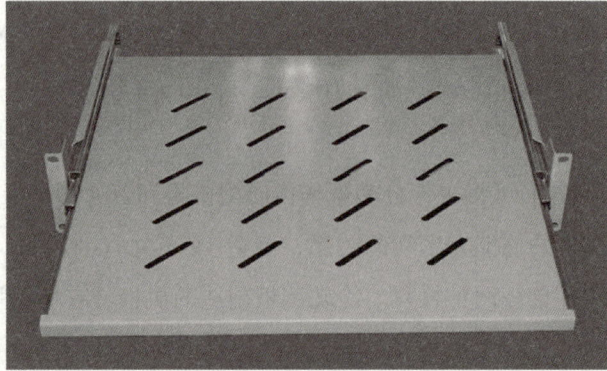

图 1.2-59　滑动托盘

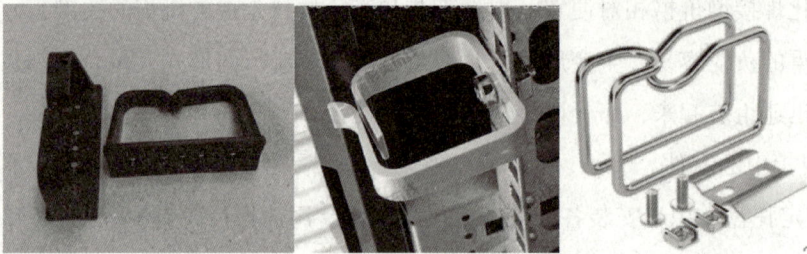

图 1.2-60　布线机柜理线环

固定头盘面

图 1.2-61　DW 型背板

⑤ L 支架。L 支架可以配合 19 英寸（483mm）标准机柜使用，用于安装机柜中的 19 英寸（483mm）标准设备，特别是质量较大的 19 英寸（483mm）标准设备，如机架式服务器等（图 1.2-62）。

⑥ 盲板。盲板用于遮挡 19 英寸（483mm）标准机柜内的空余位置等用途，有 1U、2U 等多种规格。常规盲板为 1U、2U、3U、4U 等（图 1.2-63）。

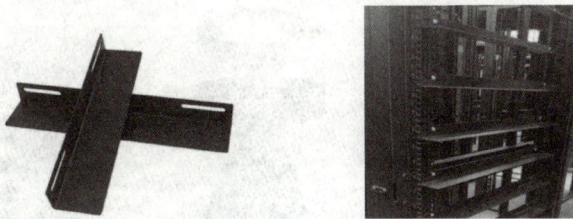

图 1.2-62   L 支架及其安装示意图

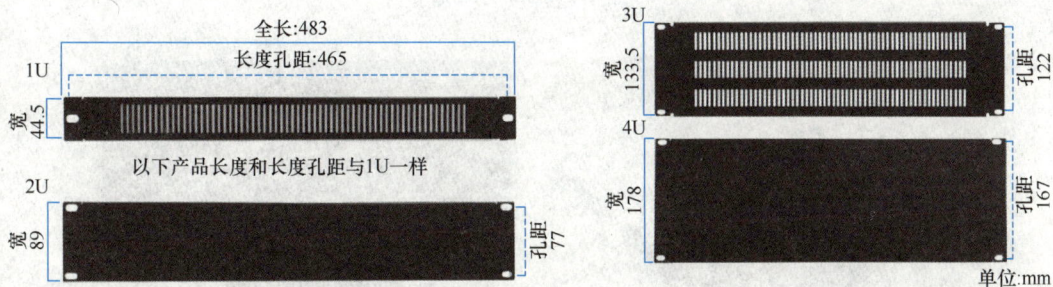

图 1.2-63   盲板及其尺寸示意图

⑦ 扩展横梁。用于扩展机柜内的安装空间，安装和拆卸非常方便，同时也可以配合理线器、配电单元的安装，形式灵活多样（图 1.2-64）。

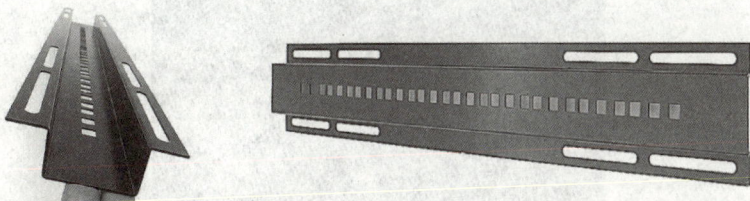

图 1.2-64   扩展横梁

⑧ 安装螺母。又称方螺母，适用于任意 19 英寸（483mm）标准机柜，用于机柜内的所有设备的安装，包括机柜的大部分配件的安装（图 1.2-65）。

⑨ 键盘托架。用于安装标准计算机键盘，可配合市面上所有规格的计算机键盘，可翻折 90°。键盘托架必须配合滑动托盘使用（图 1.2-66）。

⑩ 调速风机单元。安装于机柜的顶部，可根据环境温度和设备温度调节风扇的转速（图 1.2-67）。

⑪ 机架式风机单元。高度为 1U，可安装在 19 英寸（483mm）标准机柜内的任意

图 1.2-65　方螺母

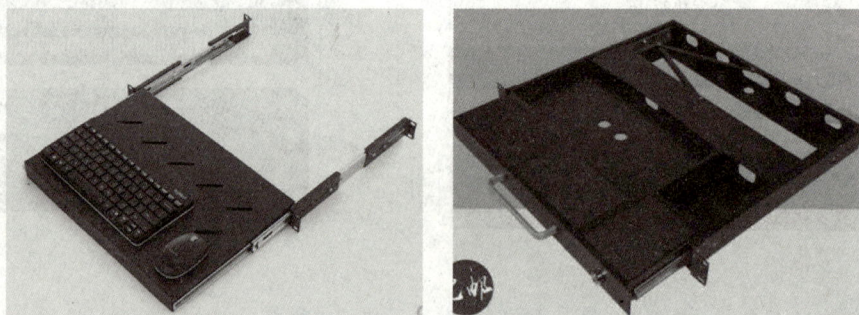

图 1.2-66　键盘托架

图 1.2-67　调速风机单元

高度位置上，可根据机柜内热源酌情配置。

⑫ 重载脚轮与可调支脚。重载脚轮单个承重量为 125kg，转动灵活，可承载重负荷，安装固定于机柜底座，可让操作者平稳、方便移动机柜（图 1.2-68）。

⑬ 标准电源板：通常为英式设计（图 1.2-69）。

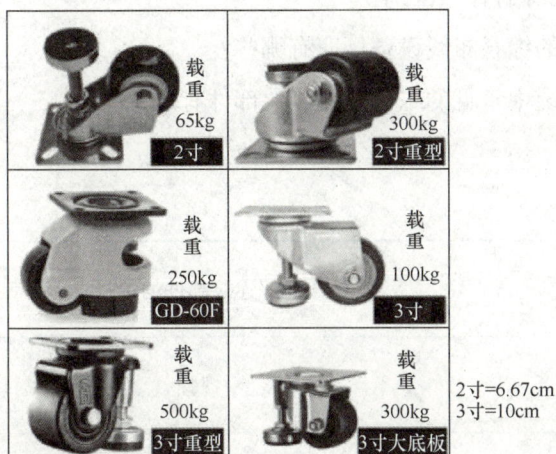

图 1.2-68　各类重载脚轮与可调支脚

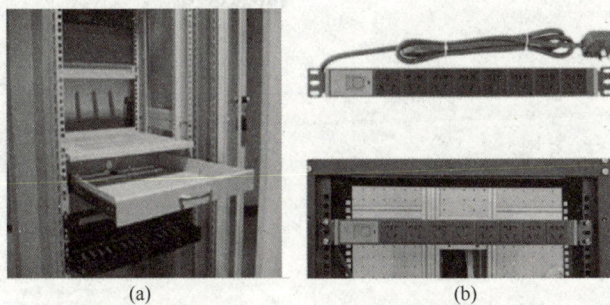

（a）　　　　　　　　　　　　（b）

图 1.2-69　标准电源板

（a）键盘托盘；（b）机柜 PDU 模块及其安装示意图

1.2.4　问题思考

1. 在综合布线系统中，常见的传输介质有哪些？各有什么样的特点？各自适合应用在什么环境？

2. 双绞线按照屏蔽方式可分为哪两类？屏蔽双绞线和非屏蔽双绞线在性能和应用上有什么差别？

3. 屏蔽双绞线电缆有哪几种？

4. 双绞线电缆连接器有哪些？

5. 信息插座面板有哪几类？

6. 简述光纤的结构、光纤的分类有哪些？

7. 光缆如何分类？什么是单模光缆？什么是多模光缆？

8. 常用的光纤连接器有哪几类？

9. 光纤跳线和尾纤有什么区别？

10. 现阶段主流的综合布线设备厂商有哪些？

11. 管理间子系统中常见的综合布线相关部件有哪些？

1.2.5　知识拓展

资源名称	光纤连接部件的选择
资源类型	视频
资源二维码	 1.2-2

CHAPTER 2

项目 2

综合布线系统设计

任务 2.1
识图符号及术语的认知

2.1.1 教学目标与思路

2.1-1
工程概况

扫码查看工程概况

【教学载体】某实验实训基地建设项目弱电平面图。

【教学目标】

知识目标	能力目标	素养目标	思政要素
1. 认识图线、电气符号； 2. 掌握线路、图符表示方法。	1. 能认识各种电气符号； 2. 能简单绘制电气符号。	1. 重视职业道德和职业意识教育的渗透，帮助学生养成良好的个人品格和行为习惯； 2. 培养爱岗敬业精神、团队协作精神和创业精神； 3. 具备勤劳诚信、善于协作配合、善于沟通交流等职业素养。	专业课与德育的有机融合，将德育渗透、贯穿教育和教学的全过程。

【学习任务】

　　本项目的学习任务是通过《智能建筑弱电工程设计与施工》（09X700）和《综合布线系统工程设计与施工》（08X101-3）等图集的重点内容的学习，掌握综合布线系统绘图知识。

【建议学时】2 学时

【思维导图】

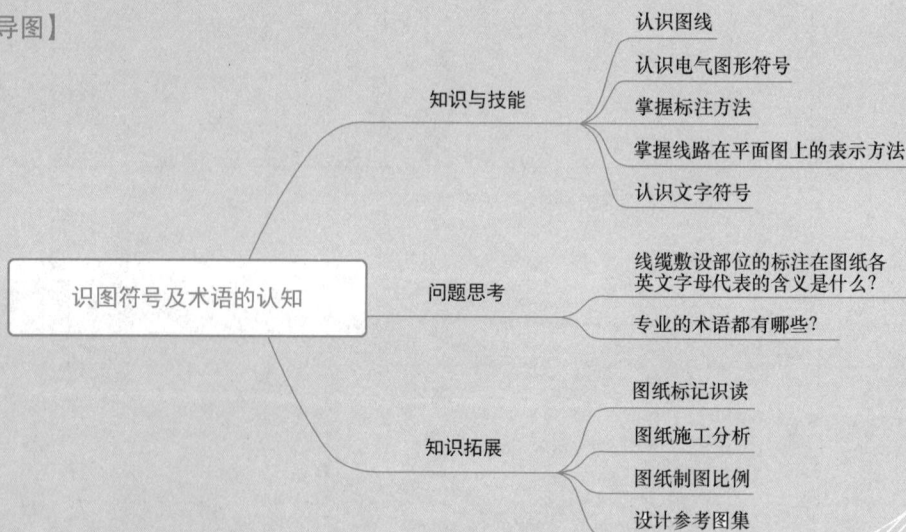

2.1.2　学生任务单

任务名称		识图符号及术语的认知	
学生姓名		班级学号	
同组成员			
负责任务			
完成日期		完成效果（教师评价及签字）	

明确任务	任务目标	1. 掌握建筑电气专业图纸中的图线、图形符号； 2. 掌握建筑电气专业图纸中设备图形符号附近的标注方法； 3. 掌握建筑电气专业图纸中采用的图形符号。		
自学简述	课前预习 （学习内容、浏览资源、查阅资料）			
	拓展学习 （任务以外的学习内容）			
任务研究	完成步骤 （用流程图表达）			
	任务分工	任务分工	完成人	完成时间

		本人任务	
		角色扮演	
		岗位职责	
		提交成果	

任务实施	完成步骤	第1步	
		第2步	
		第3步	
		第4步	
		第5步	
	问题求助		
	难点解决		
	重点记录 (完成任务过程中，用到的基本知识、公式、规范、方法和工具等)		成果提交

学习反思	不足之处	
	待解问题	
	课后学习	

过程评价	自我评价 (5分)	课前学习	时间观念	实施方法	知识技能	成果质量	分值
	小组评价 (5分)	任务承担	时间观念	团队合作	知识技能	成果质量	分值

2.1.3 知识与技能

1. 知识点——认识图线

图线：

建筑电气专业的图线宽度（b）应根据图纸的类型、比例和复杂程度，按现行国家标准《房屋建筑制图统一标准》GB/T 50001—2017 的规定选用，并宜为 0.5mm、0.7mm、1.0mm。

电气总平面图和电气平面图宜采用三种及以上的线宽绘制，其他图样宜采用两种及以上的线宽绘制。

同一张图纸内，相同比例的各图样，宜选用相同的线宽组。

同一个图样内，各种不同线宽组中的细线，可统一采用线宽组中较细的细线。

建筑电气专业常用的制图图线、线型及线宽宜符合表 2.1-1 的规定。

建筑电气专业常用的制图图线、线型及线宽   表 2.1-1

图线名称		线型	线宽	一般用途
实线	粗	——————————	b	本专业设备之间电气通路连接线、本专业设备可见轮廓线、图形符号轮廓线
	中粗	——————————	$0.7b$	本专业设备可见轮廓线、图形符号轮廓线、方框线、建筑物可见轮廓
	中	——————————	$0.7b$	
			$0.5b$	
	细	——————————	$0.25b$	非本专业设备可见轮廓线、建筑物可见轮廓；尺寸、标高、角度等标注线及引出线
虚线	粗	– – – – – – – –	b	本专业设备之间电气通路不可见连接线；线路改造中原有线路
	中粗	– – – – – – – –	$0.7b$	本专业设备不可见轮廓线、地下电缆沟、排管区、隧道、屏蔽线、连锁线
	中	– – – – – – – –	$0.7b$	
			$0.5b$	
	细	– – – – – – – –	$0.25b$	非本专业设备不可见轮廓线及地下管沟，建筑物不可见轮廓线等
波浪线	粗	∿∿∿∿∿	b	本专业软管、软护套保护的电气通路连接线、蛇形敷设线缆
	中粗	∿∿∿∿∿	$0.7b$	

续表

图线名称	线型	线宽	一般用途
单点长画线	—— · —— · ——	0.25b	定位轴线、中心线、对称线；结构、功能、单元相同围框线
双点长画线	—— ·· —— ·· ——	0.25b	辅助围框线、假想或工艺设备轮廓线
折断线	—— ⌇ ——	0.25b	断开界线

2. 知识点——认识电气图形符号

当同一类型或同一系统的电气设备、线路（回路）、元器件等的数量大于或等于2时，应进行编号。

当电气设备的图形符号在图样中不能清晰地表达其信息时，应在其图形符号附近标注参照代号。

编号宜选用1、2、3……数字顺序排列。

参照代号采用字母代码标注时，参照代号宜由前缀符号、字母代码和数字组成。当采用参照代号标注不会引起混淆时，参照代号的前缀符号可省略。

3. 知识点——掌握标注方法

（1）电气设备的标注应符合下列规定

宜在用电设备的图形符号附近标注其额定功率、参照代号；对于电气箱（柜、屏），应在其图形符号附近标注参照代号，并宜标注设备安装容量；对于照明灯具，宜在其图形符号附近标注灯具的数量、光源数量、光源安装容量、安装高度、安装方式。

（2）电气线路的标注应符合下列规定

应标注电气线路的回路编号或参照代号、线缆型号及规格、根数、敷设方式、敷设部位等信息；对于弱电线路，宜在线路上标注本系统的线型符号；对于封闭母线、电缆梯架、托盘和槽盒宜标注其规格及安装高度。

表 2.1-2 为线型符号表，表 2.1-3 为安装方式的标注。

线型符号表 表 2.1-2

序号	线型符号		说　明
	形式 1	形式 2	
2	——C——	——C——	控制线路

续表

序号	线型符号		说 明
	形式 1	形式 2	
3	——EL——	——EL——	应急照明线路
4	——PE——	——PE——	保护接地线
5	——E——	——E——	接地线
6	——LP——	——LP——	接闪线、接闪带、接闪网
7	——TP——	——TP——	电话线路
8	——TD——	——TD——	数据线路
9	——TV——	——TV——	有线电视线路
10	——BC——	——BC——	广播线路
11	——V——	——V——	视频线路
12	——GCS——	——GCS——	综合布线系统线路
13	——F——	——F——	消防电话线路
14	——D——	——D——	50V 以下的电源线路
15	——DC——	——DC——	直流电源线路
16		——⚡——	光缆，一般符号

安装方式的标注   表 2.1-3

序号	代号	安装方式
1	W	壁装式
2	C	吸顶式
3	R	嵌入式
4	DS	管吊式

4. 知识点——掌握线路在平面图上的表示方法

线缆敷设部位的标注应符合表 2.1-4 的规定。

线缆敷设部位的标注 表 2.1-4

序号	代号	安装方式
1	AB	沿梁或跨梁（屋架）敷设
2	AC	沿或跨柱敷设
3	CE	沿吊顶或顶板面敷设
4	SCE	吊顶内敷设
5	WS	沿墙面敷设
6	RS	沿屋面敷设
7	CC	暗敷设在顶板内
8	BC	暗敷设在梁内
9	CLC	暗敷设在柱内
10	WC	暗敷设在墙内
11	FC	暗敷在地板或地板下

5. 知识点——认识文字符号

图样中采用的图形符号应符合下列规定：图形符号可放大或缩小；当图形符号旋转或镜像时，其中的文字宜为视图的正向；当图形符号有两种表达形式时，可任选用其中一种形式，但同一工程应使用同一种表达形式；当现有图形符号不能满足设计要求时，可按图形符号生成原则产生新的图形符号；新产生的图形符号宜由一般符号与一个或多个相关的补充符号组合而成；补充符号可置于一般符号的里面、外面或与其相交。

通信及综合布线系统图样宜采用表 2.1-5 的常用图形符号。

通信及综合布线系统图样 表 2.1-5

序号	常用图形符号		说明	应用类别
	形式1	形式2		
1	MDF		总配线架（柜）	系统图、平面图
2	ODF		光纤配线架（柜）	
3	IDF		中间配线架（柜）	
4	BD	BD	建筑物配线架（柜）（有跳线连接）	系统图
5	FD	FD	楼层配线架（柜）（有跳线连接）	

续表

序号	常用图形符号		说明	应用类别
	形式 1	形式 2		
6	CD		建筑群配线架（柜）	
7	BD		建筑物配线架（柜）	
8	FD		楼层配线架（柜）	
9	HUB		集线器	平面图、系统图
10	SW		交换机	
11	CP		集合点	
12	LIU		光纤连接盘	
13	TP	TP	电话插座	
14	TD	TD	数据插座	
15	TO	TO	信息插座	系统图、平面图
16	nTO	nTO	n 孔信息插座，n 为信息孔数量，例如：TO——单孔信息插座；2TO——二孔信息插座	
17	○ MUTO		多用户信息插座	

2.1.4　问题思考

1. 在图纸中，线缆敷设部位的标注各英文字母代表的含义是什么？

2. 综合布线系统专业的术语有哪些？

2.1.5   知识拓展

资源名称	图纸标记识读	综合布线 图纸的分类	图纸制图比例	设计参考图集
资源类型	视频	视频	视频	视频
资源二维码	2.1-2	2.1-3	2.1-4	2.1-5

任务 2 · 2
识读综合布线图纸

2.2.1 教学目标与思路

2.2-1
工程概况

扫码查看工程概况

【教学载体】实验实训基地建设项目弱电平面图。

【教学目标】

知识目标	能力目标	素养目标	思政要素
1. 平面图的识读； 2. 信息点布局的识读。	1. 能识别平面图、系统图； 2. 能识别平面图中的综合布线信息点布局。	1. 重视职业道德和职业意识教育的渗透，帮助学生养成良好的个人品格和行为习惯； 2. 培养爱岗敬业精神、团队协作精神和创业精神； 3. 具备勤劳诚信、善于协作配合、善于沟通交流等职业素养。	专业课与德育的有机融合，将德育渗透、贯穿教育和教学的全过程。

【学习任务】

通过某办公楼综合布线图作为案例，通过《智能建筑弱电工程设计与施工》（09X700）和《综合布线系统工程设计与施工》（08X101-3）图集的学习，学生能够进行图纸的识读，通过绘图软件掌握图线、标准、符号的绘制。

【建议学时】2 学时

【思维导图】

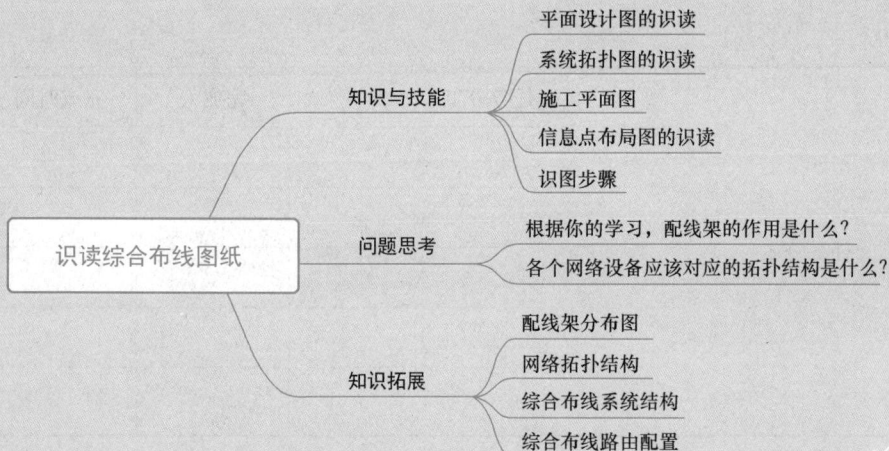

2.2.2　学生任务单

任务名称		识读综合布线图纸	
学生姓名		班级学号	
同组成员			
负责任务			
完成日期		完成效果（教师评价及签字）	

明确任务	任务目标	1. 掌握弱电平面设计图中的图例、符号等； 2. 了解综合布线系统中拓扑图； 3. 学习综合布线施工平面图及信息点布局图； 4. 掌握识图步骤。
自学简述	课前预习 （学习内容、浏览资源、查阅资料）	
	拓展学习 （任务以外的学习内容）	
任务研究	完成步骤 （用流程图表达）	

		任务分工	完成人	完成时间
	任务分工			

	本人任务	
	角色扮演	
	岗位职责	
	提交成果	

		第 1 步		
		第 2 步		
任务实施	完成步骤	第 3 步		
		第 4 步		
		第 5 步		
	问题求助			
	难点解决			
	重点记录（完成任务过程中，用到的基本知识、公式、规范、方法和工具等）			成果提交
学习反思	不足之处			
	待解问题			
	课后学习			

过程评价	自我评价（5 分）	课前学习	时间观念	实施方法	知识技能	成果质量	分值
	小组评价（5 分）	任务承担	时间观念	团队合作	知识技能	成果质量	分值

2.2.3 知识与技能

1. 知识点——平面设计图的识读

图例是设计人员用来表达其设计意图和设计理念的符号。只要设计人员在图纸中以图例形式加以说明，使用什么样的图形或符号来表示并不重要。但如果设计人员既不想特别说明，又希望读者能明白其意，从而读懂图纸，就必须使用一些统一的图符（图例）。在综合布线工程设计中，部分常用图例见表 2.2-1。

部分常用图例   表 2.2-1

序号	图例	名称	符号来源
1	CD / CD	建筑群配线架	GB 50311—2016
2	BD / BD	建筑物配线架	GB 50311—2016
3	FD / FD	楼层配线架	GB 50311—2016
4	FD	楼层配线架（无跳线连接）	GB 50311—2016
5	DDF	数字配线架	—
6	CDE	光纤总配线架	—
7	MDF	用户总配线架	GB 50311—2016
8	LIU	光纤接线盒	—
9	HUB	集线器	GB 50311—2016

续表

序号	图例	名称	符号来源
10	SW	交换机	GB 50311—2016
11	AP	无线接入点	—
12	TO	信息插座	GB/T 4728.11—2022
13	nTO	信息插座	多孔
14	TN	内网信息插座	—
15	nTN	内网信息插座	多孔
16	TP	电话插座	—
17	FO	光纤插座	—

综合布线工程图纸是通过各种图形符号、文字符号、文字说明及标注表达的。预算人员要通过图纸了解工程规模、工程内容，统计出工程量，编制出工程概预算文件。施工人员要通过图纸了解施工要求，按图施工。阅读图纸的过程就称为识图。换句话说，识图就是要根据图例和所学的专业知识，认识设计图纸上的每个符号，理解其工程意义，进而很好地掌握设计者的设计意图，明确在实际施工过程中，要完成的具体工作任务，这是按图施工的基本要求，也是准确套用定额进行综合布线工程概预算的必要前提。

2. 知识点——系统拓扑图的识读

系统拓扑图包括网络拓扑结构图、综合布线系统拓扑（结构）图、综合布线系统管线路由图、楼层信息点分布及管线路由图和机柜配线架信息点布局图等。它反映了以下几个方面的内容：

2.2–2
识读综合布线系统图

（1）网络拓扑结构；

（2）进线间、设备间、电信间的设置情况、具体位置；

（3）布线路由、管槽型号和规格、埋设方法；

（4）各层信息点的类型和数量，信息插座底盒的埋设位置；

（5）配线子系统的缆线型号和数量；

（6）干线子系统的缆线型号和数量；

（7）建筑群子系统的缆线型号和数量；

（8）FD、BD、CD、光纤互连单元（LIU）的数量和分布位置；

（9）机柜内配线架及网络设备分布情况，缆线成端位置。

综合布线系统结构图。

综合布线系统结构图作为全面概括综合布线系统全貌的示意图，主要描述进线间、设备间、电信间的设置情况，各布线子系统缆线的型号、规格和整体布线系统结构等内容（图2.2-1）。

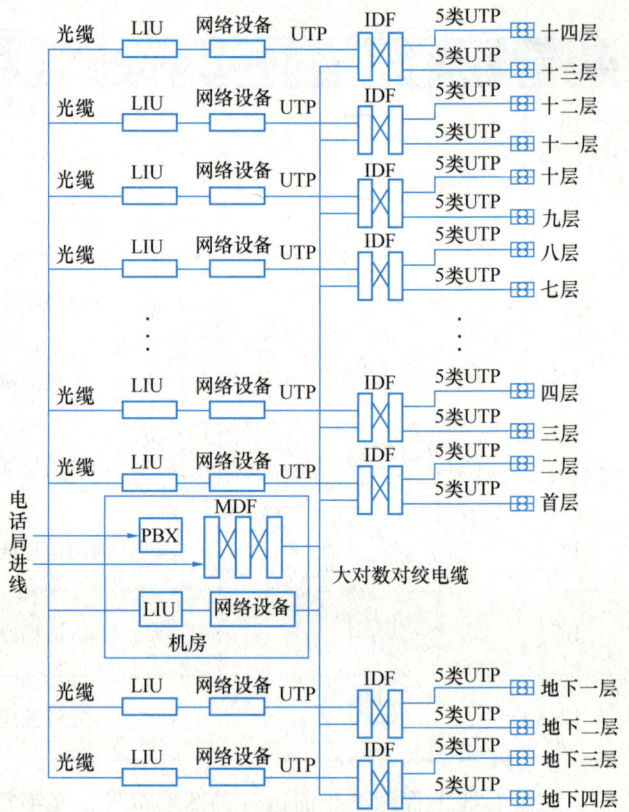

图 2.2-1　综合布线系统结构图

3. 知识点——施工平面图

综合布线系统管线路由图主要反映主干（建筑群和干线子系统）缆线的布线路由、桥架规格、数量（或长度）、布放的具体位置和布放方法等。某园区综合布线系统管线路由图如图 2.2-2 所示。

4. 知识点——信息点布局图的识读

楼层信息点分布及管线路由图反映相应楼层的布线情况，包括：该楼层的配线路由和布线方法，配线用管槽的具体规格、安装方法及用量，终端盒的具体安装位置及方法等。

某办公楼一层局部信息点分布及管线路由图如图 2.2-3 所示。

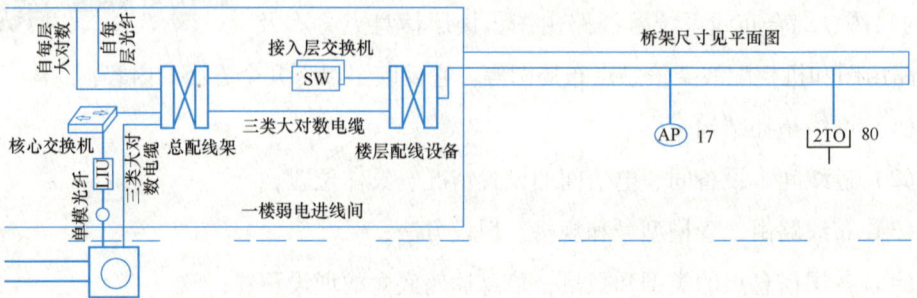

图 2.2-2　某园区综合布线系统管线路由图

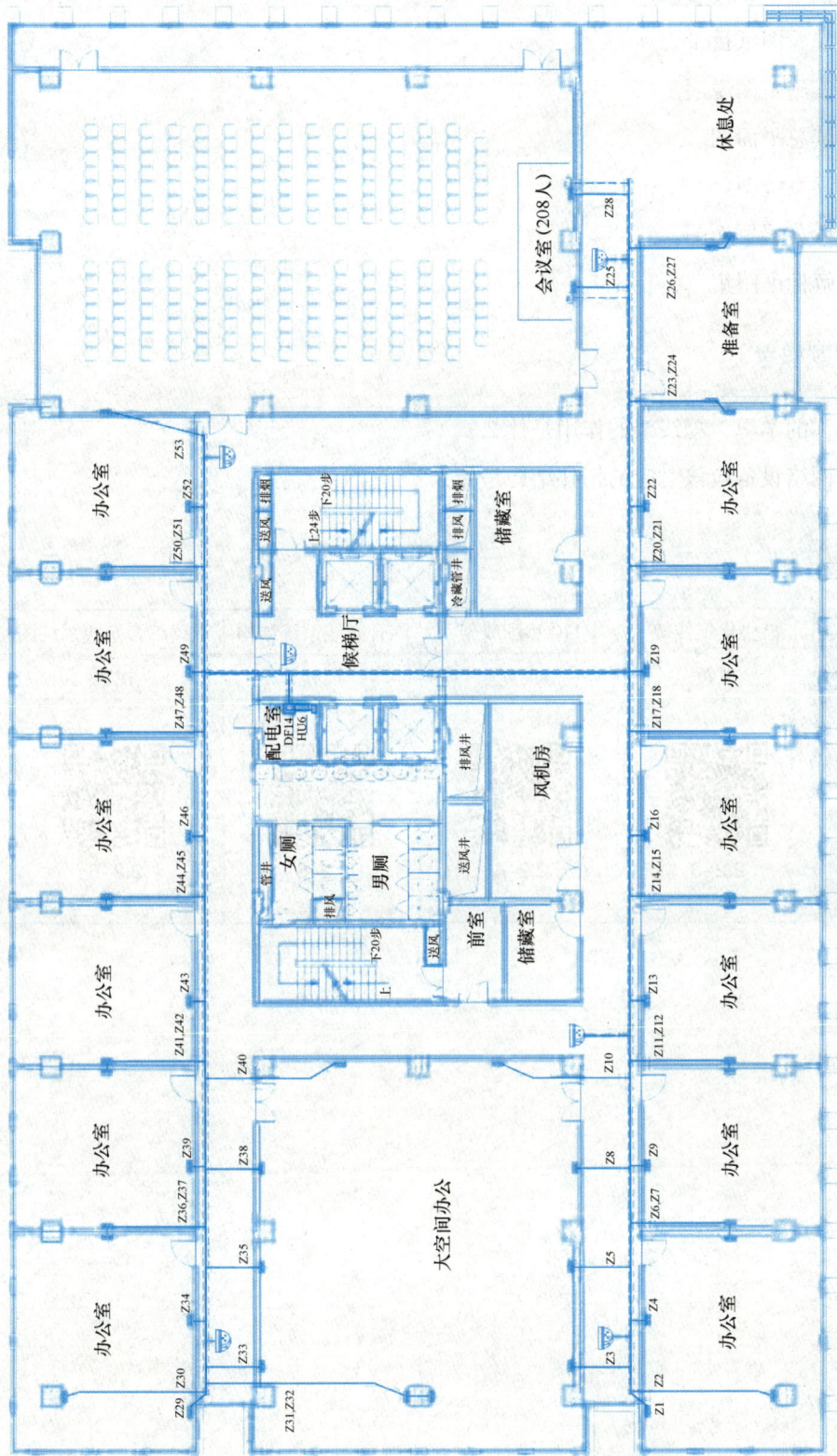

图 2.2-3　某办公楼一层局部信息点分布及管线路由图

5. 知识点——识图步骤

（1）首先看图纸目录。

（2）阅读施工图说明。

（3）阅读总平面图。

（4）阅读系统图。

（5）阅读分层平面图。

（6）了解标准图集。

2.2.4　问题思考

1. 根据你的学习，配线架的作用是什么？

2. 各个网络设备应该对应的拓扑结构是什么？

2.2.5　知识拓展

资源名称	模块化配线架	110 型配线架	综合布线系统结构	识读综合布线系统图
资源类型	视频	视频	视频	视频
资源二维码	2.2-3	2.2-4	2.2-5	2.2-6

任务 2·3
综合布线系统的设计概述

2.3.1 教学目标与思路

2.3-1
工程概况

扫码查看工程概况

【教学载体】某实验实训基地建设项目弱电平面图。

【教学目标】

知识目标	能力目标	素养目标	思政要素
1. 学习综合布线设计等级、设计原则； 2. 掌握设计的要点、流程。	1. 能够理解用户需求； 2. 能对用户需求进行分析，找出合适的解决方案。	1. 重视职业道德和职业意识教育的渗透，帮助学生养成良好的个人品格和行为习惯； 2. 培养爱岗敬业精神、团队协作精神和创业精神； 3. 具备勤劳诚信、善于协作配合、善于沟通交流等职业素养。	专业课与德育的有机融合，将德育渗透、贯穿教育和教学的全过程。

【学习任务】

本项目的学习任务是通过学习使学生掌握对综合布线设计流程。

通过某办公楼综合布线工程案例，使学生对本工程进行整体设计进行学习。

【建议学时】2 学时

【思维导图】

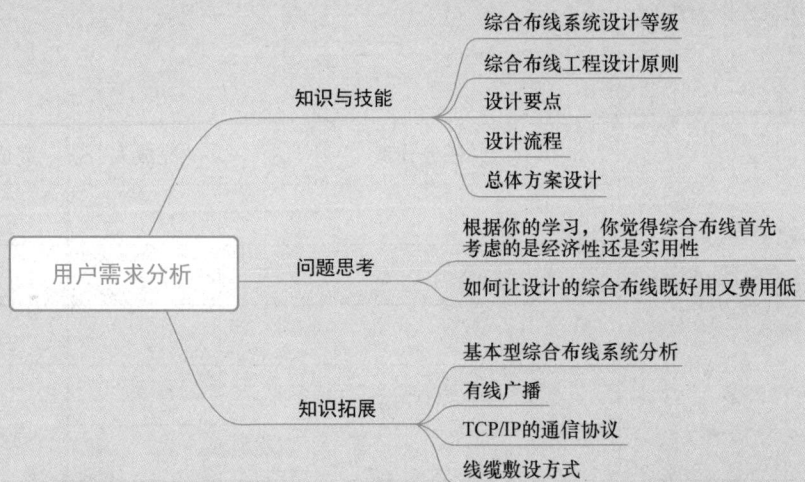

2.3.2 学生任务单

任务名称		综合布线系统的设计概述	
学生姓名		班级学号	
同组成员			
负责任务			
完成日期		完成效果（教师评价及签字）	

明确任务	任务目标	1. 了解综合布线系统的设计等级； 2. 掌握综合布线工程设计原则、设计要点、设计流程； 3. 掌握综合布线总体方案设计。
自学简述	课前预习 （学习内容、浏览资源、查阅资料）	
	拓展学习 （任务以外的学习内容）	
任务研究	完成步骤 （用流程图表达）	

任务分工		完成人	完成时间
任务分工			

	本人任务	
	角色扮演	
	岗位职责	
	提交成果	

任务实施	完成步骤	第 1 步		
		第 2 步		
		第 3 步		
		第 4 步		
		第 5 步		
	问题求助			
	难点解决			
	重点记录 （完成任务过程中，用到的基本知识、公式、规范、方法和工具等）			成果提交
学习反思	不足之处			
	待解问题			
	课后学习			

过程评价	自我评价 （5 分）	课前学习	时间观念	实施方法	知识技能	成果质量	分值
	小组评价 （5 分）	任务承担	时间观念	团队合作	知识技能	成果质量	分值

2.3.3   知识与技能

1. 知识点——综合布线系统设计等级

对于建筑物的综合布线系统，一般定义三种不同的综合布线系统等级。它们是：基本型综合布线系统、增强型综合布线系统和综合型综合布线系统。

（1）基本型综合布线系统

基本型综合布线系统方案，是一个经济有效的布线方案。它支持语音或综合型语音/数据产品，并能够全面过渡到数据的异步传输或综合型布线系统。它的基本配置是：

1）每一个工作区有1个信息插座；

2）每一个工作区有一条水平布线4对UTP系统；

3）完全采用110A交叉连接硬件，并与未来的附加设备兼容；

4）每个工作区的干线电缆至少有2对双绞线。

它的特点：

1）能够支持所有语音和数据传输应用；

2）支持语音、综合型语音/数据高速传输；

3）便于维护人员维护、管理；

4）能够支持众多厂家的产品设备和特殊信息的传输。

这类系统适合于目前的大多数的场合，因为它具有要求不高，经济有效，且能适应发展，逐步过渡到较高级别等特点，因此目前主要应用于配置要求较低的场合。

（2）增强型综合布线系统

增强型综合布线系统不仅支持语音和数据的应用，还支持图像、影像、视频会议等。它具有为增加功能提供发展的余地，并能够利用接线板进行管理，它的基本配置是：

1）每个工作区有2个以上信息插座；

2）每个信息插座均有水平布线4对UTP系统；

3）具有110A交叉连接硬件；

4）每个工作区的电缆至少有8对双绞线。

它的特点为：

1）每个工作区有2个信息插座，灵活方便、功能齐全；

2）任何一个插座都可以提供语音和高速数据传输；

3）便于管理与维护；

4）能够为众多厂商提供服务环境的布线方案。

这类系统能支持语音和数据系统使用，具有增强功能，且有适应今后发展的余地，适用于中等配置标准的场合。

（3）综合型综合布线系统

综合型综合布线系统是将双绞线和光缆纳入建筑物布线的系统，它的基本配置是：

1）在建筑物内、建筑群的干线或水平布线子系统中配置$62.5\mu m$光缆；

2）在每个工作区的电缆内配有4对双绞线；

3）每个工作区的电缆中应有2条以上的双绞线；

它的特点：

1）每个工作区有2个以上的信息插座，不仅灵活方便而且功能齐全；

2）任何一个信息插座都可供语音和高速数据传输；

3）有一个很好环境，为客户提供服务。

这类系统具有功能齐全，满足各方面通信要求，适用于配置较高的场合，例如规模较大的智能建筑等。

2.3–2
有线广播图片

2. 知识点——综合布线工程设计原则

目前，对于楼宇自控系统的配线网络，有人主张纳入综合布线系统，有人则主张仍沿用传统的布线方式。例如，有线广播、火灾报警、紧急广播、有线电视、视频监控等仍沿用传统布线。随着计算机网络技术在工业生产控制领域、安全防范等方面的大量应用，TCP/IP的通信协议得到广泛的应用，数字化的信息传递已成为发展的主流，综合布线作为宽带的传输介质将体现出更大的优势。综合布线系统设计原则主要包括以下内容。

综合布线系统的设施及管线的建设，应纳入建筑与建筑群相应城区的规划之中。对于园区还应将综合布线的管网纳入到规划的综合管线统一考虑，以做到资源共享。在土木建筑、结构的工程设计中对综合布线信息插座箱体的安装、管线的敷设、电信间、设备间的面积需求和场地设置都要有所规划，防止今后增设或改造时造成工程的复杂和费用的浪费。

综合布线系统工程在建筑改建、扩建中，要区别对待。设计既要考虑实用，又要兼顾发展，在功能满足需求的情况下，尽量减少工程投资。

综合布线系统应与大楼的信息网络、通信网络、设备监控与管理等系统统筹规划，按照各种信息的传输要求，做到合理使用，并应符合相关的标准。

综合布线工程设计时，应根据工程项目的性质、功能、环境条件和近、远期用户要求，进行综合布线系统设施和管线的设计。并必须保证综合布线系统质量和安全，考虑施工和维护方便，做到技术先进、经济合理。

综合布线系统工程设计时，必须选用符合国家或国际有关技术标准的定型产品。

综合布线系统工程设计时，必须符合国家现行的相关强制性或推荐性标准规范的规定。

综合布线系统作为建筑的公共电信配套设施在建设期应考虑一次性投资建设，能适应多家电信业务经营者提供通信与信息业务服务的需求，保证电信业务在建筑区域内的接入、开通和使用；使用户可以根据自己的需要，通过对入口设施的管理选择电信业务经营者，避免造成将来建筑物内管线的重复建设而影响到建筑物的安全与环境。因此，在管道与设施安装场地等方面，工程设计中应充分满足电信业务市场竞争机制的要求。

3. 知识点——设计要点

本项目电话语音及电脑数据系统构成综合布线系统，该系统由工作区子系统、配线子系统、干线子系统、管理子系统及设备间子系统等组成。

办公网数据主干采用 2 条 12 芯室内万兆单模光缆（1 用 1 备），语音信号采用 IP 网络传输，通过楼层管理间的电信设备将语音信号分离，电信设备输出大对数电缆，卡接到 110 配线架；同时各管理间至南北楼进线间预留 1 根三类 25 对大对数电缆，卡接到 110 配线架上。

配线系统采用六类非屏蔽配线系统，学校图书馆网络中心机房至南北楼一层进线间各预留 2 根 12 芯室内单模光缆。

工作区数据及语音插座选用六类 RJ-45 模块插座，以方便数据点和语音点互换使用，信息点面板采用 86 型单、双或三孔面板；

楼层各个管理间（南楼北楼每层两个管理间）均配置 19 英寸（483mm）标准机柜；弱电控制网与办公网络共用网络机柜；语音配线架采用 110 配线架安装，数据主干配线架采用 24 口/12 口光纤配线架安装；数据、语音水平端接设备采用 24 口模块化配线架安装。

办公网布点原则：

（1）会议室：2 层南侧大会议室 4 面侧墙各 1 处。60m^2 小会议室各两个。

（2）办公室：两面侧墙均布两处网线等结构。

（3）实验室：30m^2 两侧墙中间预留一处网口。60m^2 的四面墙各留一处。实验室布点原则，南楼有靠墙边台布置的就近处和中央台，北楼实验室每个实验室考虑一处/在布置边台的就近处。

（4）30m^2 的屋顶靠近门的上墙角预留一处网线等接口。大于 30m^2 的实验室对角线预留两处网线等接口。

（5）其他房间预留一处网线等接口。

（6）南楼实验室中央台每组预留网口一处。

走廊区域等公共区域设置无线 AP 信息点。

办公网综合布线系统共设各类信息点 2997 个。语音点、数据点根据需求灵活调配。无线 AP 点 149 个，实现实验实训基地楼内无线网络全覆盖。

4. 知识点——设计流程

综合布线系统施工是一个较为复杂的系统工程，要达到用户的需求目标就必须在施工前进行认真、细致地设计。设计过程中必须认真分析用户的需求，并充分考虑综合布线系统的可管理性、先进性、可扩充性以及性能价格比等因素。因此，综合布线工程的优劣非常关键的第一步就是系统设计。设计人员必须始终以满足用户需求为设计目标，对所设计工程进行深入地了解和分析，根据自己的设计经验全面考虑各方面问题，最终做出合理的设计方案。本书对综合布线系统工程设计内容提出以下要点，供设计人员在工作中作为参考用。

（1）用户需求分析

一个用户单位在实施综合布线系统工程项目前都有一些自己的设想，但不是每一位用户单位的负责人都熟悉综合布线的设计技术，因此，作为项目设计人员必须与用户负责人耐心地沟通，认真、详细地了解工程项目的实施目标、要求，并整理存档。对于某些不清楚的地方，还应多次反复地与用户沟通，一起分析设计。

（2）布线系统物理链路设计

1）机房位置确定

一般在设计院或用户已经指定了布线机房位置，布线机房大部分都和网络机房共用，也有部分单独设置。在这种情况下，需要查看机房内是否可以满足布线系统的要求，如果用户还没有明确机房位置，需要你根据实际现场情况和机房的基本要求确定机房位置，并与用户沟通，获得用户认可。

2）弱电竖井与分配线间位置确定

一般在设计院或用户已经指定的弱电竖井与分配线间的物理位置。在这种情况下，需要查看配线间内是否可以满足布线系统的要求。如果用户还没有明确分配线间位置，需要你根据实际现场情况和机房的基本要求确定机房位置，并与用户沟通，争得用户认可。竖井与分配线间的位置和数量将直接影响工程造价，如发现原有设计不合理（这种情况时常出现），请直接与用户和设计院沟通，请求作设计变更。

3）点位统计表

确定点位图这是很重要的，这是计算材料清单的必备条件。要详细统计数据节点、语音节点、光纤到桌面节点的数量和分布情况，制作成详细点位统计表。

4）路由设计

在工程实施中，路由是很重要的一环，包括水平线缆路由、垂直主干路由、主配线间位置、分配线位置、机房位置、机柜位置、大楼接入线路位置等。

材料种类：物理路由上可能使用镀锌线槽、镀锌管、PVC 管线槽、PVC 软管、梯形爬线梯、上走线铝合金桥架等。

障碍物结构：砖墙、混凝土墙、楼板结构、隔断，是否为承重墙等，要分别对待。

敷设方式：暗敷设、明敷设、吊装、沿墙、室外架杆、室外管井等。

在确定了上述情况后，做出物理路由图，包括线路路径、材料种类、材料数量、敷设方式、施工工时等。并且路由设计一定要考虑其他线路路由和消防规定。

（3）布线系统逻辑链路设计

1）铜缆类别选择

包括屏蔽与非屏蔽、超 5 类与 6 类、各种阻燃等级应用等。

2）主干类别选择

包括光缆、铜缆。在实际设计中，语音主干一般采用 3 类大对数电缆（25 对、50 对、100 对等）。数据主干可采用 4 对双绞线。根据网络设备类型可采用单模与多模光缆。根据用户数量和带宽要求确定光缆芯数。

3）布线品牌选择

现在市场上有很多布线品牌，质量、价格、知名度都有差别，要明确需要的材料，分辨好与差的区别，选择质量可靠、价格合理的产品是很重要的。

4）各子系统布线材料设计选型

布线子系统一般包括以下子系统：工作区子系统、水平子系统、垂直子系统、管理子系统、设备间子系统、建筑群子系统等。

（4）统计与报价

1）布线材料分配表

将各个布线子系统的材料型号和数量详细列表。这时可以根据布线设计基础知识用 Excel 表格做出布线材料分配表，规范的设计表格可以便于调整，不易出错，这对于一个有经验的设计人员是必需的。材料分配表体现了你的全部设计思想，同时也体现了确定材料数量的设计依据。

2）布线材料统计表

将各个布线子系统的材料型号和数量归类列出最终的布线材料统计表。用 Excel 表格做出规范的布线材料统计表。材料统计表体现了全部材料用量。

3）工程报价

根据材料统计表，制定工程报价。当然所有工程报价要和客户的投资预算相符合。工程报价方式有下列几种方式：

① 国家行业管理部门概、预算方式

包括工业和信息化部、住房和城乡建设部，一般含直接费和间接费两大部分。可参照行业部门出台的定额标准。

② 材料费用和人工费用按照比例报价

材料费用按照进货成本加价，然后人工费用按照材料费用的百分比加价。这种方式对于选用国产布线品牌可能人工费用取价较低，可能造成项目亏损，所以要适当调高收费比例。

③ 材料费用和人工费用分开报价

人工费用按照点数核算，按照单点造价乘以点数。

（5）设计方案成册

1）图纸

包括点位图，系统图，路由图等。当然出图纸的费用也是不小的开销，所以做工程报价时核算成本也要考虑进去。

2）设计方案

按照以上设计思路编写设计方案文字部分。设计方案一定要在材料分配表、统计表出来以后编写。否则你可能需要改来改去，这样就浪费时间，导致事半功倍。

5. 知识点——总体方案设计

产教融合实验实训基地综合布线系统采用六类布线，综合布线系统是建筑物或建筑群内部的信息传输介质网络。它是语音、数据通信设备、交换机设备、管理设备及设备控制系统的介质系统，它能够使各系统之间相互连接；是内部通信系统与外部通信网络相连接的通道。它包括了建筑物内部网络系统与外部网络或电话局线路上的连线、工作区语音、数据终端之间所有电缆及相关的连接部件。

建筑物或建筑群提供服务的布线系统由不同系列的部件组成，其中包括：传输介质、线路管理硬件、连接器、插座、插头、适配器、传输电子线路、电气保护设备和支持硬件。这些部件被用来构建各种子系统，它们都有各自的具体用途，不仅易于实施，而且能随通信需求的改变而平稳过渡到综合布线技术。

一个设计良好的布线系统对其服务的设备有一定的独立性，并能互连许多不同的通信设备，如数据终端、模拟式和数字式电话机、个人计算机和主机，以及公共系统装置，更有利于标准化安装与日后的管理服务。

2.3.4　问题思考

1. 根据你的学习，你觉得综合布线首先考虑的是经济性还是实用性？
2. 如何让设计的综合布线既好用费用还低？

2.3.5　知识拓展

资源名称	综合布线系统组成	TCP 通信协议	电缆敷设方式与直埋电缆敷设
资源类型	视频	PPT	PPT
资源二维码	2.3-3	2.3-4	2.3-5

任务 2.4 工作区子系统的设计

2.4.1 教学目标与思路

2.4-1
工程概况

扫码查看工程概况

【教学载体】某办公楼弱电平面图。

【教学目标】

知识目标	能力目标	素养目标	思政要素
工作区子系统划分原则、设计步骤、要点、案例。	1. 能设计工作区子系统； 2. 能统计出信息点数； 3. 能编制信息点表。	1. 重视职业道德和职业意识教育的渗透，帮助学生养成良好的个人品格和行为习惯； 2. 培养爱岗敬业精神、团队协作精神和创业精神； 3. 具备勤劳诚信、善于协作配合、善于沟通交流等职业素养。	引导学生运用科学的方法来学习技能知识。

【学习任务】

掌握工作区子系统的设计要求。

【建议学时】2 学时

【思维导图】

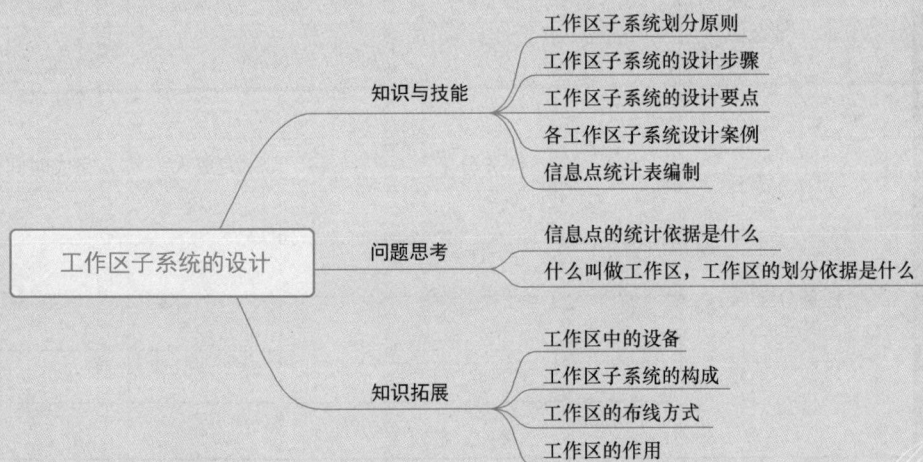

2.4.2 学生任务单

任务名称	工作区子系统的设计	
学生姓名	班级学号	
同组成员		
负责任务		
完成日期	完成效果（教师评价及签字）	

明确任务	任务目标	1. 掌握工作区子系统划分原则； 2. 掌握工作区子系统的设计步骤、设计要点； 3. 了解各工作区子系统设计案例； 4. 掌握信息点统计表编制。		
自学简述	课前预习 （学习内容、浏览资源、查阅资料）			
	拓展学习 （任务以外的学习内容）			
任务研究	完成步骤 （用流程图表达）			
	任务分工	任务分工	完成人	完成时间

本人任务	
角色扮演	
岗位职责	
提交成果	

		第 1 步		
		第 2 步		
	完成步骤	第 3 步		
		第 4 步		
		第 5 步		
任务 实施	问题求助			
	难点解决			
	重点记录 （完成任务 过程中，用 到的基本知 识、公式、 规范、方法 和工具等）			成 果 提 交
学习 反思	不足之处			
	待解问题			
	课后学习			

过程 评价	自我评价 （5 分）	课前学习	时间观念	实施方法	知识技能	成果质量	分值
	小组评价 （5 分）	任务承担	时间观念	团队合作	知识技能	成果质量	分值

2.4.3 知识与技能

1. 知识点——工作区子系统划分原则

目前，建筑物的功能类型较多，因此，对工作区面积的划分应根据应用的场合做具体的分析后确定，工作区面积划分参照表 2.4-1 所示内容。

工作区面积划分   表 2.4-1

建筑物类型及功能	工作区面积（m²）
网管中心、呼叫中心、信息中心等座席较为密集的场地	3～5
办公区	5～10
会议、会展	10～60
商场、生产机房、娱乐场所	20～60
体育场馆、候机房、公共设施区	20～100
工业生产区	60～200

如果终端设备的安装位置和数量无法确定，或使用场地为大客户租用并考虑自行设置计算机网络，工作区的面积可按区域（租用场地）面积确定。

对于 IDC 机房（数据通信托管业务机房或数据中心机房），可按生产机房每个机架的设置区域考虑工作区面积。此类项目涉及数据通信设备安装工程设计，应单独考虑实施方案。

2. 知识点——工作区子系统的设计步骤

2.4-2 工作区子系统的设计

工作区子系统在设计时的步骤一般为：首先与用户进行充分技术交流，了解建筑物的用途，然后进行工作区信息点的统计，最后确定工作区信息点的位置。

（1）步骤 1：用户信息点需求的调查和分析

需求分析首先从整栋建筑物的用途开始，然后按照楼层进行分析，最后再到楼层的各个工作区或者房间，逐步明确和确认每层和每个工作区的用途和功能，分析每个工作区的需求，规划工作区的信息点数量和位置。

（2）步骤 2：和用户进行技术交流

在前期用户需求分析的基础上，与用户进行技术交流。包括用户技术负责人、项目负责人或行政负责人。进一步了解用户的需求，特别是未来的发展需求。在交流中，要重点了解每个房间或者工作区的用途、工作区域、工作台位置、设备安装位置等详细信息，并做好详细的书面记录。

（3）步骤3：阅读建筑物图纸和工作区编号

索取和阅读建筑物设计图纸，通过阅读建筑物图纸掌握建筑物的土建结构、强电路径、弱电路径，特别是主要电气设备和电源插座的安装位置，重点了解在综合布线路径上的电气设备、电源插座、暗埋管线等。在阅读图纸时，进行记录或标记，这有助于将信息插座设计在合适的位置，避免强电或电气设备对综合布线系统的影响。

为工作区信息点命名和编号是非常重要的一项工作，命名首先必须准确表达信息点的位置或者用途，要与工作区的名称相对应，这个名称从项目设计开始到竣工验收以及后续维护要一致，如果在后续使用中改变了工作区名称或者编号，必须及时制作名称变更对应表，作为竣工资料保存。

（4）步骤4：工作区信息点的配置

在表 2.4-2 ~ 表 2.4-12 中已经根据建筑物的用途不同，划分了工作区的面积。每个工作区需要设置一个数据信息点和电话信息点，或者按用户需要设置。也有部分工作区需要支持数据终端、电视机及监视器等终端设备。

办公建筑工作区面积划分与信息点数量配置　　　　　　　　　表 2.4-2

项目		办公建筑	
		行政办公建筑	通用办公建筑
每一个工作区面积（m²）		办公：5~10	办公：5~10
每一个用户单元区域面积（m²）		60~120	60~120
每一个工作区信息插座类型与数量	RJ-45	一般：2个；政务：2~8个	2个
	光纤到工作区 SC 或 LC	2个单工或1个双工或根据需要设置	2个单工或1个双工或根据需要设置

商店建筑和旅馆建筑工作区面积划分与信息点数量配置　　　　　表 2.4-3

项目		商店建筑	旅馆建筑
每一个工作区面积（m²）		商铺：20~120	办公：5~10；客房：每套房；公共区域、会议：20~50
每一个用户单元区域面积（m²）		60~120	每一个房间
每一个工作区信息插座类型与数量	RJ-45	2~4个	2~4个
	光纤到工作区 SC 或 LC	2个单工或1个双工或根据需要设置	2个单工或1个双工或根据需要设置

文化建筑和博物馆建筑工作区面积划分与信息点数量配置　　　　表 2.4-4

项目		文化建筑			博物馆建筑
		图书馆	文化馆	档案馆	
每一个工作区面积（m²）		办公阅览：5～10	办公：5～10；展示厅：20～50；公共区域：20～60	办公：5～10；资料室：20～60	办公：5～10；展示厅：20～50；公共区域：20～60
每一个用户单元区域面积（m²）		60～120	60～120	60～120	60～120
每一个工作区信息插座类型与数量	RJ-45	2个	2～4个	2～4个	2～4个
	光纤到工作区 SC 或 LC	2个单工或1个双工或根据需要设置	2个单工或1个双工或根据需要设置	2个单工或1个双工或根据需要设置	2个单工或1个双工或根据需要设置

观演建筑工作区面积划分与信息点数量配置　　　　表 2.4-5

项目		观演建筑		
		剧场	电影院	广播电视业务建筑
每一个工作区面积（m²）		办公区：5～10；业务区：50～100	办公区：5～10；业务区：50～100	办公区：5～10；业务区：5～50
每一个用户单元区域面积（m²）		60～120	60～120	60～120
每一个工作区信息插座类型与数量	RJ-45	2个	2个	2个
	光纤到工作区 SC 或 LC	2个单工或1个双工或根据需要设置	2个单工或1个双工或根据需要设置	2个单工或1个双工或根据需要设置

体育建筑和会展建筑工作区面积划分与信息点数量配置　　　　表 2.4-6

项目		体育建筑	会展建筑
每一个工作区面积（m²）		办公区：5～10；业务区：每比赛场地（计分、裁判、显示、升旗等）5～50	办公区：5～10；展览区：20～100；洽谈区：20～50；公共区域：60～120
每一个用户单元区域面积（m²）		60～120	60～120
每一个工作区信息插座类型与数量	RJ-45	一般：2个	一般：2个
	光纤到工作区 SC 或 LC	2个单工或1个双工或根据需要设置	2个单工或1个双工或根据需要设置

医疗建筑工作区面积划分与信息点数量配置　表 2.4-7

项目		医疗建筑	
		综合医院	疗养院
每一个工作区面积（m²）		办公：5~10； 业务区：10~50； 手术设备室：3~5； 病房：15~60； 公共区域：60~120	办公：5~10； 疗养区：15~60； 业务区：10~50； 养员活动室：30~50； 营养食堂：20~60； 公共区域：60~120
每一个用户单元区域面积（m²）		每一个病房	每一个疗养区域
每一个工作区信息插座类型与数量	RJ-45	2个	2个
	光纤到工作区 SC 或 LC	2个单工或1个双工或根据需要设置	2个单工或1个双工或根据需要设置

教育建筑工作区面积划分与信息点数量配置　表 2.4-8

项目		教育建筑		
		高等学校	高级中学	初级中学和小学疗养院
每一个工作区面积（m²）		办公：5~10； 公寓、宿舍：每一床位； 教室：30~50； 多功能教室：20~50； 实验室：20~50； 公共区域：30~120	办公：5~10； 公寓、宿舍：每一床位； 教室：30~50； 多功能教室：20~50； 实验室：20~50； 公共区域：30~120	办公：5~10； 教室：30~50； 多功能教室：20~50； 实验室：20~50； 公共区域：30~120； 宿舍：每一套房
每一个用户单元区域面积（m²）		公寓	公寓	—
每一个工作区信息插座类型与数量	RJ-45	2~4个	2~4个	2~4个
	光纤到工作区 SC 或 LC	2个单工或1个双工或根据需要设置	2个单工或1个双工或根据需要设置	2个单工或1个双工或根据需要设置

交通建筑工作区面积划分与信息点数量配置　表 2.4-9

项目	交通建筑			
	民用机场航站楼	铁路客运站	城市轨道交通站	汽车客运站
每一个工作区面积（m²）	办公区：5~10； 业务区：10~50； 公共区域：50~100； 服务区：10~30	办公区：5~10； 业务区：10~50； 公共区域：50~100； 服务区：10~30	办公区：5~10； 业务区：10~50； 公共区域：50~100； 服务区：10~30	办公区：5~10； 业务区：10~50； 公共区域：50~100； 服务区：10~30

项目		交通建筑			
		民用机场航站楼	铁路客运站	城市轨道交通站	汽车客运站
每一个用户单元区域面积（m²）		60～120	60～120	60～120	60～120
每一个工作区信息插座类型与数量	RJ-45	一般：2个	一般：2个	一般：2个	一般：2个
	光纤到工作区 SC 或 LC	2个单工或1个双工或根据需要设置	2个单工或1个双工或根据需要设置	2个单工或1个双工或根据需要设置	2个单工或1个双工或根据需要设置

金融建筑工作区面积划分与信息点数量配置　　　　　　表 2.4-10

项目		金融建筑
每一个工作区面积（m²）		办公区：5～10；业务区：5～10；客服区：5～20；公共区域：50～120；服务区：10～30
每一个用户单元区域面积（m²）		60～120
每一个工作区信息插座类型与数量	RJ-45	一般：2～4个，业务区：2～8个
	光纤到工作区 SC 或 LC	4个单工或2个双工或根据需要设置

住宅建筑工作区面积划分与信息点数量配置　　　　　　表 2.4-11

项目		住宅建筑
每一个工作区信息插座类型与数量	RJ-45	电话：客厅、餐厅、主卧、次卧、厨房、卫生间：1个，书房：2个；数据：客厅、餐厅、主卧、次卧、厨房：1个，书房：2个
	同轴	有线电视：客厅、主卧、次卧、书房、厨房：1个
	光纤到工作区 SC 或 LC	根据需要，客厅、书房：1个双工
光纤到住宅用户		满足光纤高户要求，每一户配置一个家居配线箱

通用工业建筑工作区面积划分与信息点数量配置　　　　　　表 2.4-12

项目		通用工业建筑
每一个工作区面积（m²）		办公区：5～10；公共区域：60～120；生产区：20～100
每一个用户单元区域面积（m²）		60～120
每一个工作区信息插座类型与数量	RJ-45	一般：2～4个
	光纤到工作区 SC 或 LC	2个单工或1个双工或根据需要设置

每一个工作区（或房间）信息点数量的确定范围比较大，从现有的工程实际应用情况分析，有时有 1 个信息点，有时可能会有 10 个信息点；有时只需要铜缆信息模块，有时还需要预留光缆备份的信息插座模块。因为建筑物用途不一样，功能要求和实际需求不一样，信息点数量不能仅按办公楼的模式确定，要考虑多功能和未来扩展需要，尤其是对于专用建筑（如电信、金融、体育场馆、博物馆等建筑）及计算机网络存在内、外网等多个网络时，更应加强需求分析，做出合理的配置。

（5）步骤 5：工作区信息点点数统计

工作区信息点点数统计表简称点数表，是设计和统计信息点数量的基本工具和手段。在需求分析和技术交流的基础上，首先确定每个房间或者区域的信息点位置和数量，然后制作和填写点数统计表。点数统计表首先按照楼层，然后按照房间或者区域逐层逐房间地规划和设计网络数据、光纤口、语音信息点数，再把每个房间规划的信息点数量填写到点数统计表对应的位置。每层填写完毕，就能够统计出该层的信息点数，全部楼层填写完毕，就能统计出该建筑物的信息点数。

在填写点数统计表时，从楼层的第一个房间或者区域开始，逐间分析需求和划分工作区，确认信息点数量和大概位置。在每个工作区首先确定网络数据信息点的数量，然后考虑电话语音信息点的数量，同时还要考虑其他控制设备的需要，例如：在门厅和重要办公室入口位置考虑设置指纹考勤机、门禁系统网络接口等。

（6）步骤 6：确定信息插座数量

如果工作区配置单孔信息插座，那么信息插座、信息模块、面板数量应与信息点的数量相当。如果工作区配置双孔信息插座，那么信息插座、面板数量应为信息点数量的一半，信息模块数量应与信息点的数量相当。假设信息点数量为 M，信息插座数量为 N，信息插座插孔数为 A，则应配置信息插座的计算公式为：

$$N = \text{INT}\ (M/A)$$

其中，INT（ ）为向上取整函数。

考虑系统应为以后扩充留有余量，因此最终配置信息插座的总量 P 应为：

$$P = N + N \times 3\%$$

式中，N 为实际需要信息插座数量，$N \times 3\%$ 为富余量。

（7）步骤 7：工作区信息点安装位置

1）信息插座安装方式

信息插座安装方式分为嵌入式和表面安装式两种，用户可根据实际需要选用不同的安装方式。

通常情况下，新建筑物采用嵌入式安装信息插座；已建成的建筑物则采用表面安装式的信息插座。

① 新建筑物。新建筑物的信息点底盒必须暗装在建筑物的墙体或柱子上，一般使用暗装 86 系列底盒。当在地面上安装时，应采用金属底盒和面板。

② 已建成建筑物。已建成建筑物增加网络综合布线系统时，设计人员必须到现场勘察，根据现场使用情况具体设计信息插座的位置、数量。旧建筑物增加信息插座一般为明装 86 系列插座。

2）信息插座安装位置

安装在房间内墙壁或柱子上的信息插座、多用户信息插座或集合点配线模块装置，其底部离地面的高度宜为 300mm，以便维护和使用。如有高架活动地板时，其离地面高度应以地板上表面计算高度，距离也为 300mm。

（8）步骤 8：工作区电源设置

工作区电源插座的设置应遵循国家有关的电气设计规范，一般情况下，每组信息插座附近宜配备带保护接地的单相交流 220V/10A 电源插座为设备供电，电源插座宜嵌墙暗装，高度应与信息插座一致。暗装信息插座与其旁边的电源插座应保持 200mm 的距离，电源插座应选用带保护接地的单相电源插座，保护接地与中性线应严格分开。

3. 知识点——工作区子系统的设计要点

（1）工作区内，线槽的敷设要合理、美观。

（2）优先选用双口插座。一般情况下，信息插座宜选用双口插座。不建议使用三口或三口以上的插座，因为一般在墙上暗装的插座底盒和面板尺寸为 86mm × 86mm，底盒内部空间小，无法容纳更多的线缆，也不能保证线缆弯曲半径的要求。

（3）信息插座的安装高度宜为距地面 300mm。地面上安装的信息插座必须用金属面板，并且具有抗压防水功能。

（4）信息插座与终端设备的距离保持在 5m 范围内。

（5）网卡接口类型要与线缆接口类型保持一致。插座内安装的信息模块必须与计算机、打印机、电话机等终端设备内安装的网卡类型一致。例如，终端计算机为光模块网卡时，信息插座内必须安装对应的光模块。计算机为六类网卡时，信息插座内必须安装对应的六类模块。

（6）在信息插座附近，必须设置电源插座，减少设备跳线的长度。为减少电磁干扰，电源插座与信息插座的距离应大于 200mm。

（7）工作区所需的信息模块、信息插座、面板的数量要准确。

（8）确定水晶头和模块所需的数量。

RJ-45 水晶头的需求量须预留 15% 的富余量，即：

$$m = n \times 4 \times (1 + 15\%)$$

式中　m——RJ-45 水晶头的总需求量；

　　　n——信息点的总量。

信息模块的需求量一般须预留 3% 的富余量，即：

$$m = n \times (1 + 3\%)$$

式中　m——信息模块的总需求量；

　　　n——信息点的总量。

4. 知识点——各工作区子系统设计案例

已知某一办公楼有 6 层，每层 20 个房间。根据用户需求分析得知，每个房间需要安装 1 个电话语音点，1 个计算机网络信息点，1 个有线电视信息点。请你计算出该办公楼综合布线工程应订购的信息点插座的种类和数量是多少？需订购的信息模块的种类和数量是多少？

解答：根据题目要求得知每个房间需要接入电话语音、计算机网络、有线电视三类设备，因此必须配置相应三类信息接口。为了方便管理，电话语音和计算机网络信息接口模块可以安装在同一信息插座内，该插座应选用双口面板，有线电视插座单独安装。

（1）办公楼的房间数共计为 120 个，因此必须配备 124 个双口信息插座（已包含 4 个富余量），以安装电话语音和计算机网络接口模块，有线电视插座数量应为 124 个（已包含 4 个富余量）。

（2）办公楼共计有 120 个电话语音点，120 个计算机网络接入点，120 个有线电视接入点，因此要订购 248 个 RJ-45 模块（已包含了 8 个富余量）。有线电视接口模块已内置于有线电视插座内，不需要另行订购。

5. 知识点——信息点统计表编制

点数统计表能够一次准确和清楚地表示和统计出建筑物的信息点数量。点数表的格式如表 2.4-13 所示。房间按照行表示，楼层按列表示。

建筑物网络和语音信息点数统计表　　　　　　　表 2.4-13

建筑物网络和语音信息点数统计表													
房间或者区域编号									数据点数合计	光纤点数合计	语音点数合计	信息点数合计
楼层编号	1			2			……	20					
	数据	光纤	语音	数据	光纤	语音		数据	光纤	语音			
十六层	2		2	2				3					
		1											

续表

楼层编号	1			2			……	20			数据点数合计	光纤点数合计	语音点数合计	信息点数合计
	数据	光纤	语音	数据	光纤	语音		数据	光纤	语音				
十五层														
十四层														
十三层														
……														
一层	1		1											
合计														

2.4.4　问题思考

1. 信息点的统计依据是什么?

2. 什么叫作工作区,工作区的划分依据是什么?

2.4.5　知识拓展

资源名称	工作区中的设备	工作区子系统的组成	工作区的管槽安装	工作区子系统设计案例
资源类型	图片	PPT	视频	视频
资源二维码	2.4-3	2.4-4	2.4-5	2.4-6

任务 2.5
配线子系统的设计

2.5.1 教学目标与思路

2.5-1
工程概况

扫码查看工程概况

【教学载体】某办公楼弱电平面图。

【教学目标】

知识目标	能力目标	素养目标	思政要素
配线子系统设计要点、设计步骤，布线的结构、距离、类型、方法。	1. 能够选择配线子系统设备类型； 2. 能够画出配线子系统的结构图； 3. 能够计算配线子系统的线缆用量。	1. 重视职业道德和职业意识教育的渗透，帮助学生养成良好的个人品格和行为习惯； 2. 培养爱岗敬业精神、团队协作精神和创业精神； 3. 具备勤劳诚信、善于协作配合、善于沟通交流等职业素养。	引导学生以专业知识为载体，引导学生的价值观念。

【学习任务】

掌握配线子系统的设计要求。

学习配线子系统布线的结构、距离、类型、方法。

【建议学时】2 学时

【思维导图】

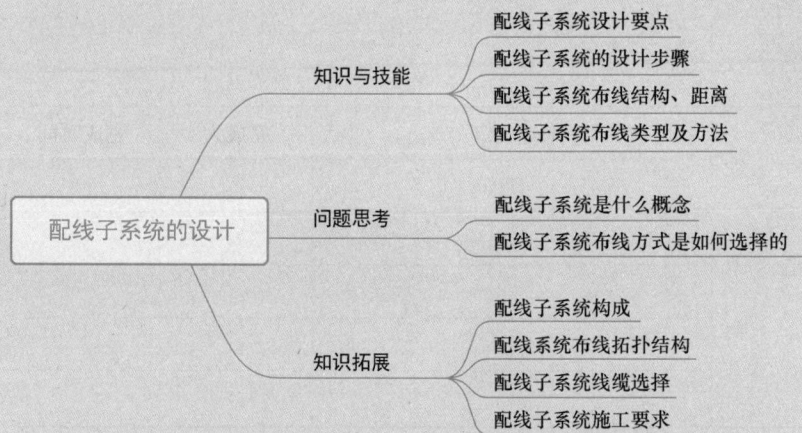

2.5.2　学生任务单

任务名称		配线子系统的设计	
学生姓名		班级学号	
同组成员			
负责任务			
完成日期		完成效果（教师评价及签字）	

明确任务	任务目标	1. 掌握配线子系统的设计要点； 2. 掌握配线子系统的设计步骤； 3. 了解配线子系统布线结构、距离； 4. 了解配线子系统布线类型及方法。		
自学简述	课前预习 （学习内容、浏览资源、查阅资料）			
	拓展学习 （任务以外的学习内容）			
任务研究	完成步骤 （用流程图表达）			
	任务分工	任务分工	完成人	完成时间

	本人任务	
	角色扮演	
	岗位职责	
	提交成果	

任务实施	完成步骤	第 1 步		成果提交
		第 2 步		
		第 3 步		
		第 4 步		
		第 5 步		
	问题求助			
	难点解决			
	重点记录（完成任务过程中，用到的基本知识、公式、规范、方法和工具等）			

学习反思	不足之处					
	待解问题					
	课后学习					

过程评价	自我评价（5 分）	课前学习	时间观念	实施方法	知识技能	成果质量	分值
	小组评价（5 分）	任务承担	时间观念	团队合作	知识技能	成果质量	分值

2.5.3　知识与技能

1. 知识点——配线子系统设计要点

（1）配线子系统应根据工程提出的近期和远期终端设备的设置要求、用户性质、网络构成及实际需要确定建筑物各层需要安装信息插座模块的数量及其位置，配线应留有发展余地。

（2）配线子系统水平缆线采用的非屏蔽或屏蔽 4 对对绞电缆、室内光缆应与各工作区光、电信息插座类型相适应。

（3）工作区的信息插座模块应支持不同的终端设备接入，每一个 8 位模块通用插座应连接 1 根 4 对对绞电缆；每一个双工或 2 个单工光纤连接器件及适配器应连接 1 根 2 芯光缆。

（4）从电信间至每一个工作区的水平光缆宜按 2 芯光缆配置。用户群或大客户使用的工作区域时，备份光纤芯数不应小于 2 芯，水平光缆宜按 4 芯或 2 根 2 芯光缆配置。

（5）连接至电信间的每一根水平缆线均应终接于 FD 处相应的配线模块，配线模块与缆线容量相适应。

（6）配线子系统中可以设置集合点（CP），也可不设置集合点。采用集合点（CP）时，集合点配线设备与 FD 之间水平缆线的长度不应小于 15m，同一个水平电缆路由中不应超过一个集合点。

（7）电信间 FD 主干侧各类配线模块应根据主干缆线所需容量要求、管理方式及模块类型和规格进行配置。

（8）电信间 FD 采用的设备缆线和各类跳线宜根据计算机网络设备的使用端口容量和电话交换系统的实装容量、业务的实际需求或信息点总数的比例进行配置，比例范围宜为 25% ~ 50%。

（9）从集合点引出的 CP 电缆应终接于工作区的 8 位模块通用插座或多用户信息插座。

（10）从集合点引出的 CP 光缆应终接于工作区的光纤连接器。

2.5-2
配电子系统
的设计

2. 知识点——配线子系统的设计步骤

配线子系统的设计，首先进行需求分析，与用户进行充分地技术交流并了解建筑物的用途，然后要认真阅读建筑物设计图纸，在工作区信息点数量和位置已确定的，并考虑与其他管线的间距的基础上，确定每个信息点的水平布线路由，根据线缆类型和数量确定水平管槽的规格。

（1）步骤 1：用户需求分析。

用户需求分析是综合布线系统涉及的首项重要工作。配线子系统是综合布线系统中工程量最大的一个子系统，使用的材料最多、工期最长、投资最大，也直接决定每个信息点的稳定性和传输速度。主要涉及布线距离、布线路径、布线方式和材料的选择，对后续配线子系统的施工是非常重要的，也直接影响综合布线系统工程的质量、工期，甚至影响最终工程造价。

（2）步骤 2：技术交流。

在进行需求分析后，要与用户进行技术交流，这是非常必要的。由于配线子系统往往覆盖每个楼层的立面和平面，布线路径也经常与照明线路、电气设备线路、电气插座、消防线路、暖气或者空调线路有多次的交叉或者平行，因此，不仅要与技术负责人进行交流，也要与项目负责人或者行政负责人进行交流。通过交流了解每个信息点路径上的电路、水路、气路和电气设备的安装位置等详细信息，做好书面记录并及时整理。

（3）步骤 3：阅读建筑物设计图纸。

通过阅读建筑物设计图纸掌握建筑物的土建结构、强电路径、弱电路径，特别是主要电气设备和电源插座的安装位置，重点了解在综合布线路径上的电气设备、电源插座、暗埋管线等。在阅读图纸时，进行记录或标记，正确处理配线子系统布线与电路、水路、气路和电气设备的直接交叉或者路径冲突问题。

（4）步骤 4：确定线缆、槽、管的数量和类型。

1）管道利用率计算规定

预埋暗敷的管路宜采用对缝钢管或具有阻燃性能的 PVC 管，且直径不能太大，否则对土建设计和施工都有影响。根据我国建筑结构的情况，一般要求预埋在墙壁内的暗管内径不宜超过 50mm，预埋在楼板中的暗管内径不宜超过 25mm，金属线槽的截面高度也不宜超过 25mm。

2）管道内敷设缆线的数量

可以采用管径和截面利用率的公式进行计算管道内允许敷设的缆线数量。

① 穿放线缆的暗管管径利用率的计算公式：

$$管径利用率 = d/D$$

式中　d——缆线的外径（mm）；

　　　D——管道的内径（mm）。

在暗管中布放的电缆为屏蔽电缆（具有总屏蔽和线对屏蔽层）或扁平型缆线（可为 2 根非屏蔽 4 对对绞电缆或 2 根屏蔽 4 对对绞电缆组合及其他类型的组合）；主干电缆为 25 对及以上，主干光缆为 12 芯及以上时，宜采用管径利用率进行计算，选用合适规格的暗管。

② 穿放缆线的暗管截面利用率的计算公式：

$$截面利用率 = A_1/A$$

式中　A——管的内截面积（mm^2）；

　　A_1——穿在管内缆线的总截面积（包括导线的绝缘层的截面）（mm^2）。

在暗管中布放的对绞电缆采用非屏蔽或屏蔽 4 对对绞电缆及 4 芯以下光缆时，为了保证线对扭绞状态，避免缆线受到挤压，宜采用管截面利用率公式进行计算，选用合适规格的暗管。

③ 可以采用以下简易公式计算应当采用的管槽尺寸：

$$N = 管（槽）截面积 \times 70\% \times （40\% \sim 50\%）/线缆截面积$$

其中，N 表示容纳双绞线最多数量，70% 表示布线标准规定允许的空间，40% ~ 50% 表示线缆之间浪费的空间。

3）根据缆线的型号和根数决定管槽的尺寸和数量

利用公式（长×宽）$\div$（$3.14 \times R^2$）$\times 0.6$ 得出线数即可

其中，长×宽 = 桥架面积；3.14 是圆周率 π；0.6 是填充系数（表示只估算 60% 的线量，如果 100% 表示无法穿线）；$3.14 \times R^2$ = 单根线的面积。

标准的线槽容量计算方法为根据水平线的外径来确定线槽的容量，即：线缆的横截面积之和 ×1.8。计算公式为：管材直径^2 = 线缆直径^2 × 线缆根数 × 因数（因数一般选 1.8，线槽留有约 35% 余量；最少选 1.6，留有约 20% 余量）。

4）布线弯曲半径要求

布线中如果不能满足最低弯曲半径要求，双绞线电缆的缠绕节距会发生变化，严重时，电缆可能会损坏，直接影响电缆的传输性能。例如，在铜缆布线系统中，布线弯曲半径会直接影响回波损耗值，严重时会超过标准规定值。在光缆布线系统中，会导致高衰减。因此，在设计布线路径时，尽量避免和减少弯曲，增加电缆的弯曲率半径值。

（5）步骤 5：确定电缆的类型和长度。

（6）步骤 6：确定配线子系统的布线方案。

（7）步骤 7：确定电信间配线设备配置。

3. 知识点——配线子系统布线结构、距离

（1）配线子系统布线拓扑结构

配线子系统在布设电缆时一般采用星形拓扑结构，如图 2.5-1 所示。在图中可以看到，配线子系统的线缆一端与工作区的信息插座相连，另一端与楼层电信间的配线架相连接。

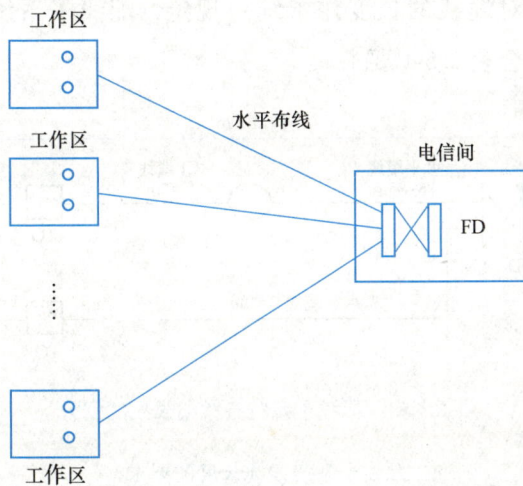

图 2.5-1　配线子系统布线星形拓扑结构图

配线子系统采用星形拓扑结构可以对楼层的线路进行集中管理，也可以通过电信间的配线设备进行线路的灵活调整。星形拓扑结构可以使工作区与电信间之间使用专用线缆连接，相互独立，便于线路故障的隔离以及故障的诊断。

（2）配线子系统线缆选择

1）确定线缆的类型

选择配线子系统的缆线，要根据建筑物信息的类型、容量、带宽和传输速度来确定。按照配线子系统对缆线及长度的要求，在配线子系统电信间到工作区的信息点之间：

对于计算机网络和电话语音系统，应优先选择 4 对非屏蔽双绞线电缆；

对于屏蔽要求较高的场合，可选择 4 对屏蔽双绞线；

对于要求传输速度高、保密性要求高或电信间到工作区超过 90m 的场合，可采用室内多模或单模光缆直接布设到桌面的方案。

根据《商用建筑通用布线标准》ANSI EIA/TIA 568 B.1 标准，在配线子系统中推荐采用的线缆型号为：

① 4 线对 100 Ω非屏蔽双绞线（UTP）对称电缆；

② 4 线对 100 Ω屏蔽双绞线（ScTP）对称电缆；

③ 50μm/125μm 多模光缆；

④ 62.5μm/125 μm 多模光缆；

⑤ 8.3μm/125μm 单模光缆；

按照国家标准《综合布线系统工程设计规范》GB 50311—2016 的规定，水平缆线属于配线子系统，并对缆线的长度作了统一规定，配线子系统各缆线长度应符合图 2.5-2 的划分并应符合表 2.5-1 要求。

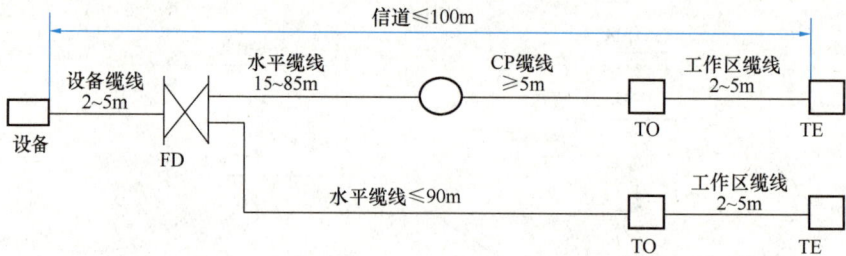

图 2.5-2　配线子系统各线缆长度的划分

配线子系统线缆长度的要求　　　　　　　　　　　　　　　表 2.5-1

连接模型	最小长度（m）	最大长度（m）
FD-CP	15	85
CP-TO	5	—
FD-TO（无 CP）	15	90
工作区设备缆线	2	5
跳线	2	—
FD 设备缆线	2	5
设备缆线与跳线总长度	—	10

配线子系统信道的最大长度不应大于 100m，其中水平缆线长度不大于 90m；工作区设备缆线、电信间配线设备的跳线和设备缆线之和不应大于 10m，当大于 10m 时，水平缆线长度（90m）应适当减少。

楼层配线设备（FD）跳线、设备缆线及工作区设备缆线各自的长度不应大于 5m。

考虑到性价比的因素，配线子系统应优先采用 4 对非屏蔽双绞线电缆，该线缆完全可以满足计算机网络、电话语音系统传输的要求。如果水平布线的场合有较强的电磁干扰源或用户对屏蔽提出较高要求的，可以采用 4 对屏蔽双绞线电缆。对于用户有高速度终端要求或保密性高的场合，可采用光纤直接布设到桌面的方案。对于有线电视系统，应采用 75Ω 的同轴电缆，用于传输电视信号。

2）确定电缆需求量

① 根据布线方式和走向测定信息插座到楼层配线架的最远和最近距离。

② 确定线缆的平均长度：

$$L = (F + N)/2 + 3$$

式中　F——最远的信息插座离楼层管理间的距离（m）；

　　　N——最近的信息插座离楼层管理间的距离（m）；

　　　3——预留的线缆端接长度为 3m。

③ 根据所选厂家每箱线缆的标称长度（一般为 1000 英尺，约 305m），取整计算每箱线缆可含平均长度线缆的根数。

例如：某工程共有 6 层，每层信息点数为 20 个，每个楼层的最远信息插座离楼层管理间的距离均为 60m，每个楼层的最近信息插座离楼层管理间的距离均为 10m，请估算出整座楼宇的用线量。

解答：根据题目要求知道：

最远点信息插座距管理间的距离 $F = 60$m，最近点信息插座距管理间的距离 $N = 10$m，可知：

线缆的平均长度 $= (60 + 10)/2 + 3 = 38$m；

选用标称长度为 305m 的线缆，则：

每箱线缆可含平均长度线缆的根数 $= 305/38 \approx 8.02$，故取 8 根。

共需线缆箱数 $= 20 \times 6/8 = 15$ 箱。

4. 知识点——配线子系统布线类型及方法

配线子系统布线方案的选择要考虑建筑物结构特点，从路由最短、造价最低、施工方便、布线规范和扩充简便等几个方面考虑。但由于布线施工过程中情况较为复杂，必须灵活选取最佳的配线子系统布线方案。根据综合布线工程实施的经验来看，一般可采用三种布线方案，即直接埋管方式，先走吊顶内线槽再走支管到信息出口的方式，地面线槽方式。其余都是三种方式的改良型和综合型。下面详细介绍这三种布线方式。

（1）直接埋管方式

直接埋管方式由一系列密封在混凝土的金属布线管道组成，如图 2.5-3 所示。这些

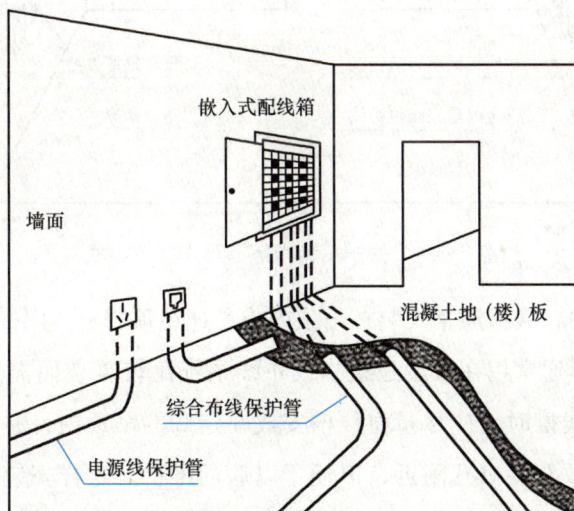

图 2.5-3 直接埋管方式

金属管道从楼层管理间向信息插座的位置辐射。根据通信和电源布线要求、地板厚度和占用的地板空间等条件,直接埋管方式可以采用厚壁镀锌管或薄壁电线管。

老式建筑物由于布设的线缆较少,因此,一般埋设的管道直径较小,最好只布放一条水平电缆,如果要考虑经济性,一条管道也可布放多条水平电缆。现代建筑物增加了计算机网络、有线电视等多种应用系统,需要布设的水平电缆会比较多,因此推荐使用SC 镀锌钢管和阻燃高强度 PVC 管。考虑以后的线路调整和维护,管道内布设的电缆应占管道截面积的 30% ~ 50% 。

这种布线方式管道数量比较多,钢管的费用相应增加,相对于其他布线方式优势不明显,而局限性较大,在现代建筑中逐步被其他布线方式取代。不过在地下层信息点比较少,且也没有吊顶的情况下,一般还继续使用直接埋管布线方式。

(2) 先走吊顶内线槽再走支管方式

先走吊顶内线槽再走支管方式是指由楼层管理间引出来的线缆先走吊顶内的线槽,到各房间后,经分支线槽从槽梁式电缆管道分叉后将电缆穿过一段支管引向墙壁,沿墙而下到房内信息插座的布线方式,如图 2.5-4 所示。

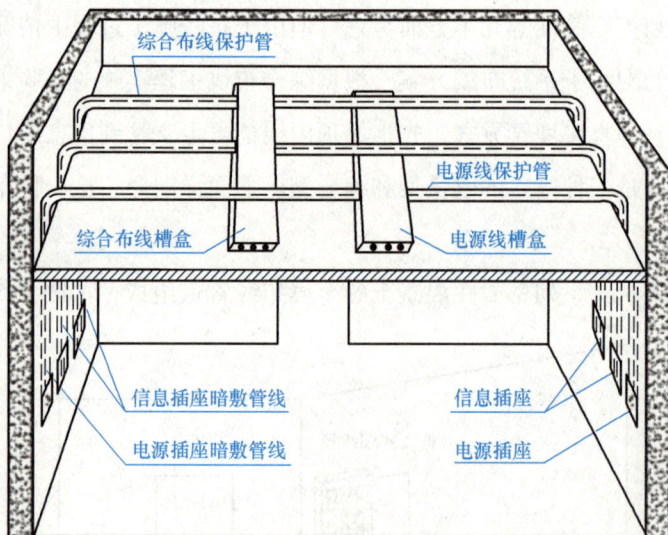

图 2.5-4　先走吊顶内线槽再走支管方式

这种布线方式中,线槽通常安装在吊顶内或悬挂在顶棚上,用横梁式线槽将线缆引向所要布线的区域,通常用在大型建筑物或布线系统比较复杂而需要额外支撑物的场合。在设计和安装线槽时,应尽量将线槽安放在走廊的吊顶内,并且布放到各房间的支管应适当集中布放至检修孔附近,以便于以后的维护。这样安装线槽可以减少布线工时,还利于保护已敷设的线缆,不影响房内装修。

先走吊顶内线槽再走支管的布线方式可以降低布线工程的造价，而且在吊顶与别的通道管线交叉施工，减少了工程协调量，可以有效地提高布线的效率。因此，在有吊顶的新型建筑物内应推荐使用这种布线方式。

（3）地面线槽方式

地面线槽方式就是从楼层管理间引出的线缆走地面线槽到地面出线盒或由分线盒引出的支管到墙上的信息出口，如图 2.5-5 所示。由于地面出线盒或分线盒不依赖于墙或柱体直接走地面垫层，因此，这种布线方式适用于大开间或需要打隔断的场合。

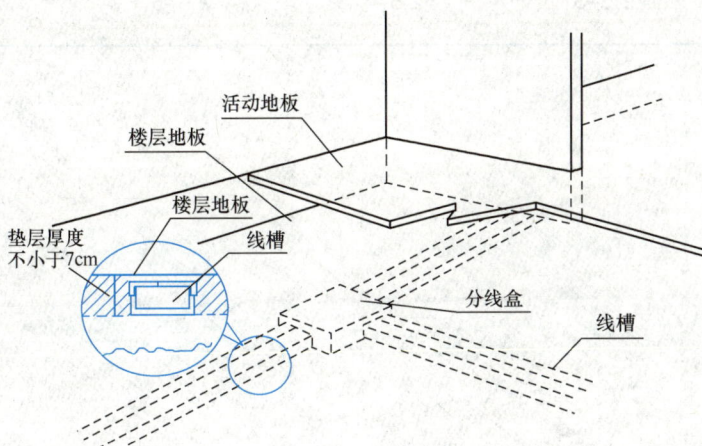

图 2.5-5 地面线槽方式

在地面线槽布线方式中，把长方形的线槽打在地面垫层中，每隔 4～8m 设置一个过线盒或出线盒，直到信息出口的接线盒。分线盒与过线盒有两槽和三槽两类，均为正方形，每面可接两根或三根地面线槽，这样分线盒与过线盒能起到将 2～3 路分支线缆汇成一个主路的功能或起到 90°转弯的功能。

要注意的是，地面线槽布线方式不适合于楼板较薄或楼板为石质地面或楼层中信息点特别多的场合。一般来说，地面线槽布线方式的造价比吊顶内线槽布线方式要贵 3～5 倍，目前主要应用在资金充裕的金融业或高档会议室等建筑物中。

2.5.4 问题思考

1. 你理解的配线子系统是什么概念？
2. 配线子系统布线方式是如何选择的？

2.5.5 知识拓展

资源名称	配电子系统构成	配线子系统布线拓扑结构	水平干线子系统布线线缆种类	水平子系统布线结构和距离
资源类型	视频	视频	文本	视频
资源二维码	2.5-3	2.5-4	2.5-5	2.5-6

任务 **2.6**
干线子系统设计

2.6.1 教学目标与思路

2.6-1
工程概况

扫码查看工程概况

【教学载体】某办公楼弱电平面图。

【教学目标】

知识目标	能力目标	素养目标	思政要素
干线子系统线缆类型的选择，布线方式、路由。	1. 能选择干线子系统线缆类型； 2. 能计算干线子系统线缆数量； 3. 能设计干线子系统布线方式、路由。	1. 重视职业道德和职业意识教育的渗透，帮助学生养成良好的个人品格和行为习惯； 2. 培养爱岗敬业精神、团队协作精神和创业精神； 3. 具备勤劳诚信、善于协作配合、善于沟通交流等职业素养。	以教师教授的课程为载体，充分挖掘蕴含在专业知识中的德育元素。

【学习任务】

掌握干线子系统设计要求。

学习干线子系统线缆的类型，学习干线子系统布线方式、路由。

【建议学时】2 学时

【思维导图】

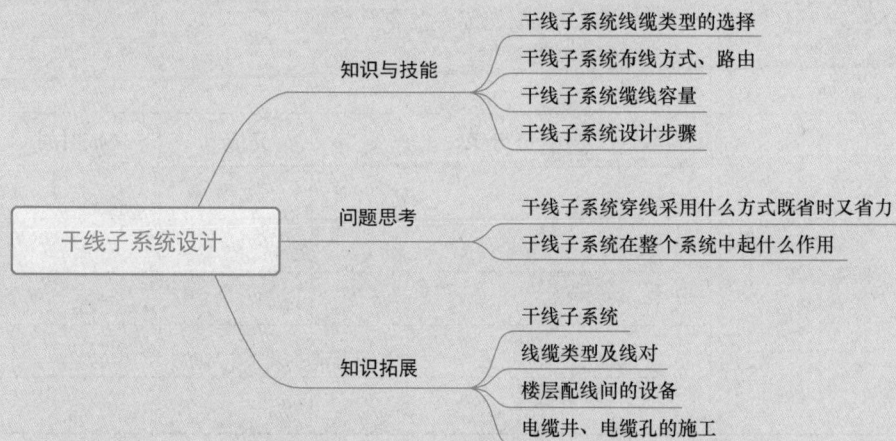

2.6.2　学生任务单

任务名称		干线子系统设计	
学生姓名		班级学号	
同组成员			
负责任务			
完成日期		完成效果（教师评价及签字）	

明确任务	任务目标	1. 了解干线子系统中线缆类型如何选择； 2. 了解干线子系统布线方式、路由； 3. 掌握干线子系统中缆线容量计算方式； 4. 掌握干线子系统的设计步骤。		
自学简述	课前预习 （学习内容、浏览资源、查阅资料）			
	拓展学习 （任务以外的学习内容）			
任务研究	完成步骤 （用流程图表达）			
	任务分工	任务分工	完成人	完成时间

		本人任务	
		角色扮演	
		岗位职责	
		提交成果	

任务 实施	完成步骤	第 1 步					
		第 2 步					
		第 3 步					
		第 4 步					
		第 5 步					
	问题求助						
	难点解决						
	重点记录 （完成任务 过程中，用 到的基本知 识、公式、 规范、方法 和工具等）						成 果 提 交
学习 反思	不足之处						
	待解问题						
	课后学习						
过程 评价	自我评价 （5 分）	课前学习	时间观念	实施方法	知识技能	成果质量	分值
	小组评价 （5 分）	任务承担	时间观念	团队合作	知识技能	成果质量	分值

2.6.3　知识与技能

1. 知识点——干线子系统线缆类型的选择

根据建筑物的结构特点以及应用系统的类型，决定选用干线线缆的类型。在干线子系统设计常用以下五种线缆：

（1）4 对双绞线电缆（UTP 或 STP）；

（2）100Ω 大对数对绞电缆（UTF 或 STP）；

（3）62.5μm/125μm 多模光缆；

（4）8.3μm/125μm 单模光缆；

（5）75Ω 有线电视同轴电缆。

目前，针对电话语音传输一般采用 3 类大对数对绞电缆（25 对、50 对、100 对等规格），针对数据和图像传输采用光缆或 5 类以上 4 对双绞线电缆以及 5 类大对数对绞电缆，针对有线电视信号的传输采用 75Ω 同轴电缆。要注意的是，由于大对数线缆对数多，很容易造成相互间的干扰，因此，很难制造 5 类以上的大对数对绞电缆，为此 6 类网络布线系统通常使用 6 类 4 对双绞线电缆或光缆作为主干线缆。在选择主干线缆时，还要考虑主干线缆的长度限制，如 5 类以上 4 对双绞线电缆在应用于 100Mbps 的高速网络系统时，电缆长度不宜超过 90m，否则宜选用单模或多模光缆。

2. 知识点——干线子系统布线方式、路由

2.6-2
干线子系统
布线路由

干线子系统布线方式有垂直型的，也有水平型的，这主要根据建筑的结构而定。大多数建筑物都是垂直向高空发展的，因此很多情况下会采用垂直型的布线方式。但是也有很多建筑物是横向发展，如飞机场候机厅、工厂仓库等建筑，这时也会采用水平型的主干布线方式。因此，主干线缆的布线方式、路由既可能是垂直型的，也可能是水平型的，或是两者的综合。

（1）确定干线子系统通道规模

干线子系统是建筑物内的主干电缆。在大型建筑物内，通常使用的干线子系统通道是由一连串穿过配线间地板且垂直对准的通道组成，穿过弱电间地板的电缆井和电缆孔，如图 2.6-1 所示。

确定干线子系统的通道规模，主要就是确定干线通道和配线间的数目。确定的依据就是综合布线系统所要覆盖的可用楼层面积。如果给定楼层的所有信息插座都在配线间的 75m 范围之内，那么采用单干线接线系统。单干线接线系统就是采用一条垂直干线通道，每个楼层只设一个配线间。如果有部分信息插座超出配线间的 75m 范围之外，

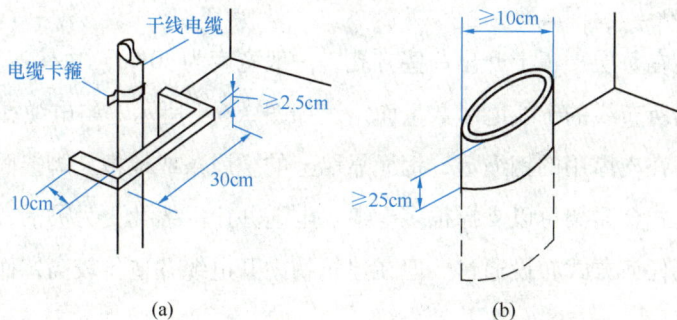

图 2.6-1　穿过弱电间地板的电缆井和电缆孔

（a）电缆井；（b）电缆孔

那就要采用双通道干线子系统，或者采用经分支电缆与设备间相连的二级交接间。如果同一幢大楼的配线间上下不对齐，则可采用大小合适的电缆管道系统将其连通，如图 2.6-2 所示。

（2）确定主干线缆布线方式、路由

主干线缆的布线方式、路由的选择主要依据建筑的结构以及建筑物内预埋的管道而定。目前垂直型的干线布线方式、路由主要采用电缆孔和电缆井两种方法。对于单层平面建筑物水平型的干线布线方式、路由主要用金属管道和电缆托架两种方法。

1）电缆孔方法

干线通道中所用的电缆孔是很短的管道，通常是用一根或数根直径为 10cm 金属管组成。

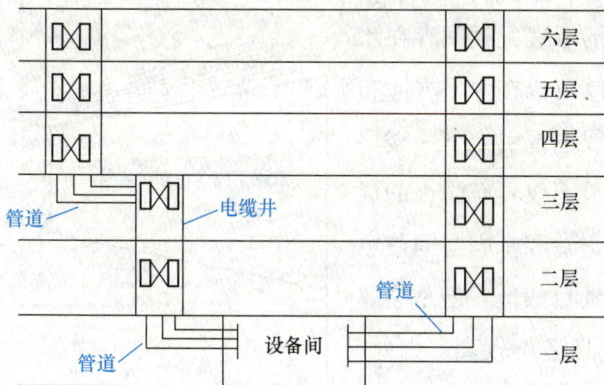

图 2.6-2　配线间上下不对齐时的双干线电缆通道

它们嵌在混凝土地板中，这是浇筑混凝土地板时嵌入的，比地板表面高出 2.5 ~ 5cm。也可直接在地板中预留一个大小适当的孔洞。电缆往往捆在钢绳上，而钢绳固定在墙上已铆好的金属条上。当楼层配线间上下都对齐时，一般可采用电缆孔方法，如图 2.6-3 所示。

2）电缆井方法

电缆井是指在每层楼板上开出一些方孔，一般宽度为30cm，并有2.5cm高的井栏，具体大小要根据所布线的干线电缆数量而定，如图2.6-4所示。与电缆孔方法一样，电缆也是捆扎或箍在支撑用的钢绳上，钢绳靠墙上的金属条或地板三脚架固定。离电缆井很近的墙上的立式金属架可以支持很多电缆。电缆井比电缆孔更为灵活，可以让各种粗细不一的电缆以任何方式布设通过。但在建筑物内开电缆井造价较高，而且不使用的电缆井很难防火。

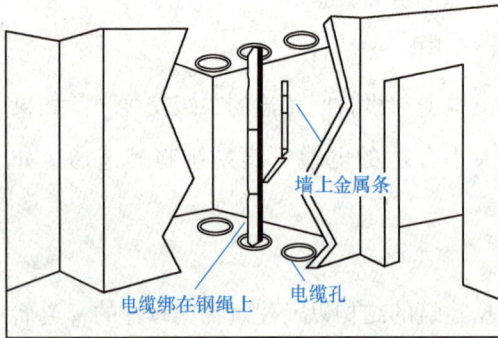

图2.6-3　电缆孔方法

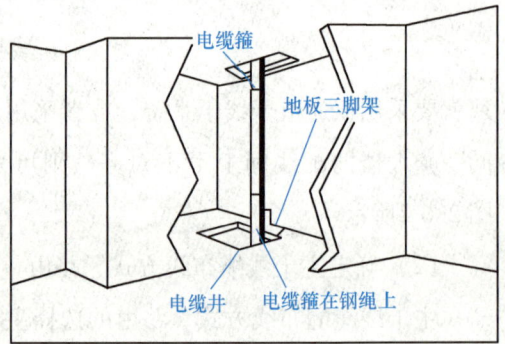

图2.6-4　电缆井方法

（3）金属管道方法

金属管道方法是指在水平方向架设金属管道，水平线缆穿过这些金属管道，让金属管道对干线电缆起到支撑和保护的作用，如图2.6-5所示。

对于相邻楼层的干线配线间存在水平方向的偏距时，就可以在水平方向布设金属管道，将干线电缆引入下一楼层的配线间。金属管道不仅具有防火的优点，而且它提供的密封和坚固空间使电缆可以安全地延伸到目的地。但是金属管道很难重新布置且造价较高，因此，在建筑物设计阶段，必须进行周密的考虑。土建工程阶段，要将选定的管道预

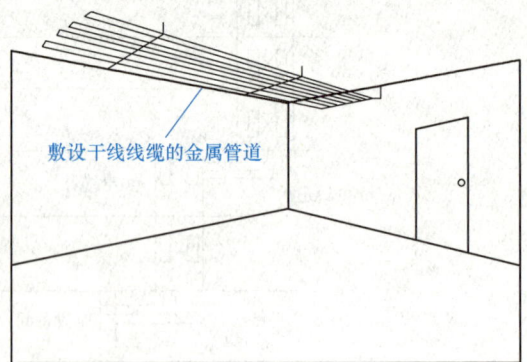

图2.6-5　金属管道方法

埋在地板中，并延伸到正确的交接点。金属管道方法较适合于低矮而又宽阔的单层平面建筑物，如企业的大型厂房、机场等。

（4）电缆托架方法

电缆托架是铝制或钢制的部件，外形很像梯子，既可安装在建筑物墙面上、吊顶

内，也可安装在顶棚上，供干线线缆水平走线，如图 2.6-6 所示。电缆布放在托架内，由水平支撑件固定，必要时还要在托架下方安装电缆绞接盒，以保证在托架上方已装有其他电缆时可以接入电缆。

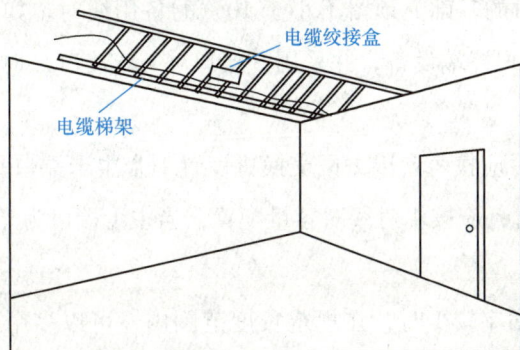

图 2.6-6　电缆托架方法

电缆托架方法最适合电缆数量很多的布线需求场合。要根据安装的电缆粗细和数量决定托架的尺寸。由于托架及附件的价格较高，而且电缆外露，很难防火，不美观，所以在综合布线系统中，一般推荐使用封闭式线槽来替代电缆托架，吊装式封闭式线槽如图 2.6-7 所示，主要应用于楼间距离较短且要求采用架空的方式布放干线线缆的场合。

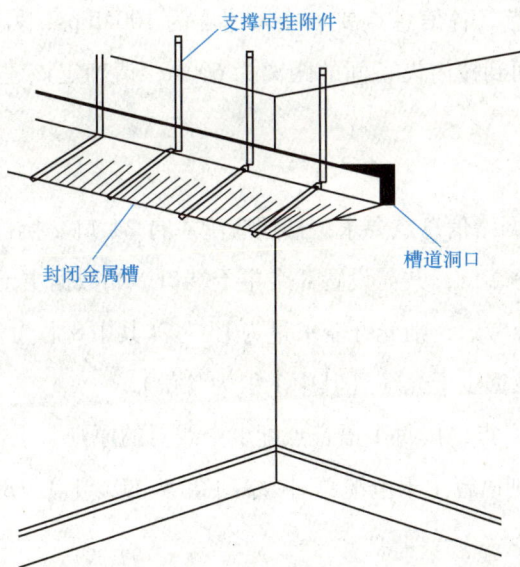

图 2.6-7　吊装式封闭式线槽

3. 知识点——干线子系统缆线容量

在确定干线线缆类型后，便可以进一步确定每层楼的干线容量。一般而言，在确定每层楼的干线类型和数量时，都要根据楼层配线子系统所有的各个语音、数据、图像等信息插座的数量来进行计算的。具体计算的原则如下：

（1）语音业务，大对数主干电缆的对数应按每1个电话8位模块通用插座配置1对线，并应在总需求线对的基础上预留不小于10%的备用线对。如语音信息点8位模块通用插座链接 ISDN 用户终端设备，并采用 S 接口（4线接口）时，相应的主干电缆应2对线配置。

（2）对数据业务，应按每台以太网交换机设置1个主干端口和1个备份端口配置。当主干端口为电接口时，应按4对线对容量配置，当主干端口为光端口时，应按1芯或2芯光纤容量配置。

（3）当楼层信息插座较少时，在规定长度范围内，可以多个楼层共用交换机，并合并计算干线数量。

（4）如有光纤到用户桌面的情况，光缆直接从设备间引至用户桌面，干线光缆芯数应不包含这种情况下的光缆芯数。

（5）主干系统应留有足够的余量，以作为主干链路的备份，确保主干系统的可靠性。

下面对干线线缆容量计算进行举例说明。

例：已知某建筑物需要实施综合布线工程，根据用户需求分析得知，其中第六层有80个计算机网络信息点，各信息点要求接入速度为100Mbps，另有80个电话语音点，而且第六层楼层管理间到楼内设备间的距离为60 m，请确定该建筑物第六层的干线电缆类型及线对数。

解答：

（1）80个计算机网络信息点要求该楼层应配4台24口交换机，每台交换机设置1个主干端口和1个备份端口，共需设置8个主干端口。如数据主干线缆采用光缆，每个主干光端口按2芯光纤考虑，则光纤需求量为16芯（其中8芯为备份），按光缆规格选用2根8芯光缆作为数据主干光缆（其中1根为备份）。

（2）80个电话语音点，按每个语音点配1个线对的原则，主干电缆应为80对，考虑10%的备份线对，则语音主干电缆总对数需求量为80×1.1＝88对，选2根3类50对非屏蔽大对数电缆。

4. 知识点——干线子系统设计步骤

根据综合布线的标准规范，应按下列设计要点进行干线子系统的设计工作。

（1）确定干线线缆类型及线对

干线线缆主要有铜缆和光缆两种类型，具体选择要根据布线环境的情况和用户对综合布线系统设计等级的选择。计算机网络系统的主干线缆可以选用 4 对双绞线电缆或 25 对大对数电缆或光缆，电话语音系统的主干电缆可以选用 3 类大对数双绞线电缆，有线电视系统的主干电缆一般采用 75Ω 同轴电缆。主干电缆的线对要根据水平布线线缆对数以及应用系统类型来确定。如图 2.6-8 所示。

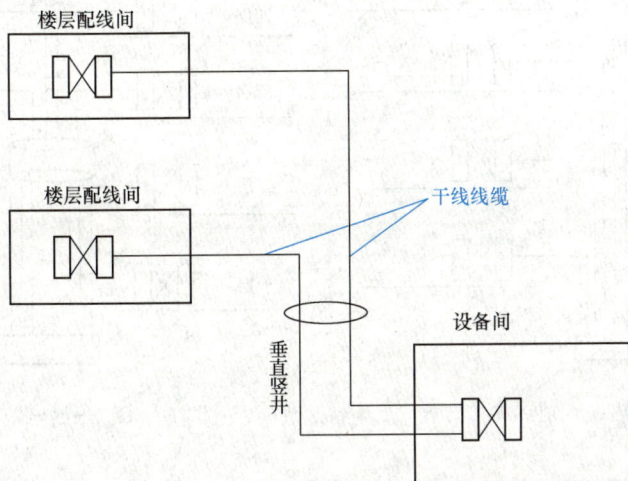

图 2.6-8　干线子系统组成

（2）确定干线路由

干线线缆的布线走向应选择最短、最安全和最经济的路由。路由的选择要根据建筑物的结构以及建筑物内预留的电缆孔、电缆井等通道位置而决定。建筑物内有两大类型的通道：封闭型和开放型。宜选择带门的封闭型通道敷设干线线缆。开放型通道是指从建筑物的地下室到楼顶的一个开放空间，中间没有任何楼板隔开。封闭型通道是指一连串上下对齐的空间，每层楼都有一间，电缆竖井、电缆孔、管道电缆、电缆桥架等穿过这些房间的地板层。

（3）干线线缆的交接

为了便于综合布线的路由管理，干线电缆、干线光缆布线的交接不应多于两次。从楼层配线架到建筑群配线架之间只应通过一个配线架，即建筑物配线架（在设备间内）。当综合布线只用一级干线布线进行配线时，放置干线配线架的二级交接间可以并入楼层配线间。

（4）干线线缆的端接

干线电缆可采用点对点端接，也可采用分支递减端接以及电缆直接连接。点对点端接是最简单、最直接的接合方法，如图 2.6-9 所示。干线子系统每根干线电缆直接延伸到指定的楼层配线间或二级交接间。分支递减端接是用一根足以支持若干个楼层配线间或若干个二级交接间的通信容量的大容量干线电缆，经过电缆接头保护箱分出若干根小电缆，再分别延伸到每个二级交接间或每个楼层配线间，最后端接到目的地的连接硬件上，如图 2.6-10 所示。

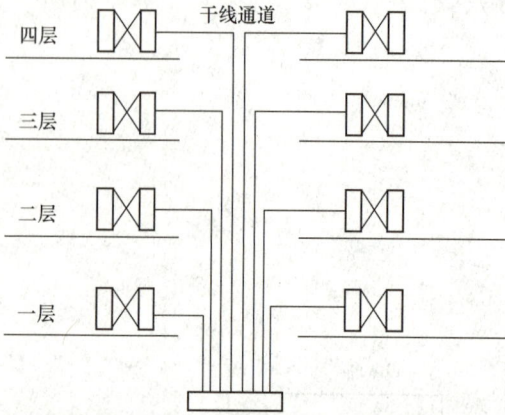

图 2.6-9　干线电缆点对点端接方式

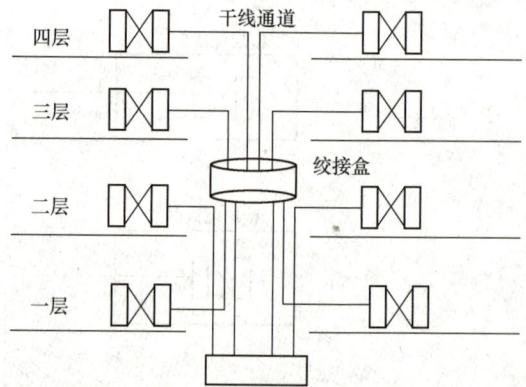

图 2.6-10　干线电缆分支接合方式

2.6.4　问题思考

1. 干线子系统穿线中，使用什么方式既省时又省力?
2. 干线子系统在整个系统中起什么作用?

2.6.5　知识拓展

资源名称	干线子系统	干线子系统 线缆类型	干线线缆 布线方式	干线子系统 施工概述
资源类型	视频	视频	视频	视频
资源二维码	2.6-3	2.6-4	2.6-5	2.6-6

任务 2.7
设备间与管理间设计

2.7.1　教学目标与思路

2.7-1
工程概况

扫码查看工程概况

【教学载体】某办公楼弱电平面图。

【教学目标】

知识目标	能力目标	素养目标	思政要素
1. 设备间子系统的作用； 2. 设备间与管理间的区别联系； 3. 设备间与管理间的设计要点。	1. 能设计设备间子系统； 2. 能对设备间与管理间进行区分； 3. 能描述出对设备间与管理间的设施要求。	1. 重视职业道德和职业意识教育的渗透，帮助学生养成良好的个人品格和行为习惯； 2. 培养爱岗敬业精神、团队协作精神和创业精神； 3. 具备勤劳诚信、善于协作配合、善于沟通交流等职业素养。	专业课与德育的有机融合，将德育渗透、贯穿教育和教学的全过程。

【学习任务】

掌握设备间子系统的作用。

学习设备间与管理间的设计要点。

【建议学时】2 学时

【思维导图】

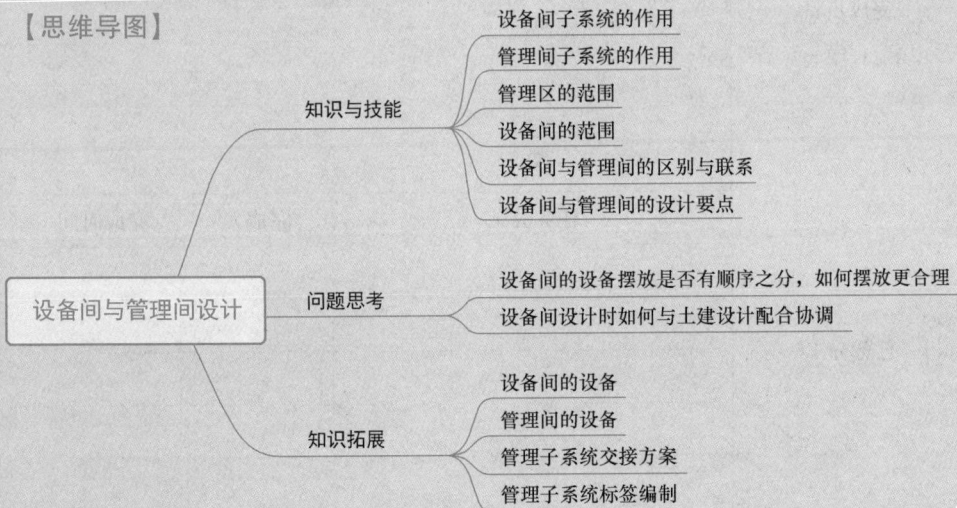

2.7.2　学生任务单

任务名称	设备间与管理间设计	
学生姓名	班级学号	
同组成员		
负责任务		
完成日期	完成效果（教师评价及签字）	

明确任务	任务目标	1. 掌握设备间子系统的作用； 2. 掌握设备间与管理间的区别与联系； 3. 了解设备间与管理间的设计要点。		
自学简述	课前预习 （学习内容、浏览资源、查阅资料）			
	拓展学习 （任务以外的学习内容）			
任务研究	完成步骤 （用流程图表达）			
	任务分工	任务分工	完成人	完成时间

		本人任务	
		角色扮演	
		岗位职责	
		提交成果	

任务实施	完成步骤	第 1 步	
		第 2 步	
		第 3 步	
		第 4 步	
		第 5 步	
	问题求助		
	难点解决		
	重点记录（完成任务过程中，用到的基本知识、公式、规范、方法和工具等）		成果提交
学习反思	不足之处		
	待解问题		
	课后学习		

过程评价	自我评价（5 分）	课前学习	时间观念	实施方法	知识技能	成果质量	分值
	小组评价（5 分）	任务承担	时间观念	团队合作	知识技能	成果质量	分值

2.7.3　知识与技能

1. 知识点——设备间子系统的作用

设备间是大楼的电话交换机设备和计算机网络设备，以及建筑物配线设备（BD）安装的地点，也是进行网络管理的场所。对综合布线系统工程设计而言，设备间主要安装总配线设备（BD 和 CD）。当信息通信设施与配线设备分别设置时考虑到设备电缆有长度限制的要求，安装总配线架的设备间与安装电话交换机及计算机主机的设备间之间的距离不宜太远。电话交换机、计算机主机设备及入口设施也可与配线设备安装在一起。设备间还安装了各应用系统相关的管理设备，为建筑物各信息点用户提供各类服务，并管理各类服务的运行状况，图 2.7-1 为典型设备间的内部结构。

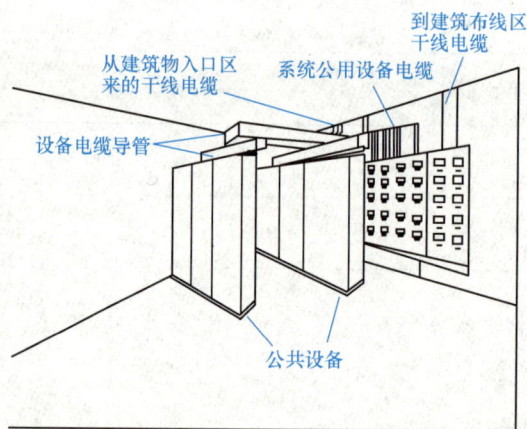

图 2.7-1　典型设备间的内部结构

2. 知识点——设备间与管理间的区别与联系

2.7-2
设备间与管理间的设计要点

设备间：是安装各种设备的房间，对综合布线系统工程而言，主要是安装配线接续设备。

管理间：根据应用环境用标记标入来标出各个端接场，对于交换间的配线设备宜采用色标区别种类用途的配线区。

设备间子系统的设计主要考虑设备间的位置以及设备间的环境要求，管理子系统的设计主要包括管理交接方案、管理连接硬件和管理标记。管理交接方案提供了交连设备与水平线缆、干线线缆连接的方式，从而使综合布线及其连接的应用系统设备、器件等构成一个有机的整体，并为线路调整管理提供了方便。两者有根本的区别，不能混为一谈。

3. 知识点——设备间设计要点

设备间设计要点：

综合布线系统设备间设计主要是与土建设计配合协调，由综合布线系统工程提出对设备间的位置、面积、内部装修等统一要求，与土建设计单位协商确定，具体实施均属土建设计和施工的范围，工程界面和建设投资的划分也是按上述原则分别划定的。综合布线系统设备间设计主要是在设备间内安装通信或信息设备的工程设计和施工，主要是与土建设计与通信网络系统和综合布线系统有关的部分。

设备间的位置及大小应根据设备的数量、规模、最佳网络中心、网络构成等因素，综合考虑确定。通常有以下几种因素会使设备间的设置方案有所不同。

（1）主体工程的建设规模和工程范围的大小。

（2）设备间内安装的设备种类和数量多少。

（3）设备间有无常驻的维护管理人员，是专职人员用房还是合用共管的性质，这些都会影响到设备间的位置和房间面积的大小等。

每幢建筑物内应至少设置 1 个设备间，如果用户电话交换机与计算机网络设备分别安装在不同的场地，或根据安全需要时，也可设置 2 个或 2 以上的设备间，以满足不同业务的设备安装需要。

由于设备间是大楼的电话交换机设备和计算机网络设备，以及建筑物配线设备（BD）安装的地点，也是进行网络管理的场所。设备间是大楼中数据、语音垂直主干线缆终接的场所；也是建筑物的线缆进入建筑物终接的场所；更是各种数据语音主机设备及保护设施的安装场所。设备间用于安装电信设备、连接硬件、接头套管等。为接地和连接设施、保护装置提供控制环境；是系统进行管理、控制、维护的场所。

综合布线系统与外部通信网连接时，应遵循相应的接口标准要求。同时预留安装相应接入设备的位置。这在考虑设备间的面积大小时应考虑在内。

此外，建筑群干线电缆、光缆、公用网的光、电缆（包括无线网络天线馈线）进入建筑物时，都应设置引入设备，并在适当位置终端转换成室内电缆、光缆。引入设备还包括必要的保护装置。引入设备宜单独设置房间，如条件合适也可与 BD 或 CD 合设。引入设备的安装应符合相关规范的规定。外部业务引入点到建筑群配线架的距离可能会影响综合布线系统的运行。在应用系统设计时，宜将这段电缆、光缆的特性考虑在内。如果公用网的接口没有直接连接到综合布线系统的接口时，应仔细考虑这段中继线的性能。

2.7.4　问题思考

1. 设备间的设备摆放有顺序之分吗？如有顺序如何摆放更合理？

2. 设备间设计时如何与土建设计配合协调？

2.7.5　知识拓展

资源名称	设备间的设备	管理间的设备	设备间安装 工艺要求	设备间设备安装 及端接技术
资源类型	视频	视频	视频	视频
资源二维码	2.7-3	2.7-4	2.7-5	2.7-6

任务 2.8 进线间设计

2.8.1 教学目标与思路

2.8-1
工程概况

扫码查看工程概况

【教学载体】某办公楼弱电平面图。

【教学目标】

知识目标	能力目标	素养目标	思政要素
1. 进线间进线的位置、进线间面积确定； 2. 进线间设计的要求。	1. 能设计进线间进线的位置、面积； 2. 能设计进线间的要求。	1. 重视职业道德和职业意识教育的渗透，帮助学生养成良好的个人品格和行为习惯； 2. 培养爱岗敬业精神、团队协作精神和创业精神； 3. 具备勤劳诚信、善于协作配合、善于沟通交流等职业素养。	专业课与德育的有机融合，将德育渗透、贯穿教育和教学的全过程。

【学习任务】

掌握进线间位置、面积确定要点。

学习进线间设计要点。

【建议学时】2 学时

【思维导图】

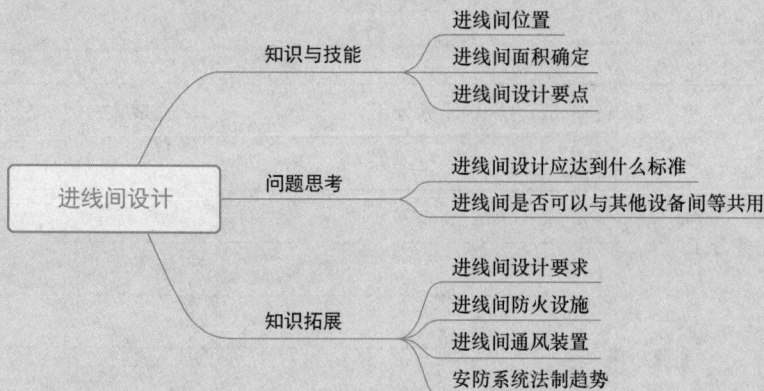

2.8.2 学生任务单

任务名称	进线间设计	
学生姓名	班级学号	
同组成员		
负责任务		
完成日期	完成效果（教师评价及签字）	

明确任务	任务目标	1. 了解综合布线系统进线间位置； 2. 了解综合布线系统进线间面积如何确定； 3. 掌握进线间设计要点、设计要求。
自学简述	课前预习 （学习内容、浏览资源、查阅资料）	
	拓展学习 （任务以外的学习内容）	
任务研究	完成步骤 （用流程图表达）	

任务分工	完成人	完成时间

		本人任务	
		角色扮演	
		岗位职责	
		提交成果	

任务实施	完成步骤	第 1 步		成果提交
		第 2 步		
		第 3 步		
		第 4 步		
		第 5 步		
	问题求助			
	难点解决			
	重点记录（完成任务过程中，用到的基本知识、公式、规范、方法和工具等）			
学习反思	不足之处			
	待解问题			
	课后学习			

过程评价	自我评价（5 分）	课前学习	时间观念	实施方法	知识技能	成果质量	分值
	小组评价（5 分）	任务承担	时间观念	团队合作	知识技能	成果质量	分值

2.8.3　知识与技能

1. 知识点——进线间位置

在单栋建筑物或由连体的多栋建筑物构成的建筑群体内应设置不少于 1 个进线间，一般是提供给多家电信运营商和业务提供商使用，通常位于地下一层邻近外墙、便于管线引入的位置。为了保障通信设施的安全及通信畅通，也可以设于建筑物的首层。

由于许多的商用建筑物地下一层环境条件大大改善，可安装电、光的配线架设备及通信设施。在不具备设置单独进线间或入楼电、光缆数量及入口设施较少的建筑物也可以在入口处采用挖地沟或使用较小的空间完成缆线的成端与盘长，入口设施则可安装在设备间，最好是单独设置场地，以便功能区分。

2. 知识点——进线间面积确定

进线间因涉及因素较多，难以统一提出具体所需面积，可根据建筑物实际情况，并参照通信行业和国家的现行标准要求进行设计。

2.8-2
进线间面积确定

进线间应满足室外引入缆线的敷设与成端位置及数量、缆线的盘长空间和缆线的弯曲半径等要求，并应提供安装综合布线系统及不少于 3 家电信业务经营者入口设施的使用空间及面积。进线间面积不宜小于 $10m^2$。

3. 知识点——进线间设计要点

（1）线缆设置要求

建筑群主干电缆和光缆、公用网和专用网电缆、光缆及天线馈线等室外缆线进入建筑物时，应在进线间成端转换成室内电缆、光缆，并在缆线的终端处可由多家电信业务经营者设置入口设施，入口设施中的配线设备应按引入的电、光缆容量配置。

电信业务经营者或其他业务服务商在进线间设置安装入口配线设备应与 BD 或 CD 之间敷设相应的连接电缆、光缆，实现路由互通。缆线类型与容量应与配线设备相一致。

（2）入口管孔数量

进线间应设置管道入口。

在进线间缆线入口处的管孔数量应留有充分的余量，以满足建筑物之间、建筑物弱电系统、外部接入业务及不少于 3 家电信业务经营者和其他业务服务商缆线接入的需求，并应留有不少于 4 孔的余量。

4. 知识点——进线间的设计要求

进线间宜尽量靠近建筑物的外墙，且在地下一层设置，以便于地下缆线引入。进线间设计应符合下列规定：

（1）进线间应防止渗水，宜在室内设置排水地沟并与附近设有抽排水装置的集水坑相连。

（2）进线间应与电信业务经营者的通信机房，建筑物内配线系统设备间、信息接入机房、信息网络机房、用户电话交换机房、智能化总控室等及垂直弱电竖井之间设置互通的管槽。

（3）进线间应采用相应防火级别的外开防火门，门净高不应小于 2.0m，净宽不应小于 0.9m。

（4）进线间宜采用轴流式通风机通风，排风量应按每小时不小于 5 次换气次数计算。

（5）与进线间安装的设备无关的管道不应在室内通过。

（6）进线间安装信息通信系统设施应符合设备安装设计的要求。

（7）综合布线系统进线间不应与数据中心使用的进线间合设，建筑物内各进线间之间应设置互通的管槽。

（8）进线间应设置不少于 2 个单相交流 220V/10A 电源插座盒，每个电源插座的配电线路均应装设保护器。设备供电电源应另行配置。

（9）建筑群主干电缆和光缆、公用网和专用网电缆、光缆等室外缆线进入建筑物时，应在进线间由器件成端转换成室内电缆、光缆。缆线的终接处设置的入口设施外线侧配线模块应按出入的电缆、光缆容量配置。

（10）综合布线系统和电信业务经营者设置的入口设施内线侧配线模块与建筑物配线设备（BD）或建筑群配线设备（CD）之间敷设的缆线类型和容量相匹配。

2.8.4　问题思考

1. 进线间设计应达到什么标准？
2. 进线间可以与其他设备间共用吗？

2.8.5　知识拓展

资源名称	进线间设计要求	进线间安装工艺要求	进线间位置	进线间面积
资源类型	视频	视频	视频	视频
资源二维码	2.8-3	2.8-4	2.8-5	2.8-6

任务 2.9
建筑群子系统设计

2.9.1 教学目标与思路

2.9-1
工程概况

扫码查看工程概况

【教学载体】某小区弱电设计图。

【教学目标】

知识目标	能力目标	素养目标	思政要素
1. 建筑群子系统设计要点； 2. 建筑群子系统布线路由。	1. 能选择建筑群子系统线缆类型； 2. 能计算建筑群子系统线缆数量； 3. 能设计建筑群子系统布线路由。	1. 重视职业道德和职业意识教育的渗透，帮助学生养成良好的个人品格和行为习惯； 2. 培养爱岗敬业精神、团队协作精神和创业精神； 3. 具备勤劳诚信、善于协作配合、善于沟通交流等职业素养。	专业课与德育的有机融合，将德育渗透、贯穿教育和教学的全过程。

【学习任务】

掌握建筑群子系统的范围。

学习建筑群子系统布线路由。

【建议学时】2 学时

【思维导图】

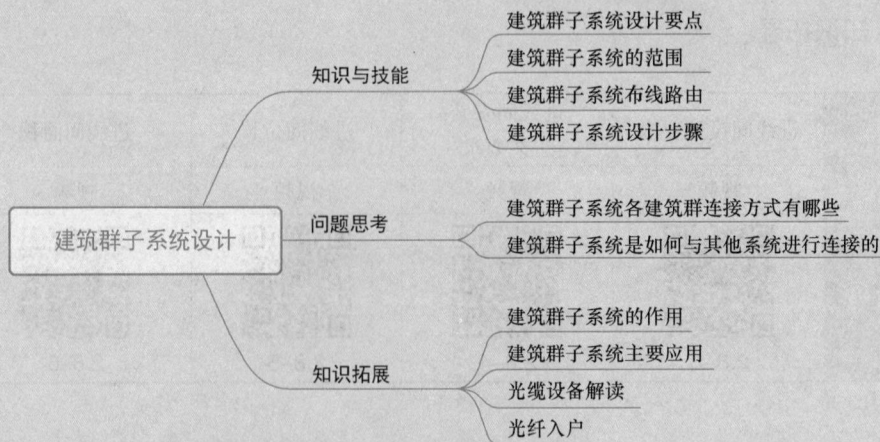

2.9.2　学生任务单

任务名称	建筑群子系统设计	
学生姓名	班级学号	
同组成员		
负责任务		
完成日期	完成效果（教师评价及签字）	

明确任务	任务目标	1. 掌握建筑群子系统设计要点； 2. 了解建筑群子系统的范围； 3. 掌握建筑群子系统布线、路由； 4. 了解建筑群子系统设计步骤。		
自学简述	课前预习 （学习内容、浏览资源、查阅资料）			
	拓展学习 （任务以外的学习内容）			
任务研究	完成步骤 （用流程图表达）			
	任务分工	任务分工	完成人	完成时间

		本人任务	
		角色扮演	
		岗位职责	
		提交成果	

任务实施	完成步骤	第1步		成果提交
		第2步		
		第3步		
		第4步		
		第5步		
	问题求助			
	难点解决			
	重点记录 (完成任务过程中，用到的基本知识、公式、规范、方法和工具等)			
学习反思	不足之处			
	待解问题			
	课后学习			

过程评价	自我评价 (5分)	课前学习	时间观念	实施方法	知识技能	成果质量	分值
	小组评价 (5分)	任务承担	时间观念	团队合作	知识技能	成果质量	分值

2.9.3　知识与技能

1. 知识点——建筑群子系统设计要点

建筑群子系统应按下列要求进行设计：

（1）考虑环境美化要求

建筑群主干布线子系统设计应充分考虑建筑群覆盖区域的整体环境美化要求，建筑群干线电缆尽量采用地下管道或电缆沟敷设方式。因客观原因最后选用了架空布线方式的，也要尽量选用原已架空布设的电话线或有线电视电缆的路由，干线电缆与这些电缆一起敷设，以减少架空敷设的电缆线路。

（2）考虑建筑群未来发展需要

在线缆布线设计时，要充分考虑各建筑需要安装的信息点种类、信息点数量，选择相对应的干线电缆的类型以及电缆敷设方式，使综合布线系统建成后，保持相对稳定，能满足今后一定时期内各种新的信息业务发展需要。

（3）线缆路由的选择

考虑到节省投资，线缆路由应尽量选择距离短、线路平直的路由。但具体的路由还要根据建筑物之间的地形或敷设条件而定。在选择路由时，应考虑原有已铺设的地下各种管道，线缆在管道内应与电力线缆分开敷设，并保持一定间距。

（4）电缆引入要求

建筑群干线电缆、光缆进入建筑物时，都要设置引入设备，并在适当位置终端转换为室内电缆、光缆。引入设备应安装必要保护装置以达到防雷击和接地的要求。干线电缆引入建筑物时，应以地下引入为主，如果采用架空方式，应尽量采取隐蔽方式引入。

（5）干线电缆、光缆交接要求

建筑群的干线电缆、主干光缆布线的交接不应多于两次。从每幢建筑物的楼层配线架到建筑群设备间的配线架之间只应通过一个建筑物配线架。

2. 知识点——建筑群子系统的范围

建筑群子系统主要应用于多幢建筑物组成的建筑群综合布线场合，单幢建筑物的综合布线系统可以不考虑

建筑群子系统。建筑群内各建筑彼此之间的语音、数据、图像和监控等系统可以用传输介质和各种支持设备连接在一起。连接各建筑物之间的传输介质（一般采用光缆）和各种支持设备（如配线架等）组成一个建筑群综合布线系统。由配线设备、建筑物之间的干线缆线、设备缆线、跳线等组成建筑群子系统。

3. 知识点——建筑群子系统布线路由

建筑群之间的电缆布线宜采用地下管道或电缆沟方式敷设。

（1）直埋电缆布线

1）直埋电缆布线用于缆线较少时缆线敷设。影响选择直埋电缆布线的主要因素有初始价格、维护费用、服务可靠性、安全性、外观。

2）在选择最灵活、最经济的直埋电缆布线时，应考虑土质和地下状况、天然障碍物以及不利的地形、其他公用设施（如排水、给水、气、电）的位置、现有或未来的障碍（如游泳池、表土存储场或修路）。

3）在直埋电缆布线时，需要申请许可证书。申请许可证时，要注意考虑挖开街道路面、关闭通行道路、把材料堆放在街道上、使用炸药、在街道和铁路下面推进钢管、电缆穿越河流。

不要把任何一个直埋施工结构的设计或方法看作是提供直埋电缆布线的最好方法或惟一方法。

在选择某个设计或几种设计的组合时，重要的是采取灵活的、思路开阔的方法。这种方法既要适用，又要经济，还能可靠地提供服务。

直埋电缆布线的选取地址和布局实际上是针对每项作业对象专门设计的，而且必须对各种方案进行工程研究后再作出决定，工程的可行性决定了选用为最实际的方案。

（2）管道系统缆线布线

管道系统缆线布线的设计方法，就是把直埋电缆设计原则与管道设计步骤结合在一起。在考虑建筑群管道系统时，还要考虑接合井。在主集合点处设置接合井。接合井可以是预制的，也可以是现场浇筑的。应在结构方案中标明使用哪一种合井。

预制接合井是较佳的选择。

现场浇筑的接合井只在下述几种情况下才允许使用。

1）该处的接合井需要重建。

2）该处需要使用特殊的结构或设计方案。

3）该处的地下或头顶空间有障碍物，因而无法使用预制接合井。

4）作业地点的条件（如土壤不稳固等）不适于安装预制人孔。

（3）隧道内缆线布线

在建筑物之间通常有地下通道，大多是供暖供水的，利用这些通道来敷设电缆，不仅成本低，而且可利用原有的安全设施。如考虑到暖气泄漏等问题，电缆安装时应与供气、供水、供暖的管道保持一定距离，安装在尽可能高的地方，可以根据民用建筑设施的有关要求进行施工。

4. 知识点——建筑群子系统设计步骤

（1）了解敷设现场

了解敷设现场包括确定整个建筑群的大小；建筑地界；建筑物的数量等。

（2）确定电缆系统的一般参数

电缆系统的一般参数包括确定起点位置、端接点位置、涉及的建筑物和每幢建筑物的层数、每个端接点所需的双绞线对数、有多少个端接点及每幢建筑物所需要的双绞线总对数等。

（3）确定建筑物的电缆入口

建筑物入口管道的位置应便于连接公用设备。根据需要在墙上穿过一根或多根管道。

1）对于现有建筑物，要确定各个入口管道的位置；每幢建筑物有多少入口管道可供使用；入口管道数目是否符合系统的需要等。

2）如果入口管道不够用，则要确定在移走或重新布置某些电缆时是否能腾出某些入口管道；在实在不够用的情况下应另装足够的入口管道。

3）如果建筑物尚未建成，则要根据选定的电缆路由去完成电缆系统设计，并标出入口管道的位置；选定入口管道的规格、长度和材料。建筑物电缆入口管道的位置应便于连接公用设备，根据需要在墙上穿过一根或多根管道。所有易燃，如聚丙烯管道、聚乙烯管道衬套等应端接在建筑物的外面。外线电缆的聚丙烯护皮可以例外，只要它在建筑物内部的长度（包括多余电缆的卷曲部分）不超过15m。反之，如外线电缆延伸到建筑物内部长度超过15m，就应使用合适的电缆入口器材，在入口管道中填入防水和气密性很好的密封胶。

（4）确定明显障碍物的位置

确定明显障碍物的位置包括确定土壤类型（沙质土、黏土、砾土等）、电缆的布线方法、地下公用设施的位置、查清在拟定电缆路由中沿线的各个障碍位置（铺路区、桥梁、铁路、树林、池塘、河流、山丘、砾石土、截留井、人孔、其他等）或地理条件、对管道的要求等。

（5）确定主电缆路由和备用电缆路由

确定主电缆路由和电缆路由包括确定可能的电缆结构、所有建筑物是否共用一根电缆，查清在电缆路由中哪些地方需要获准后才能通过、选定最佳路由方案等。

（6）选择所需电缆类型

确定电缆类型包括确定电缆长度、画出最终的系统结构图、画出所选定路由位置和挖沟详图、确定入口管道的规格、选择每种设计方案所需的专用电缆、保证电缆可进入口管道、选择管道（包括钢管）规格、长度、类型等。

（7）确定每种选择方案所需的劳务费

确定每种选择方案所需的劳务费包括确定布线时间、计算总时间、计算每种设计方案的成本、总时间乘以当地的工时费以确定成本。

（8）确定每种选择方案所需的材料成本

确定每种选择方案所需的材料成本包括确定电缆成本、所有支持结构的成本、所有支撑硬件的成本等。

（9）选择最经济、最实用的设计方案

选择最经济最实用的设计方案包括把每种选择方案的劳务费和材料成本加在一起，得到每种方案的总成本；比较各种方案的总成本，选择成本较低者；确定该比较经济的方案是否有重大缺点，以致抵消了经济上的优点。如果发生这种情况，应取消此方案，考虑经济性较好的设计方案。

2.9.4　问题思考

1. 建筑群子系统各建筑群连接方式有哪些？
2. 建筑群子系统是如何与其他系统进行连接的？

2.9.5　知识拓展

资源名称	建筑群子系统的设计	建筑群子系统范围	光缆设备的结构	光纤入户
资源类型	视频	视频	PPT	视频
资源二维码	2.9-3	2.9-4	2.9-5	2.9-6

CHAPTER 3

项目 3

综合布线系统施工

任务 3.1

综合布线系统工程施工组织

3.1.1 教学目标与思路

3.1-1
工程概况

扫码查看工程概况

【教学载体】学院寝室楼布线施工。

【教学目标】

知识目标	能力目标	素养目标	思政要素
1. 掌握施工前的准备工作； 2. 掌握施工过程中的注意事项。	1. 能够编制综合布线工程施工组织设计； 2. 能够对综合布线工程进行验收。	1. 具有良好倾听的能力，能有效地获得各种资讯； 2. 能正确表达自己思想，学会理解和分析问题。	1. 培养民族自豪感； 2. 树立以人为本，预防为主，安全第一的思想。

【学习任务】通过学习了解综合布线施工组织过程，掌握综合布线工程施工技术要点。

【建议学时】2~4 学时

【思维导图】

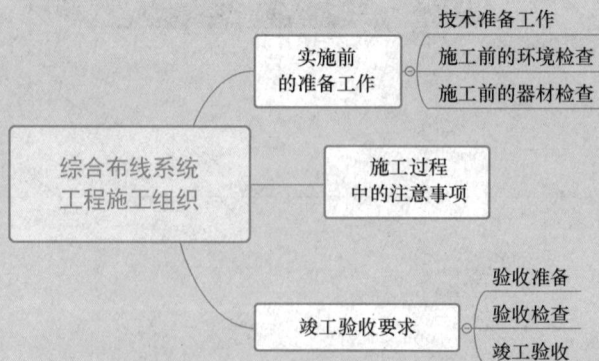

3.1.2 学生任务单

任务名称	综合布线系统工程施工组织		
学生姓名	班级学号		
同组成员			
负责任务			
完成日期	完成效果（教师评价及签字）		

明确任务	任务目标	1. 调研各类传输介质的结构、传输距离及分类； 2. 调研连接器件、配线设备的种类； 3. 调研各类不同型号产品的价格； 4. 到市场上调查目前常用的五个品牌的 4 对 5e 类和 6 类非屏蔽双绞线电缆，观察双绞线的结构和标记，对比两种双绞线电缆的价格和性能指标； 5. 到市场上或互联网上调查目前常用的五个品牌的综合布线系统产品，并列出其生产的电缆产品系列； 6. 了解目前我国市场常用的综合布线系统产品厂家都有哪些。

自学简述	课前预习 （学习内容、浏览资源、查阅资料）	
	拓展学习 （任务以外的学习内容）	

任务研究	完成步骤 （用流程图表达）			
	任务分工	任务分工	完成人	完成时间

本人任务	
角色扮演	
岗位职责	
提交成果	

任务实施	完成步骤	第1步		成果提交
		第2步		
		第3步		
		第4步		
		第5步		
	问题求助			
	难点解决			
	重点记录 (完成任务过程中，用到的基本知识、公式、规范、方法和工具等)			
学习反思	不足之处			
	待解问题			
	课后学习			

过程评价	自我评价 (5分)	课前学习	时间观念	实施方法	知识技能	成果质量	分值
	小组评价 (5分)	任务承担	时间观念	团队合作	知识技能	成果质量	分值

3.1.3 知识与技能

1. 知识点——实施前的准备工作

实施前的准备工作主要包括技术准备、施工前的环境检查、施工前设备器材及施工工具检查、施工组织准备等环节。

（1）技术准备工作

1）熟悉综合布线系统工程设计、施工、验收的规范要求，掌握综合布线各子系统的施工技术以及整个工程的施工组织技术。

2）熟悉和会审施工图纸。施工图纸是工程人员施工的依据，因此，作为施工人员必须认真读懂施工图纸，理解图纸设计的内容，掌握设计人员的设计思想。只有对施工图纸了如指掌后，才能明确工程的施工要求，明确工程所需的设备和材料，明确与土建工程及其他安装工程的交叉配合情况，确保施工过程不破坏建筑物的外观，不与其他安装工程发生冲突。

3）熟悉与工程有关的技术资料，如厂家提供的说明书和产品测试报告、技术规程、质量验收评定标准等内容。

4）技术交底

技术交底工作主要由设计单位的设计人员和工程安装承包单位的项目技术负责人一起进行的。技术交底的主要内容包括：

设计要求和施工组织设计中的有关要求；工程使用的材料、设备性能参数；工程施工条件、施工顺序、施工方法；施工中采用的新技术、新设备、新材料的性能和操作使用方法；预埋部件注意事项；工程质量标准和验收评定标准；施工中安全注意事项。

技术交底的方式有书面技术交底、会议交底、设计交底、施工组织设计交底、口头交底等形式。

5）编制施工方案。在全面熟悉施工图纸的基础上，依据图纸并根据施工现场情况、技术力量及技术准备情况，综合做出合理的施工方案。

6）编制工程预算。工程预算具体包括工程材料清单和施工预算。

（2）施工前的环境检查

在工程施工开始以前应对楼层配线间、二级交接间、设备间的建筑和环境条件进行检查，具备下列条件方可开工：

1）楼层配线间、二级交接间、设备间、工作区土建工程已全部竣工。房屋地面平整、光洁，门的高度和宽度应不妨碍设备和器材的搬运，门锁和钥匙齐全。

2）房屋预留地槽、暗管、孔洞的位置、数量、尺寸均应符合设计要求。

3）对设备间铺设活动地板应专门检查，地板板块铺设必须严密坚固。每平方米水平允许偏差不应大于2mm，地板支柱牢固，活动地板防静电措施的接地应符合设计和产品说明要求。

4）楼层配线间、二级交接间、设备间应提供可靠的电源和接地装置。

5）楼层配线间、二级交接间、设备间的面积，环境温湿度、照明、防火等均应符合设计要求和相关规定。

（3）施工前的器材检查

工程施工前应认真对施工器材进行检查，经检验的器材应做好记录，对不合格的器材应单独存放，以备检查和处理。

1）型材、管材与铁件的检查要求

各种型材的材质、规格、型号应符合设计文件的规定，表面应光滑、平整，不得变形、断裂。预埋金属线槽、过线盒、接线盒及桥架表面涂覆或镀层均匀、完整，不得变形、损坏。

管材采用钢管、硬质聚氯乙烯管时，其管身应光滑、无伤痕，管孔无变形，孔径、壁厚应符合设计要求。

管道采用水泥管道时，应按通信管道工程施工及验收中相关规定进行检验。

各种铁件的材质、规格均应符合质量标准，不得有歪斜、扭曲、飞刺、断裂或破损。

铁件的表面处理和镀层应均匀、完整，表面光洁，无脱落、气泡等缺陷。

2）电缆和光缆的检查要求

工程中所用的电缆、光缆的规格和型号应符合设计的规定。

每箱电缆或每圈光缆的型号和长度应与出厂质量合格证内容一致。

缆线的外护套应完整无损，芯线无断线和混线，并应有明显的色标。

电缆外套具有阻燃特性的，应取一小截电缆进行燃烧测试。

对进入施工现场的线缆应进行性能抽测。抽测方法可以采用随机方式抽出某一段电缆（最好是100m），然后使用测线仪器进行各项参数的测试，以检验该电缆是否符合工程所要求的性能指标。

3）配线设备的检查要求

检查机柜或机架上的各种零件是否脱落或碰坏，表面如有脱落应予以补漆。各种零件应完整、清晰。

检查各种配线设备的型号，规格是否符合设计要求。各类标志是否统一、清晰。

检查各配线设备的部件是否完整，是否安装到位。

2. 知识点——施工过程中的注意事项

（1）施工督导人员要认真负责，及时处理施工进程中出现的各种情况，协调处理各方意见。

（2）如果现场施工碰到不可预见的问题，应及时向工程单位汇报，并提出解决办法供工程单位当场研究解决，以免影响工程进度。

（3）对工程单位计划不周的问题，在施工过程中发现后应及时与工程单位协商，及时妥善解决。

（4）对工程单位提出新增加的信息点，要履行确认手续并及时在施工图中反映出来。

（5）对部分场地或工段要及时进行阶段检查验收，确保工程质量。

（6）制订工程进度表。为了确保工程能按进度推进，必须认真做好工程的组织管理工作，保证每项工作能按时间表及时完成，建议使用督导指派任务表、工作间施工表等工程管理表格，督导人员依据这些表格对工程进行监督管理。

3. 知识点——竣工验收要求

根据综合布线工程施工与验收规范的规定，综合布线工程竣工验收主要包括三个阶段：验收准备、验收检查、竣工验收。竣工验收工作主要由施工单位、监理单位、用户单位三方一起参与实施的。

（1）验收准备

工程竣工完成后，施工单位应向用户单位提交一式三份的工程竣工技术文档，具体应包含以下内容：

1）竣工图纸。竣工图纸应包含设计单位提交的系统图和施工图，以及在施工过程中变更的图纸资料。

2）设备材料清单。它主要包含综合布线各类设备类型及数量，以及管槽等材料。

3）安装技术记录。它包含施工过程中验收记录和隐蔽工程签证。

4）施工变更记录。它包含由设计单位、施工单位及用户单位一起协商确定的更改设计资料。

5）测试报告。测试报告是由施工单位对已竣工的综合布线工程的测试结果记录。它包含楼内各个信息点通道的详细测试数据以及楼宇之间光缆通道的测试数据。

（2）验收检查

工程验收检查工作是由施工方、监理方、用户方三方一起进行的，根据检查出的问题可以立即制定整改措施，如果验收检查已基本符合要求的可以提出下一步竣工验收的时间。工程验收检查工作主要包含下面内容：

1）信息插座检查

信息插座标记是否齐全；信息插座的规格和型号是否符合设计要求；信息插座安装的位置是否符合设计要求；信息插座模块的端接是否符合要求；信息插座各种螺栓是否拧紧；如果屏蔽系统，还要检查屏蔽层是否接地可靠。

2）楼内线缆的敷设检查

线缆的规格和型号是否符合设计要求；线缆的敷设工艺是否达到要求；管槽内敷设的线缆容量是否符合要求。

3）管槽施工检查

安装路由是否符合设计要求；安装工艺是否符合要求；如果采用金属管，要检查金属管是否可靠地接地；检查安装管槽时，对已破坏的建筑物局部区域是否已进行修补并达到原有的感观效果。

4）线缆端接检查

信息插座的线缆端接是否符合要求；配线设备的模块端接是否符合要求；各类跳线规格及安装工艺是否符合要求；光纤插座安装是否符合工艺要求。

5）机柜和配线架的检查

规格和型号是否符合设计要求；安装的位置是否符合要求；外观及相关标志是否齐全；各种螺丝是否拧紧；接地连接是否可靠。

6）楼宇之间线缆敷设检查

线缆的规格和型号是否符合设计要求；线缆的电气防护设施是否正确安装；线缆与其他线路的间距是否符合要求；

对于架空线缆要注意架设的方式以及线缆引入建筑物的方式是否符合要求，对于管道线缆要注意管径、入孔位置是否符要求，对于直埋线缆注意其路由、深度、地面标志是否符合要求。

（3）竣工验收

工程竣工验收是由施工方、监理方、用户方三方一起组织人员实施的。它是工程验收中一个重要环节，最终要通过该环节来确定工程是否符合设计要求。工程竣工验收包含整个工程质量和传输性能的验收。

工程质量验收是通过到工程现场检查的方式来实施的，具体内容可以参照工程验收检查的内容。由于前面已进行了较详细的现场验收检查，因此，该环节主要以抽检方式进行。传输性能的验收是通过标准测试仪器对工程所涉及的电缆和光缆的传输通道进行测试，以检查通道或链路是否符合《UTP 端到端系统性能测试标准》ANSI/TIA/EIA TSB 67 标准。由于测试之前，施工单位已自行对所有信息点的通道进行了完整的测试并提交了测试报告，因此该环节主要以抽检方式进行，一般可以抽查工程的 20% 信息点进行测试。如果测试结果达不到要求，则要求工程所有信息点均需要整改并重新测试。

3.1.4　问题思考

1. 根据你的学习，描述综合布线施工组织在工程中起到的作用？
2. 如何能做好综合布线工程的施工组织工作？

3.1.5　知识拓展

资源名称	工程实施前的准备工作	工程施工过程管理	办公楼布线系统工程验收项目实施	直埋布线法
资源类型	视频	视频	视频	视频
资源二维码	3.1-2	3.1-3	3.1-4	3.1-5

任务 3.2
工作区子系统的施工

3.2.1 教学目标与思路

3.2-1
工程概况

扫码查看工程概况

【教学载体】学院寝室楼布线施工。

【教学目标】

知识目标	能力目标	素养目标	思政要素
1. 熟悉工作区子系统的设备组成; 2. 掌握工作区各个设备的功能与应用。	1. 能够完成工作区各个设备的安装与接线; 2. 能够对工作区子系统的工程进行验收。	1. 具有良好倾听的能力,能有效地获得各种资讯; 2. 能正确表达自己思想,学会理解和分析问题; 3. 培养学生团队合作意识。	1. 具有良好的职业道德及一丝不苟的工匠精神、鲁班精神; 2. 树立质量意识、安全意识、标准和规范意识; 3. 培养学生劳动习惯、劳动精神,改善生活习惯,提高自理能力。

【学习任务】通过学习工作区子系统的施工,掌握具体的施工方法和施工内容。

【建议学时】2~4 学时

【思维导图】

3.2.2　学生任务单

任务名称	工作区子系统的施工	
学生姓名	班级学号	
同组成员		
负责任务		
完成日期	完成效果（教师评价及签字）	

明确任务	任务目标	1. 掌握信息插座的安装内容。 2. 掌握网络跳线的制作方法。 3. 掌握工作区管槽的安装方法。		
自学简述	课前预习 （学习内容、浏览资源、查阅资料）			
	拓展学习 （任务以外的学习内容）			
任务研究	完成步骤 （用流程图表达）			
	任务分工	任务分工	完成人	完成时间

	本人任务	
	角色扮演	
	岗位职责	
	提交成果	

任务实施	完成步骤	第 1 步		成果提交
		第 2 步		
		第 3 步		
		第 4 步		
		第 5 步		
	问题求助			
	难点解决			
	重点记录 (完成任务过程中，用到的基本知识、公式、规范、方法和工具等)			
学习反思	不足之处			
	待解问题			
	课后学习			

过程评价	自我评价 (5分)	课前学习	时间观念	实施方法	知识技能	成果质量	分值
	小组评价 (5分)	任务承担	时间观念	团队合作	知识技能	成果质量	分值

3.2.3　知识与技能

综合布线系统的工作区子系统在智能建筑中的分布非常广泛，其就是安装在建筑物墙面或者地面的各类信息插座，有单口插座也有双口或多口插座。

在综合布线系统中，一个独立的、需要设置终端设备（终端可以是电话、数据终端和计算机等设备）的区域称为一个工作区。工作区子系统如图 3.2-1 所示。

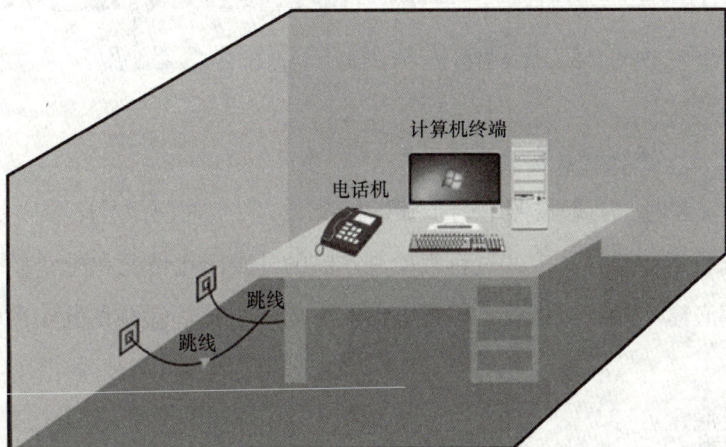

图 3.2-1　工作区子系统

工作区子系统的施工主要涉及工作区管槽、模块、信息插座底盒、信息面板及 RJ-45 接头跳线的安装。

1. 技能点——信息插座安装

《综合布线系统工程设计规范》GB 50311—2016 中，对工作区的插座的安装提出了具体要求。

（1）地面安装的信息插座，必须选用地弹插座，嵌入地面安装，使用时打开盖板，不使用时盖板应该与地面高度相同。地面插座如图 3.2-2所示。

（2）墙面安装的信息插座底部离地面的高度宜为 0.3m，嵌入墙面安装，使用时打开防尘盖插入跳线接头。其安装位置应与电源插座保持一定的距离。单口、多口面板如图 3.2-3、图 3.2-4所示。

图 3.2-2　地面插座

图 3.2-3 单口面板   图 3.2-4 多口面板

2. 技能点——插座底盒安装

插座底盒安装时,一般按照下列步骤进行:

(1) 检查质量和螺栓孔。通过目视检查产品的外观质量情况和配套螺栓。

(2) 去掉底盒上的管口挡板。根据进出线方向,去掉底盒预留孔中的半连接挡板,便于接管走线。

(3) 固定底盒。

(4) 成品保护。

3. 技能点——网络模块安装

信息模块和电话语音模块的安装方法基本相同,步骤如下:

(1) 准备材料和工具。

(2) 剥出 1.5~2cm 的线芯,注意不要伤到线芯。

(3) 分线。按照工程设计,选取 568A 或 568B 线序,将线序固定于相应卡线孔。

(4) 压线或打线。根据模块类型,进行压线或打线,然后剪掉多余的线芯。

(5) 卡装模块。将模块卡夹在面板上。

4. 技能点——面板的安装

面板安装是信息插座安装的最后一步,通常应该在模块端接完成后立即进行,以保护模块。安装时将模块卡夹在面板接口中。如果双口面板或多口面板上有网络和电话的标记,应按照标记位置安装。

5. 技能点——跳线的制作

每一个信息接口都需要一根跳线连接到用户设备上。跳线即两端按有接头在短距离内连接设备的线缆。常用跳线有网络跳线和电话(语音)跳线。这两类跳线的制作方法基本相同。

网络跳线的制作步骤如下:

（1）剥线。剥出约 1.5～2cm 的线芯并剪除涤纶线。

（2）排序。按照 568A 或 568B 线芯将线芯拉直并排序。

（3）剪线。将排列整齐的线芯保留 1.3cm，剪掉多余线芯。

（4）正确拿取 RJ-45 接头。要求接头拿取时，金属引脚面对自己，插线口向下。否则会导致插线线序整体错误。

（5）插线并检查。将线芯插入接头并检查线序、线芯位置到底、外皮插入接头6mm 以上。

（6）压线。

6. 技能点——工作区的管槽安装

工作区的管槽主要指由水平子系统的桥架到信息点之间的连接分支管或分支线槽部分。线缆通过分支管或分支槽汇聚到水平干线中引至管理子系统。

工作区的管槽安装分为明装和暗装。

（1）新建工程的工作区管槽一般为暗装。

（2）改建或扩建工程的工作区管槽多为明装。

当工作区的管槽明装时，要求布管、布槽合理美观，尽量不破坏原有的装饰装修。

3.2.4　问题思考

1. 工作区子系统处于综合布线系统的什么位置？

2. 工作区子系统有哪些需要安装的器件？

3.2.5　知识拓展

资源名称	信息插座底盒明装	信息面板的安装	网络信息模块 的制作	电话信息 模块的制作
资源类型	视频	视频	视频	视频
资源二维码	3.2-2	3.2-3	3.2-4	3.2-5

任务 3.3
水平子系统的施工

3.3.1　教学目标与思路

3.3-1
工程概况

扫码查看工程概况

【教学载体】学院寝室楼布线施工。

【教学目标】

知识目标	能力目标	素养目标	思政要素
1. 了解水平子系统的组成与功能； 2. 熟悉各类管槽的选型与应用。	1. 能够安装常见线管和线槽； 2. 能够在管槽中完成线缆的敷设。	1. 具有良好倾听的能力，能有效地获得各种资讯； 2. 能正确表达自己思想，学会理解和分析问题。	1. 培养民族自豪感； 2. 树立以人为本，预防为主，安全第一的思想。

【学习任务】通过学习水平子系统的施工，掌握具体的施工方法和施工内容。

【建议学时】2~4 学时

【思维导图】

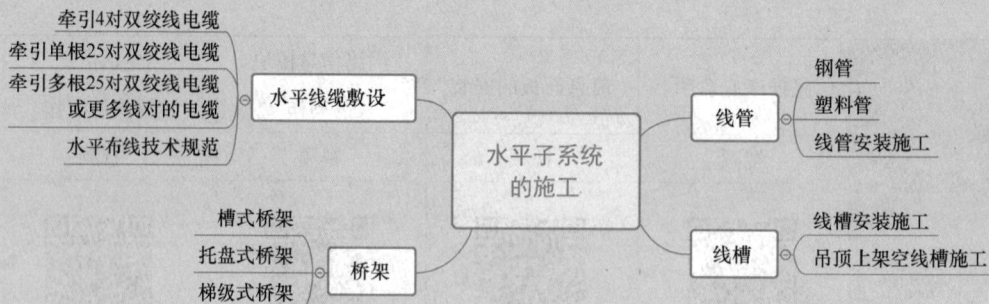

3.3.2　学生任务单

任务名称	水平子系统的施工	
学生姓名	班级学号	
同组成员		
负责任务		
完成日期	完成效果（教师评价及签字）	

明确任务	任务目标	1. 掌握各类线管的选型与安装。 2. 掌握线槽的选型与安装。 3. 掌握在管槽中的线缆敷设。
自学简述	课前预习 （学习内容、浏览资源、查阅资料）	
	拓展学习 （任务以外的学习内容）	
任务研究	完成步骤 （用流程图表达）	

任务分工	任务分工	完成人	完成时间

	本人任务	
	角色扮演	
	岗位职责	
	提交成果	

			第1步	
任务 实施		完成步骤	第2步	
			第3步	
			第4步	
			第5步	
	问题求助			
	难点解决			
	重点记录 (完成任务过程中，用到的基本知识、公式、规范、方法和工具等)			成果提交
学习 反思	不足之处			
	待解问题			
	课后学习			

过程 评价	自我评价 (5分)	课前学习	时间观念	实施方法	知识技能	成果质量	分值
	小组评价 (5分)	任务承担	时间观念	团队合作	知识技能	成果质量	分值

3.3.3　知识与技能

水平子系统的功能是将同一层楼中工作区的分支线缆直接或者汇聚后敷设至楼层的接线箱中。

在综合布线工程中，水平子系统的管路非常多，与电气等其他管路交叉也多，需要在安装阶段根据现场实际情况安排管线，以满足管线路由最短，便于安装的要求。

水平子系统施工过程中主要涉及：线管、线槽、桥架的安装以及线缆的敷设。

1. 知识点——线管

（1）钢管

综合布线系统的暗敷管路系统中常用的钢管为焊接钢管。

钢管的规格有多种，以外径（mm）为单位，综合布线工程施工中常用的金属管有：$D16$、$D20$、$D25$、$D32$、$D40$、$D50$、$D63$、$D110$ 等规格，如图 3.3-1 所示。

（2）塑料管

塑料管是由树脂、稳定剂、润滑剂及添加剂配制挤塑成型。目前按塑料管使用的主要材料，塑料管主要有以下产品：聚氯乙烯管材（PVC-U 管）、高密聚乙烯管材（HDPE 管）、双壁波纹管、子管、铝塑复合管、硅芯管等，如图 3.3-2 所示。

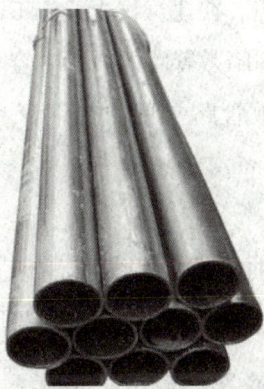

图 3.3-1　金属管

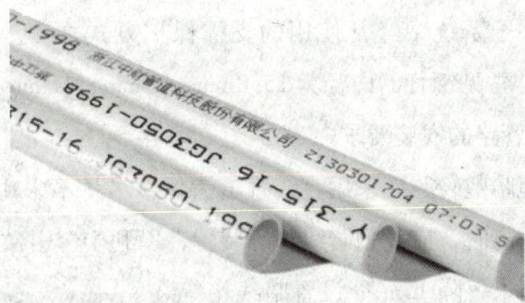

图 3.3-2　塑料管

综合布线系统中通常采用的是软、硬聚氯乙烯管，且是内、外壁光滑的实壁塑料管。室外的建筑群主干布线子系统采用地下通信电缆管道时，其管材除主要选用混凝土管（又称水泥管）外，目前较多采用的是内外壁光滑的软、硬质聚氯乙烯实壁塑料管（PVC–U）和内壁光滑、外壁波纹的高密度聚乙烯管（HDPE）双壁波纹管，有时也采用高密度聚乙烯（HDPE）的硅芯管。

（3）线管安装施工

水平子系统的线管安装一般采用暗敷方式，有时也会采用明敷方式。

1）明敷管路

既有建筑物的布线施工常使用明敷管路，新建建筑物应少用或尽量不用明敷管路。在综合布线系统中明敷管路常见的有钢管、PVC 线槽、PVC 管等。钢管具有机械强度高、密封性能好、抗弯、抗压和抗拉能力强等特点，尤其是有屏蔽电磁干扰的作用，管材可根据现场需要任意截锯揻弯，施工安装方便。但是它存在材质较重、价格高且易腐蚀等缺点。PVC 线槽和 PVC 管具有材质较轻、安装方便、抗腐蚀、价格低等特点，因此，在一些造价较低、要求不高的综合布线场合需要使用 PVC 线槽和 PVC 管。在潮湿场所中明敷的钢管应采用管壁厚度大于 2.5mm 以上的厚壁钢管，在干燥场所中明敷的钢管，可采用管壁厚度为 1.6～2.5mm 的薄壁钢管。使用镀锌钢管时，必须检查管身的镀锌层是否完整，如有镀锌层剥落或有锈蚀的地方应刷防锈漆或采用其他防锈措施。PVC 线槽和 PVC 管有多种规格，具体要根据敷设的线缆容量来选定规格，常见的有 25mm×25mm、25mm×50mm、50mm×50mm、100mm×100mm 等规格的 PVC 线槽，直径为 10mm、15mm、20mm、100mm 等规格的 PVC 管。PVC 线槽除了直通的线槽外，还要考虑选用足够数量的弯角、三通等辅材。

2）暗敷管路

新建的智能建筑物内一般都采用暗敷管路来敷设线缆。在建筑物土建施工时，一般同时预埋暗敷管路，因此，在设计建筑物时就应同时考虑暗敷管路的设计内容。暗敷管路是水平子系统中经常使用的支撑保护方式之一。暗敷管路常见的有钢管和硬质的 PVC 管。常见钢管的内径为 15.8mm、27mm、41mm、43mm、68mm 等。

3）管路的安装要求

预埋暗敷管路应采用直线管道为好，尽量不采用弯曲管道，直线管道超过 30m 再需延长距离时，应设置暗线箱等装置，以利于牵引敷设电缆时使用。如必须采用弯曲管道时，要求每隔 15m 处设置暗线箱等装置。暗敷管路如必须转弯时，其转弯角度应大于 90°。暗敷管路曲率半径不应小于该管路外径的 6 倍。要求每根暗敷管路在整个路由上需要转弯的次数不得多于两个，暗敷管路的弯曲处不应有折皱、凹穴和裂缝，如图 3.3-3 所示。明敷管路应排列整齐，横平竖直，且要求管路每个固定点（或支撑点）的间隔均

图 3.3-3 暗敷管路

匀。要求在管路中放有牵引线或拉绳，以便牵引线缆。在管路的两端应设有标志，其内容包含序号、长度等，应与所布设的线缆对应，以使布线施工中不容易发生错误。

4）暗敷线管和穿线时一般要遵守下列原则：

预埋在墙体中间暗管的最大管外径不宜超过50mm，楼板中暗埋管的最大管外径不宜超过25mm。

不同规格的线管，根据拐弯的多少和穿线长度的不同，管内布放线缆的最多穿线条数不同。如表3.3-1所示。

不同管径最多穿线条数 表3.3-1

线管类型	管径（mm）	容纳双绞线最多穿线条数（条）	截面利用率
PVC、金属	16	2	30%
PVC	20	3	30%
PVC、金属	25	5	30%
PVC、金属	32	7	30%
PVC	40	11	30%
PVC、金属	50	15	30%

在钢管现场截断和安装施工中，两根钢管对接时必须保证同轴度和管口整齐，没有错位，焊接时不要焊透管壁，避免在管内形成焊渣。

同一走向的线管应遵循平行布管原则，不允许出现交叉或者重叠。

从插座底盒到楼层管理间的整个布线路由的线管必须连续，如果出现一处不连续时将来就无法穿线。

水平子系统路由的暗埋管比较长，布线穿线时应该采取慢速而又平稳的拉线，拉力太大时，会破坏电缆对绞的结构和一致性，引起线缆传输性能下降。

缆线布放时要考虑两端的预留，管理间预留长度一般为3~6m，工作区为0.3~0.6m；光缆在设备间预留长度一般为5~10m。

钢管或者PVC管在敷设时，应该采取措施保护管口，防止水泥砂浆或者垃圾进入管口，堵塞管道，一般用塞头封堵管口，并用胶布绑扎牢固。

2. 知识点——线槽

（1）线槽安装施工中一般有墙面线槽安装布线和地面线槽安装布线。塑料线槽沿墙敷设如图3.3-4所示。

图3.3-4 塑料线槽沿墙敷设

在一般小型工程中，有时采用暗管明槽布线方式，即在楼道使用较大的 PVC 线槽代替金属桥架。一般安装步骤为：

根据线管出口高度，确定线槽安装高度，线槽安装顺序为：划线—固定线槽—布线—安装盖板。

水平子系统可以在楼道墙面安装比较大的塑料线槽，例如宽度为 60mm、100mm、150mm 白色 PVC 线槽可以在楼道墙面安装。

线槽常用器件见图 3.3-5。

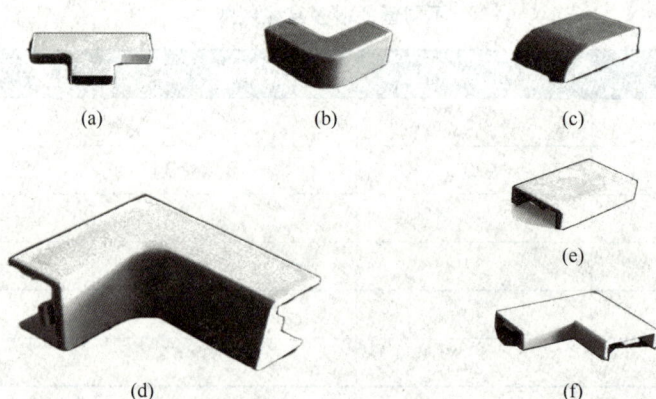

图 3.3-5　线槽常用器件

（a）三通；（b）阳角；（c）堵头；（d）阴角；（e）直接；（f）平转

（2）吊顶上架空线槽施工

吊顶上架空线槽布线由楼层管理间引出线缆先走吊顶内的线槽，到房间后，经分支线槽从槽梁式电缆管道分叉将电缆穿过一段支管引向墙壁，沿墙而下到房内信息插座的布线方式。

3. 知识点——桥架

综合布线系统工程中，桥架具有结构简单、造价低、施工方便、配线灵活、安全可靠、安装标准、整齐美观、防尘防火、延长线缆使用寿命、方便扩充电缆和维护检修等特点，且同时能克服埋地静电爆炸、介质腐蚀等问题，因此，被广泛应用于建筑群主干管线和建筑物内主干管线的安装施工。

桥架按结构可分为梯级式、槽式和托盘式 3 类，如图 3.3-6 所示。

桥架按制造材料可分为金属材料和非金属材料两类。

（1）槽式桥架

槽式桥架是全封闭电缆桥架，也就是通常所说的金属线槽，由槽底和槽盖组成，每根槽一般长度为 2m，槽与槽连接时使用相应尺寸的铁板和螺丝固定。它适用于敷设计

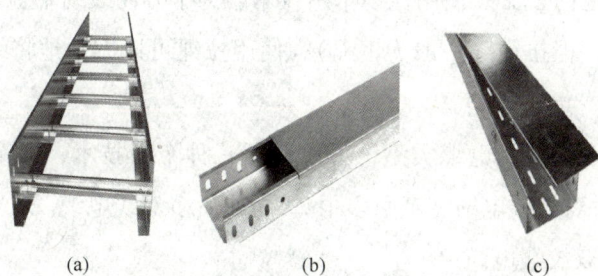

图 3.3-6　桥架

（a）梯级式；（b）槽式；（c）托盘式

算机线缆、通信线缆、热电偶电缆及其他高灵敏系统的控制电缆等，它对屏蔽干扰重腐蚀环境中电缆防护都有较好的效果，适用于室外和需要屏蔽的场所。在综合布线系统中一般使用的金属线槽的规格有：50mm × 100mm、100mm × 100mm、100mm × 200mm、100mm × 300mm、200mm × 400mm 等多种规格。

（2）托盘式桥架

托盘式桥架具有质量轻、载荷大、造型美观、结构简单、安装方便、散热透气性好等优点，适用于地下层、吊顶等场所。

（3）梯级式桥架

梯级式桥架具有质量轻、成本低、造型别致、通风散热好等特点。它适用于一般直径较大电缆的敷设，以及地下层、垂井、活动地板下和设备间的线缆敷设。

桥架和槽道的安装要求：

桥架及槽道的安装位置应符合施工图规定，左右偏差不应超过 50mm；

桥架及槽道水平度每平方米偏差不应超过 2mm；

垂直桥架及槽道应与地面保持垂直，并无倾斜现象，垂直度偏差不应超过 3mm；

两槽道拼接处水平偏差不应超过 2mm；

线槽转弯半径不应小于其槽内的线缆最小允许弯曲半径的最大值；

吊顶安装应保持垂直，整齐牢固，无歪斜现象；

金属桥架及槽道节与节间应接触良好，安装牢固；

管道内应无阻挡，道口应无毛刺，并安置牵引线或拉线；

为了实现良好的屏蔽效果，金属桥架和槽道接地体应符合设计要求，并保持良好的电气连接。

4. 技能点——水平线缆敷设

在水平线缆敷设之前，建筑物内的各种暗敷的管路和槽道已安装完成，因此，线缆要敷设在管路或槽道内就必须使用线缆牵引技术。为了方便线缆牵引，在安装各种管路或槽道时已内置了一根拉绳（一般为钢绳），使用拉绳可以方便地将线缆从管道的一端牵引到另一端。

根据施工过程中敷设的电缆类型，可以使用三种牵引技术，即牵引 4 对双绞线电缆、牵引单根 25 对双绞线电缆、牵引多根 25 对或更多对线电缆。

（1）牵引 4 对双绞线电缆

主要方法是使用电工胶布将多根双绞线电缆与拉绳绑紧，使用拉绳均匀用力缓慢牵引电缆。具体操作步骤如下：

1）将多根双绞线电缆的末端缠绕在电工胶布上，如图 3.3-7 所示。

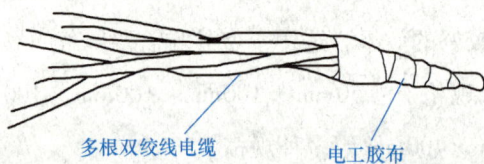

多根双绞线电缆　　电工胶布

图 3.3-7　用电工胶布缠绕多根双绞线电缆的末端

2）在电缆缠绕端绑扎好拉绳，然后牵引拉绳，如图 3.3-8 所示。

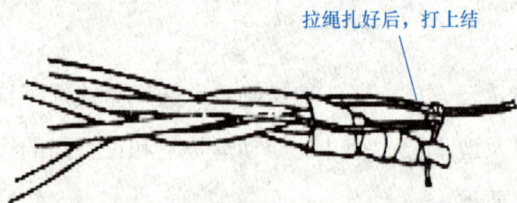

拉绳扎好后，打上结

图 3.3-8　将双绞线电缆与拉绳绑扎固定

4 对双绞线电缆的另一种牵引方法也是经常使用的，具体步骤如下：

1）剥除双绞线电缆的外表皮，并整理为两扎裸露金属导线，如图 3.3-9 所示。

2）将金属导体编织成一个环，拉绳绑扎在金属环上，然后牵引拉绳，如图 3.3-10 所示。

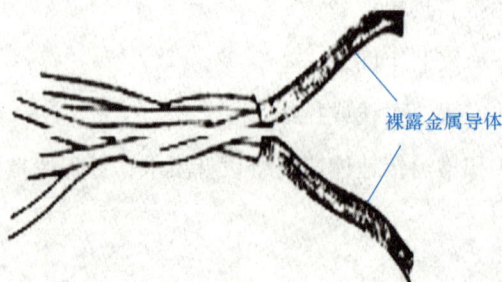

裸露金属导体

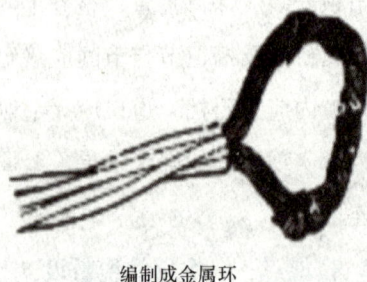

编制成金属环

图 3.3-9　剥除电缆外表皮得到裸露金属导体　　图 3.3-10　编织成金属环以供拉绳牵引

（2）牵引单根 25 对双绞线电缆

主要方法是将电缆末端编织成一个环，然后绑扎好拉绳后，牵引电缆，具体的操作步骤如下：

1）将电缆末端与电缆自身打结成一个闭合的环。

2）用电工胶布加固，以形成一个坚固的环。

3）在缆环上固定好拉绳，用拉绳牵引电缆。

（3）牵引多根 25 对双绞线电缆或更多线对的电缆

主要操作方法是将线缆外表皮剥除后，将线缆末端与拉绳绞合固定，然后通过拉绳牵引电缆，具体操作步骤如下：

1）将线缆外皮表剥除后，将线对均匀分为两组线缆。

2）将两组线缆交叉地穿过接线环。

3）将两组线缆缠绕在自身电缆上，加固与接线环的连接。

4）在线缆缠绕部分紧密缠绕多层电工胶布，以进一步加固电缆与接线环的连接。

（4）水平布线技术规范

水平线缆在布设过程中，不管采用何种布线方式，都应遵循以下技术规范：

1）为了考虑以后线缆的变更，在线槽内布设的电缆容量不应超过线槽截面积的 70%；

2）水平线缆布设完成后，线缆的两端应贴上相应的标签，以识别线缆的来源地；

3）非屏蔽 4 对双绞线缆的弯曲半径应至少为电缆外径的 4 倍，屏蔽双绞线电缆的弯曲半径应至少为电缆外径的 6~10 倍；

4）线缆在布放过程中应平直，不得产生扭绞、打圈等现象，不应受到外力的挤压和损伤；

5）线缆在线槽内布设时，要注意与电力线等电磁干扰源的距离要达到规范的要求；

6）线缆在牵引过程中，要均匀用力缓慢牵引，线缆牵引力度规定如下：

1 根 4 对双绞线电缆的拉力为 100N；

2 根 4 对双绞线电缆的拉力为 150N；

3 根 4 对双绞线电缆的拉力为 200N；

不管多少根线对电缆，最大拉力不能超过 400N。

3.3.4　问题思考

1. 水平布线有哪几种方式，各有什么优缺点？

2. 线缆敷设时，如何确定是穿线管还是穿线槽？

3.3.5 知识拓展

资源名称	楼道桥架布线施工	楼道明装的方式	PVC 管弯管及铺设	墙面明装线槽施工
资源类型	视频	视频	视频	视频
资源二维码	3.3-2	3.3-3	3.3-4	3.3-5

任务 3.4
干线子系统的布线施工

3.4.1　教学目标与思路

3.4-1
工程概况

扫码查看工程概况

【教学载体】学院寝室楼布线施工。

【教学目标】

知识目标	能力目标	素养目标	思政要素
1. 了解干线子系统的施工规范； 2. 掌握干线线缆的施工技术。	1. 能够确定干线子系统的施工方案； 2. 能够完成干线子系统的布线施工。	1. 具有良好倾听的能力，能有效地获得各种资讯； 2. 能正确表达自己思想，学会理解和分析问题。	1. 培养民族自豪感； 2. 树立以人为本，预防为主，安全第一的思想。

【学习任务】通过学习干线子系统的内容，掌握不同的布线施工方法。

【建议学时】2~4 学时

【思维导图】

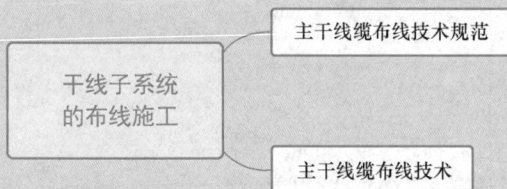

3.4.2   学生任务单

任务名称	干线子系统的布线施工	
学生姓名	班级学号	
同组成员		
负责任务		
完成日期	完成效果（教师评价及签字）	

明确任务	任务目标	1. 掌握综合布线主干线布线技术规范。 2. 掌握综合布线主干线布线方法及操作要点。		
自学简述	课前预习 （学习内容、浏览资源、查阅资料）			
	拓展学习 （任务以外的学习内容）			
任务研究	完成步骤 （用流程图表达）			
	任务分工	任务分工	完成人	完成时间

	本人任务	
	角色扮演	
	岗位职责	
	提交成果	

		第 1 步		
任务实施	完成步骤	第 2 步		成果提交
		第 3 步		
		第 4 步		
		第 5 步		
	问题求助			
	难点解决			
	重点记录 （完成任务过程中，用到的基本知识、公式、规范、方法和工具等）			

学习反思	不足之处	
	待解问题	
	课后学习	

过程评价	自我评价 （5 分）	课前学习	时间观念	实施方法	知识技能	成果质量	分值
	小组评价 （5 分）	任务承担	时间观念	团队合作	知识技能	成果质量	分值

3.4.3 知识与技能

干线电缆提供了从设备间到每个楼层的水平子系统之间信号传输的通道，主干电缆通常安装在竖井通道中，如图3.4-1所示。

1. 知识点——主干线缆布线技术规范

主干线缆布线施工过程，要注意遵守以下规范要求：

（1）应采用金属桥架或槽道敷设主干线缆，以提供线缆的支撑和保护功能，金属桥架或槽道要与接地装置可靠连接；

（2）在智能建筑中有多个系统综合布线时，要注意各系统使用的线缆的布设间距要符合规范要求；

图 3.4-1　干线子系统示意图

（3）在线缆布放过程中，线缆不应产生扭绞或打圈等有可能影响线缆本身质量的现象；

（4）线缆布放后，应平直处于安全稳定的状态，不应受到外界的挤压或遭受损伤而产生故障；

（5）在线缆布放过程中，布放线缆的牵引力不宜过大，应小于线缆允许拉力的80%，在牵引过程中要防止线缆被拖、蹭、磨等损伤；

（6）主干线缆一般较长，在布放线缆时可以考虑使用机械装置辅助人工进行牵引，在牵引过程中各楼层的人员要同步牵引，不要用力拽拉线缆。

2. 技能点——主干线缆布线技术

主干线缆在竖井中敷设一般有两种方式：向下垂放电缆和向上牵引电缆。相比而言，向下垂放电缆比向上牵引电缆要容易些。

（1）向下垂放电缆

如果干线电缆经由垂直孔洞向下垂直布放，则具体操作步骤如下：

1）首先把线缆卷轴搬放到建筑物的最高层；

2）在离楼层的垂直孔洞处3～4m处安装好线缆卷轴，并从卷轴顶部馈线；

3）在线缆卷轴处安排所需的布线施工人员，每层上要安排一个工人以便引导下垂的线缆；

4）开始旋转卷轴，将线缆从卷轴上拉出；

5）将拉出的线缆引导进竖井中的孔洞。在此之前先在孔洞中安放一个塑料的套状保护物，以防止孔洞不光滑的边缘擦破线缆的外皮，如图3.4-2所示。

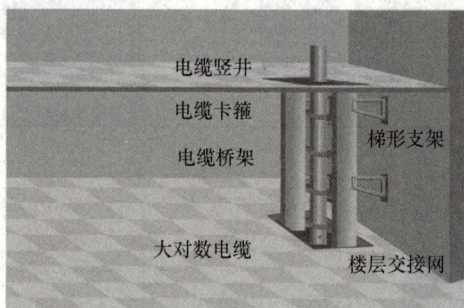

6）慢慢地从卷轴上放缆并进入孔洞向下垂放，注意不要快速地放缆；

7）继续向下垂放线缆，直到下一层布线工人能将线缆引到下一个孔洞；

8）按前面的步骤，继续慢慢地向下垂放线缆，并将线缆引入各层的孔洞。

如果干线电缆经由一个大孔垂直向下布设，就无法使用塑料保护套，最好使用一个滑车轮，通过它来下垂布线，具体操作如下：

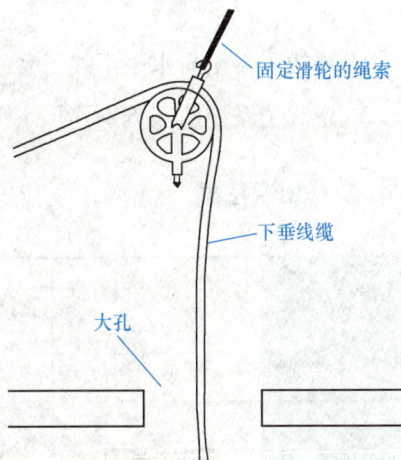

1）在大孔的中心上方安装一个滑轮车，如图 3.4-3 所示；

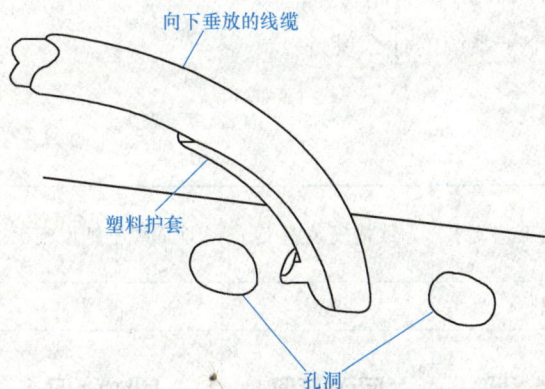

图 3.4-2　在孔洞中安放塑料保护套　　　　图 3.4-3　在大孔的中心上方安装滑轮车

2）将线缆从卷轴拉出并绕在滑轮车上；

3）按上面所介绍的方法牵引线缆穿过每层的大孔，当线缆到达目的地时，把每层上的线缆绕成卷放在架子上固定起来，等待以后的端接。

（2）向上牵引电缆

向上牵引电缆可借用电动牵引绞车将干线电缆从底层向上牵引到顶层，如图 3.4-4 所示。具体的操作步骤如下：

1）先往绞车上穿一条拉绳；

2）启动绞车，并往下垂放一条拉绳，拉绳向下垂放直到安放线缆的底层；

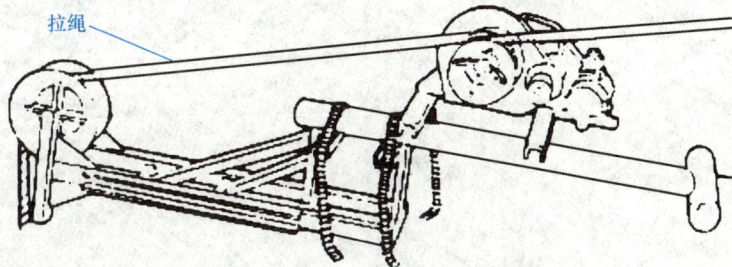

图 3.4-4　电动牵引绞车向上牵引电缆

3）将线缆与拉绳牢固地绑扎在一起；

4）启动绞车，慢慢地将线缆通过各层的孔洞向上牵引；

5）线缆的末端到达顶层时，停止绞车；

6）在地板孔边沿上用夹具将线缆固定好；

7）当所有连接制作好之后，从绞车上释放线缆的末端。

3.4.4   问题思考

1. 干线子系统与水平干线子系统有什么区别？

2. 干线子系统两端分别连接了哪两个子系统的什么设备？

3.4.5   知识拓展

资源名称	建筑物竖井内管理区的安装	管槽安装工艺要求	线槽安装施工	地面线槽铺设施工
资源类型	视频	视频	视频	视频
资源二维码	3.4-2	3.4-3	3.4-4	3.4-5

任务 3.5

管理间与设备间的设备安装与端接

3.5.1 教学目标与思路

3.5—1
工程概况

扫码查看工程概况

【教学载体】 学院寝室楼布线施工。

【教学目标】

知识目标	能力目标	素养目标	思政要素
1. 熟悉管理间和设备间的主要设备； 2. 掌握设备的选型与应用。	1. 能够根据系统功能的需要，选型设备； 2. 能够对常用设备进行安装与端接。	1. 具有良好倾听的能力，能有效地获得各种资讯； 2. 能正确表达自己思想，学会理解和分析问题。	1. 培养民族自豪感； 2. 树立以人为本，预防为主，安全第一的思想。

【学习任务】 通过学习管理间与设备间子系统的内容，掌握具体设备的方法和接线方法。

【建议学时】 2~4 学时

【思维导图】

3.5.2 学生任务单

任务名称	管理间与设备间的设备安装与端接		
学生姓名		班级学号	
同组成员			
负责任务			
完成日期	完成效果（教师评价及签字）		

明确任务	任务目标	1. 掌握 110 配线架的安装与端接。 2. 掌握模块化配线架的安装与端接。 3. 掌握机柜及交换机的安装与应用。		
自学简述	课前预习 （学习内容、浏览资源、查阅资料）			
	拓展学习 （任务以外的学习内容）			
任务研究	完成步骤 （用流程图表达）			
	任务分工	任务分工	完成人	完成时间

		本人任务	
		角色扮演	
		岗位职责	
		提交成果	

任务实施	完成步骤	第 1 步		成果提交
		第 2 步		
		第 3 步		
		第 4 步		
		第 5 步		
	问题求助			
	难点解决			
	重点记录（完成任务过程中，用到的基本知识、公式、规范、方法和工具等）			

学习反思	不足之处	
	待解问题	
	课后学习	

过程评价	自我评价（5分）	课前学习	时间观念	实施方法	知识技能	成果质量	分值
	小组评价（5分）	任务承担	时间观念	团队合作	知识技能	成果质量	分值

3.5.3 知识与技能

在设备间内所安装的网络设备通过设备缆线（电缆或光缆）连接至配线设备（FD）以后，经过跳线管理，将设备的端口经过水平缆线连接至工作区的终端设备，此种为传统的连接方式，称为交叉连接方式。

1. 知识点——电话交换设备连接方式

电话交换配线的连接方式如图 3.5-1 所示。

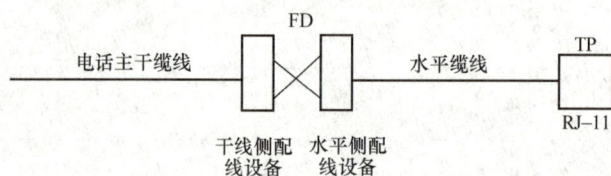

图 3.5-1 电话交换配线的连接方式

电话交换配线主要使用 110 配线系统，110 配线系统主要应用于楼层管理间和建筑物的设备间内管理语音或数据电缆，各个厂家的 110 配线系统的组成及安装方法很相似。配线架附件如图 3.5-2 所示。

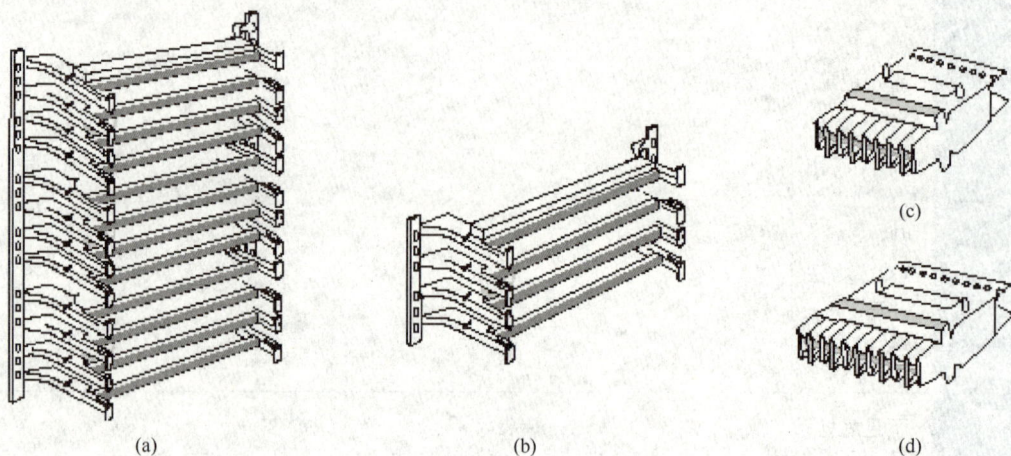

图 3.5-2 配线架附件

(a) 300 对 110 配线架；(b) 100 对 110 配线架；(c) 4 线对连接块；(d) 5 线对连接块

（1）110 配线系统主要由配线架、连接块、线缆管理槽、标签、胶条等组成。

1）100 对或 300 对 110 配线架；

2）4 线对连接块、5 线对连接块。

3）胶条和标签条，用于标注各连接块的信息。

4）线缆管理槽和线缆管理环，安装在配线架上用于整理和固定线缆。

（2）使用110配线系统构建4对UTP电缆交叉连接管理系统的步骤：

1）在墙上标记好110配线架安装的水平和垂直位置，如图3.5-3所示。

2）对于300线对配线架，沿垂直方向安装线缆管理槽和配线架并用螺丝固定在墙上，如图3.5-4所示。对于100线对配线架，沿水平方向安装线缆管理槽，配线架安装在线缆管理槽下方，如图3.5-5所示。

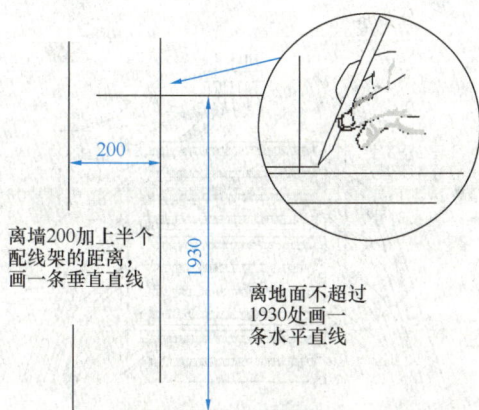

图3.5-3　在墙上标记110配线架安装的水平和垂直位置

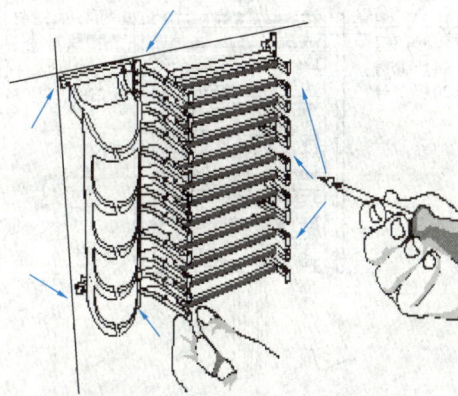

图3.5-4　300线对配线架及线缆管理槽固定方法

3）每6根4对电缆为一组绑扎好，然后布放到配线架内，如图3.5-6所示。注意电缆不要绑扎太紧，要让电缆能自由移动。

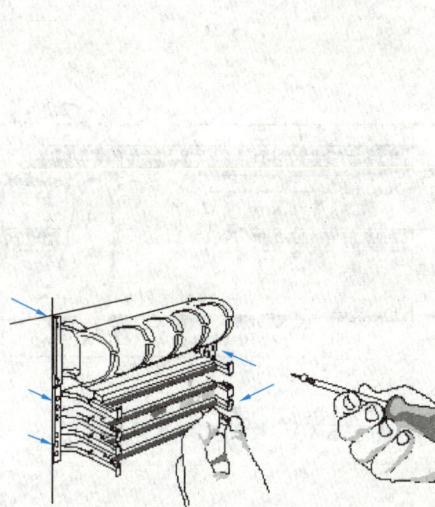

图3.5-5　100线对配线架及线缆管理槽固定方法

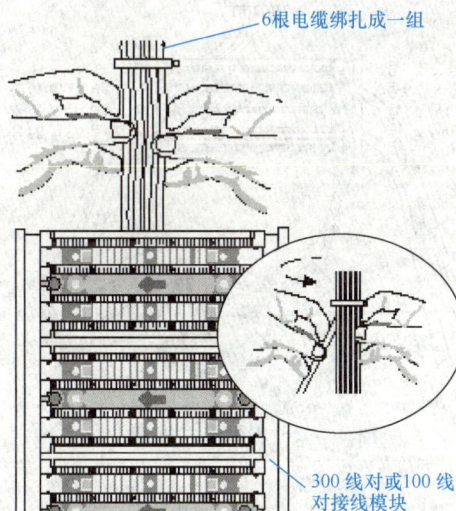

图3.5-6　成组绑扎电缆并引入配线架

4）确定线缆安装在配线架上各接线块的位置，用笔在胶条上做标记，如图 3.5-7 所示。

5）根据线缆的编号，按顺序整理线缆以靠近配线架的对应接线块位置，如图3.5-8 所示。

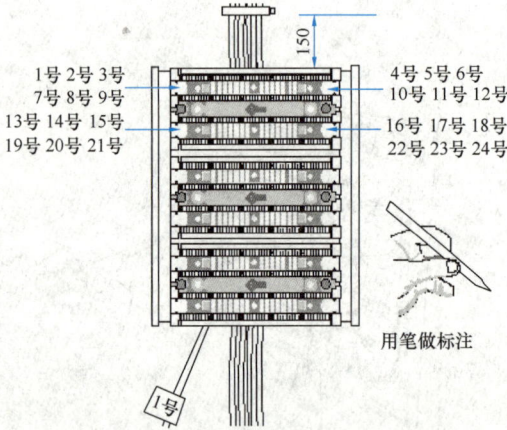

图 3.5-7　在配线架上标注各线缆连接的位置

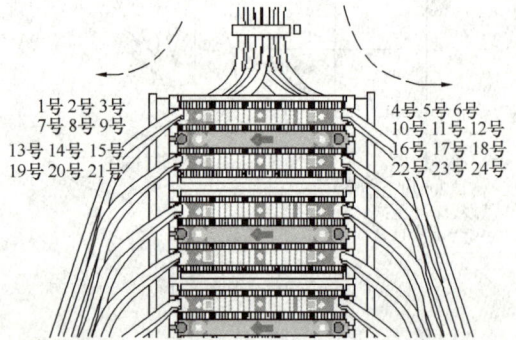

图 3.5-8　按连接接线块的位置整理线缆

6）按电缆的编号顺序剥除电缆的外皮，如图 3.5-9 所示。

7）按照规定的线序将线对逐一压入连接块的槽位内，如图 3.5-10 所示。

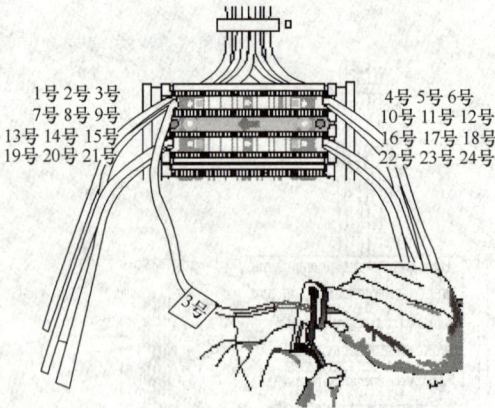

图 3.5-9　剥除电缆外皮

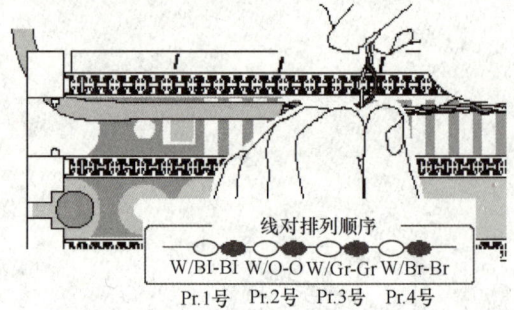

图 3.5-10　按线序将线对压入槽内

8）将上下相邻的两个 110 槽位安装完线缆的线对，如图 3.5-11 所示。

9）使用专用的 110 压线工具，将线对冲压入线槽内，确保将每个线对可靠地压入槽内，如图 3.5-12 所示。(注意在冲压线对之前，重新检查对线的排列顺序是否符合要求)。

1号 2号 3号 4号 5号 6号

7号 8号 9号 10号 11号 12号

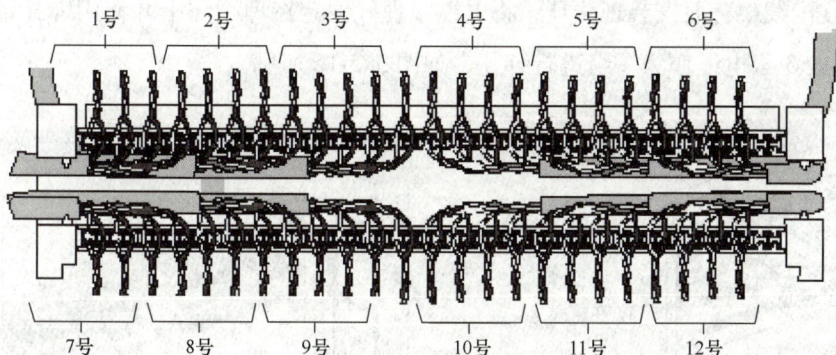

图 3.5-11   将多根线缆的线对压入上下相邻的两个 110 槽位

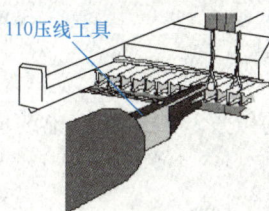

110压线工具

3.5-2
五对连接块的端接

图 3.5-12   使用 110 压线工具将线对冲压入线槽内

10）使用多线对压接工具，将 4 线对连接块冲压到 110 配线架线槽上，如图 3.5-13 所示。

11）在配线架上下两槽位之间安装胶条及标签，如图 3.5-14 所示。

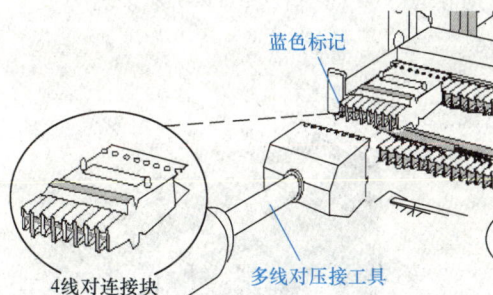

蓝色标记

4线对连接块

多线对压接工具

图 3.5-13   使用多线对压接工具将 4 线对
连接块压接到配线架上

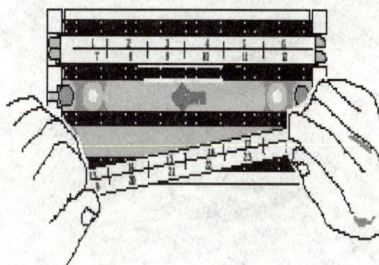

图 3.5-14   在配线架上下槽位间
安装标签条

2. 技能点——模块化配线架安装

模块化配线架主要应用于楼层管理间和设备间内的计算机网络电缆的管理。各厂家的模块化配线架结构及安装相类似。

（1）模块化配线架具体安装步骤如下：

1）使用螺丝将配线架固定在机架上，如图 3.5-15 所示。

2）在配线架背面安装理线环，将电缆整理好固定在理线环中并使用绑扎带固定好电缆，一般6根电缆作为一组进行绑扎，如图3.5-16所示。

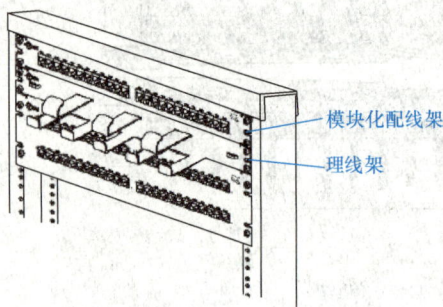

图3.5-15　用螺丝将配线架固定在机架上　　　图3.5-16　安装理线环并整理固定电缆

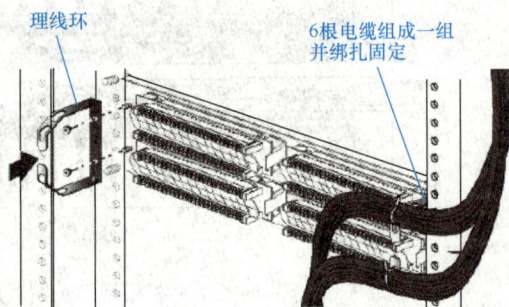

3）根据每根电缆连接接口的位置，测量端接电缆应预留的长度，然后使用平口钳截断电缆。

4）根据系统安装标准选定T568A或T568B标签，然后将标签压入模块组插槽内。

5）根据标签色标排列顺序，将对应颜色的线对逐一压入槽内，然后使用打线工具固定线对连接，同时将伸出槽位外多余的导线截断。

6）将每组线缆压入槽位内，然后整理并绑扎固定线缆。

7）将跳线通过配线架下方的理线架整理固定后，逐一接插到配线架前面板的RJ-45接口，最后编好标签并贴在配线架前面板。如图3.5-17～图3.5-19所示。

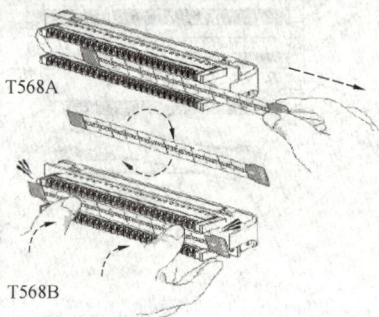

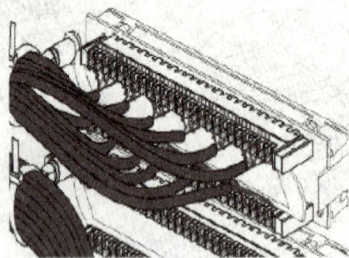

图3.5-17　调整合适标签并安装在　　　　图3.5-18　整理并绑扎固定线缆
　　　　　　模块组槽位内

（2）在楼层配线间和设备间内，模块化配线架和网络交换机一般安装在19英寸（483mm）的机柜内。为了使安装在机柜内的模块化配线架和网络交换机美观大方且方便管理，必须对机柜内设备的安装进行规划，具体遵循以下原则：

1）一般模块化配线架安装在机柜下部，交换机安装在其上方；

2）每个模块化配线架之间安装有一个理线架，每个交换机之间也要安装理线架；

3）正面的跳线从配线架中出来全部要放入理线架内，然后从机柜侧面绕到上部的交换机间的理线器中，再接插进入交换机端口。常见的机柜内模块化配线架安装实物图，如图 3.5-20 所示。

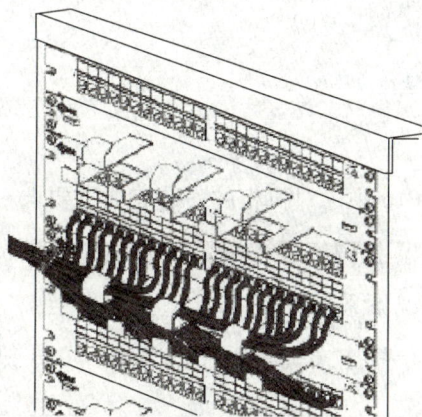
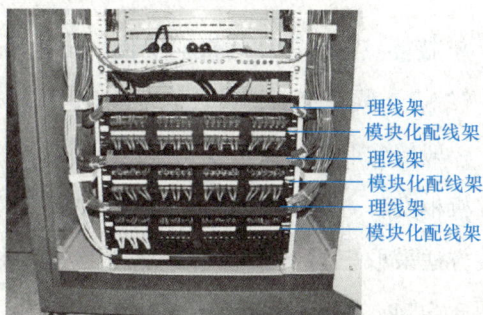

理线架
模块化配线架
理线架
模块化配线架
理线架
模块化配线架

图 3.5-19　将跳线接插到配线架各接口　　　　图 3.5-20　常见的机柜内模块化配线架
　　　　　　并贴好标签　　　　　　　　　　　　　　　安装实物图

3. 知识点——配线端接技术与原理

综合布线系统配线端接的基本原理是：将线芯用机械力量压入两个刀片中，在压入过程中刀片将绝缘护套划破与铜线芯紧密接触，同时金属刀片的弹性将铜线芯长期加紧，从而实现长期稳定的电器连接，打线示意图如图 3.5-21 所示。

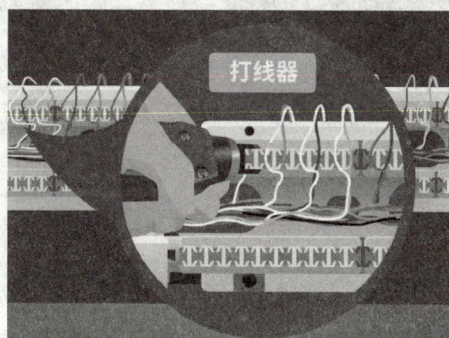

图 3.5-21　打线示意图

5 对连接块端接原理和方法。

在连接块下层端接时，将每根线在通信配线架底座上对应的接口放好，用力快速将 5 对连接块向下压紧，在压紧过程中刀片首先快速划破线芯绝缘护套，然后与线芯紧密接触，实现刀片与线芯的电器连接，如图 3.5-22 所示。

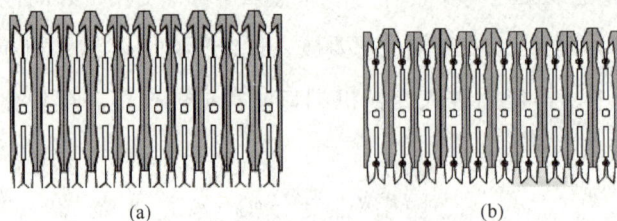

图 3.5-22　5 对连接模块压接结构

4. 技能点——管理间机柜安装

《综合布线系统工程设计规范》GB 50311—2016 中，对机柜的安装有如下要求：

一般情况下，综合布线系统的配线设备和计算机网络设备采用 19 英寸（483mm）标准机柜安装。对于管理间子系统来说，多数情况下采用 6U ~ 12U 壁挂式机柜。具体安装方法采取三脚支架或者膨胀螺栓固定机柜，壁挂式机柜见图 3.5-23、立式机柜见图 3.5-24。

图 3.5-23　壁挂式机柜　　　　图 3.5-24　立式机柜

管理区子系统的安装主要分为管理间（独立房间）内安装、建筑物竖井内安装、建筑物楼道明装、建筑物楼道半嵌墙安装，且管理间设备采用机柜安装。

（1）建筑物竖井内安装

近年来，随着网络的发展和普及，在新建的建筑物中每层都考虑到管理间，并给网络等留有弱电竖井，便于安装网络机柜等管理设备。如图 3.5-25 所示，在竖井管理间中安装网络机柜，这样方便设备的统一维修和管理。

（2）建筑物楼道明装

图 3.5-25 网络机柜

在学校教学楼、宿舍楼等信息点比较集中、数量相对多的情况下，考虑将网络机柜安装在楼道的两侧，如图 3.5-26 所示，这样既可以减少水平布线的距离，也方便网络布线施工。

（3）建筑物楼道半嵌墙安装

在特殊情况下，需要将管理间机柜半嵌墙安装，机柜露在外的部分主要是便于设备的散热，这样的机柜需要单独设计、制作，如图 3.5-27 所示。

图 3.5-26 壁挂式明装机柜

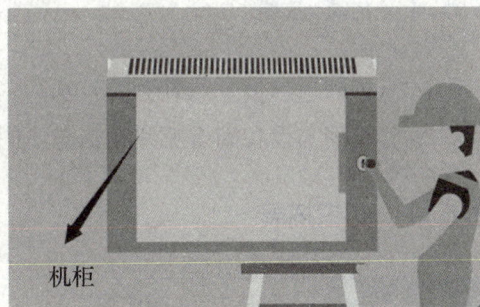

机柜

图 3.5-27 半嵌墙机柜

5. 技能点——网络交换机的安装

网络交换机，是一个扩大网络的器材，能为子网络中提供更多的连接端口，以便连接更多的计算机。

按照 OSI 的七层网络模型，交换机又可以分为第二层交换机、第三层交换机、第四层交换机等。基于 MAC 地址工作的第二层交换机最为普遍，用于网络接入层和汇聚层。

在综合布线系统中，二层交换机是设备间中的主要交换设备。

网络交换机的安装注意事项：

（1）请将交换机放置在远离潮湿的地方或远离热源。

（2）请确认交换机的正确接地。

（3）请用户在安装维护过程中佩戴防静电手腕，并确保防静电手腕与皮肤良好接触。

（4）请不要带电插拔交换机的接口模块及接口卡。

（5）请不要带电插拔电缆。

（6）请正确连接交换机的接口电缆，尤其不要将电话线（包括 ISDN 线路）连接到串口。

（7）注意激光使用安全。不要用眼睛直视激光器的光发射口或与其相连的光纤连接器。

（8）建议用户使用 UPS（不间断电源）。

6. 技能点——F 头制作方法

第一步：剥线。剥去同轴电缆外皮，留出约 10mm。将屏蔽层向后捋，并剪去铝箔层，剥去内绝缘层流出芯线。

第二步：安装盒固定 F 头。

第三步：固定 F 头卡环，用 F 头卡环把电缆卡牢。

3.5.4 问题思考

1. 管理间配线柜有几种安装方式？

2. 管理间与设备间有哪些相似与不同？

3.5.5 知识拓展

资源名称	325 大对数电缆的端接	光纤的熔接原理	光纤的熔接
资源类型	视频	视频	视频
资源二维码	3.5-3	3.5-4	3.5-5

任务 **3.6**
建筑群子系统及进线间子系统的施工技术

3.6.1　教学目标与思路

【教学载体】学院寝室楼布线施工。

【教学目标】

知识目标	能力目标	素养目标	思政要素
1. 熟悉建筑群及进线间子系统的功能； 2. 掌握建筑群的布线方法。	1. 能够根据工程情况，选择适用的建筑群布线方案； 2. 能够说明不同布线方案的优劣。	1. 具有良好倾听的能力，能有效地获得各种资讯； 2. 能正确表达自己思想，学会理解和分析问题。	1. 培养民族自豪感； 2. 树立以人为本，预防为主，安全第一的思想。

【学习任务】通过学习建筑群子系统及进线间子系统的施工，掌握具体的施工方法和施工技术。

【建议学时】2～4 学时

【思维导图】

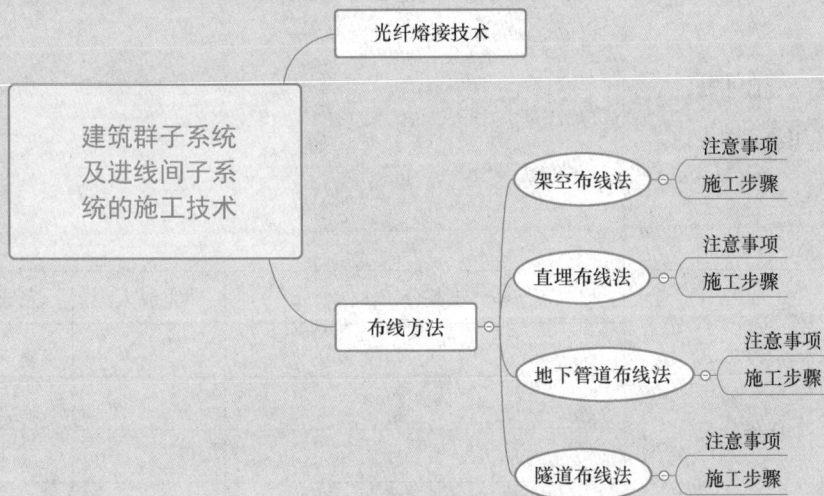

3.6.2　学生任务单

任务名称		建筑群子系统及进线间子系统的施工技术	
学生姓名		班级学号	
同组成员			
负责任务			
完成日期		完成效果（教师评价及签字）	

明确任务	任务目标	1. 掌握光纤熔接技术的要点。 2. 掌握建筑群子系统的布线方案。		
自学简述	课前预习 （学习内容、浏览资源、查阅资料）			
	拓展学习 （任务以外的学习内容）			
任务研究	完成步骤 （用流程图表达）			
	任务分工	任务分工	完成人	完成时间

本人任务	
角色扮演	
岗位职责	
提交成果	

任务实施	完成步骤	第 1 步		
		第 2 步		
		第 3 步		
		第 4 步		
		第 5 步		
	问题求助			
	难点解决			
	重点记录 （完成任务过程中，用到的基本知识、公式、规范、方法和工具等）			成果提交

学习反思	不足之处	
	待解问题	
	课后学习	

过程评价	自我评价 （5 分）	课前学习	时间观念	实施方法	知识技能	成果质量	分值
	小组评价 （5 分）	任务承担	时间观念	团队合作	知识技能	成果质量	分值

3.6.3 知识与技能

建筑群子系统也称为楼宇子系统，主要实现建筑物与建筑物之间的通信连接，建筑群子系统主要采用光缆作为信号传输介质，所以建筑群子系统的布线施工主要是指光缆的布线敷设技术。

敷设光缆需要特别谨慎，连接每条光缆时都要熔接。光纤不能拉得太紧，也不能形成直角。较长距离的光缆敷设时要选择合适的路径。

建筑群子系统的缆线布设方式通常使用架空布线法、直埋布线法、地下管道布线法和隧道布线法等。

进线间是建筑物外部通信和信息管线的入口部位，并可作为入口设施和建筑群配线设备的安装场地。进线间一般通过地埋管线进入建筑物内部，宜在土建阶段实施。进线间主要作为室外电、光缆引入楼内的成端与分支及光缆的盘长空间位置，如图 3.6-1 所示。

1. 技能点——光纤熔接技术

在建筑群子系统的光缆布线施工中，因为一盘光缆的长度是有限的（2km 左右），如果大于一盘光缆的长度，就需通过熔接技术延长线缆的长度。另外由于光纤很细，而光通信设备不能直接接入光纤必须要有特制，标准的接头才能接入，这就需要在光纤的最末端接一节带标准接头的光纤，这节光纤叫尾纤。光纤终端盒如图 3.6-2 所示。

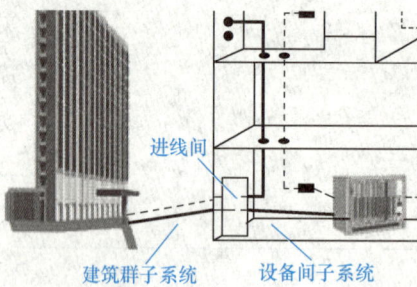

图 3.6-1 建筑群子系统、设备间子系统、进线间示意图

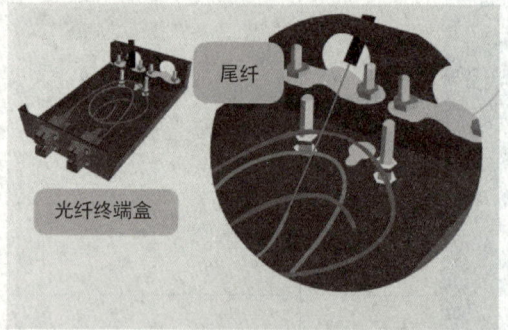

图 3.6-2 光纤终端盒

光纤熔接的步骤：

1）剥除光纤保护层；

2）包层表面的清洁；

3）套光纤热缩套管；

4）切割光纤；

5）光纤熔接。光纤熔接示意图如图 3.6-3 所示。

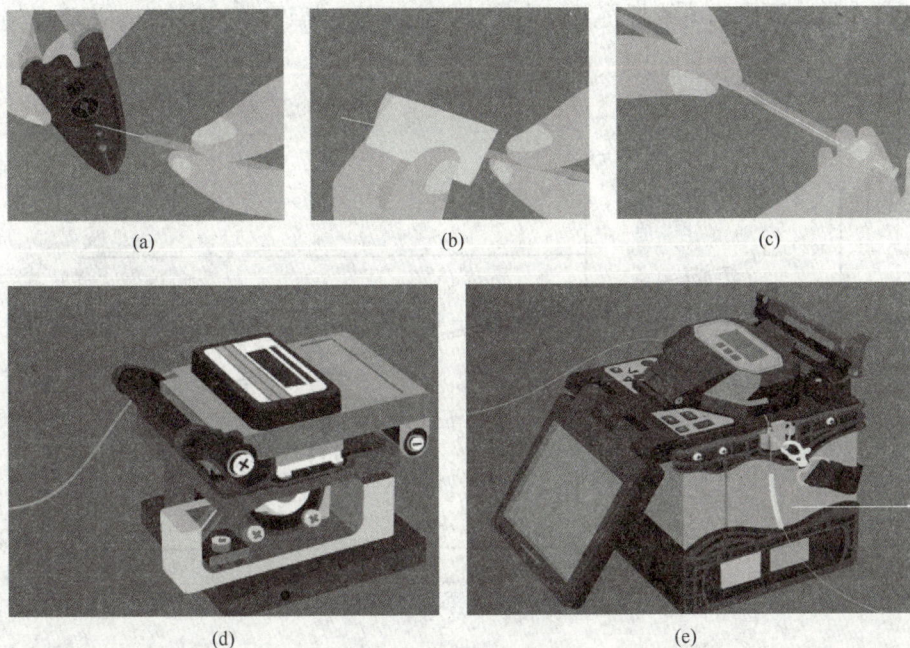

(a)　　　　　　　　　(b)　　　　　　　　　(c)

(d)　　　　　　　　　　　　　　(e)

图 3.6-3　光纤熔接示意图

2. 知识点——布线方法

建筑群子系统实现建筑物与建筑物之间的线缆敷设，由于线缆敷设距离较远，通常使用架空布线法、直埋布线法、地下管道布线法、隧道布线法等，如图 3.6-4 所示。

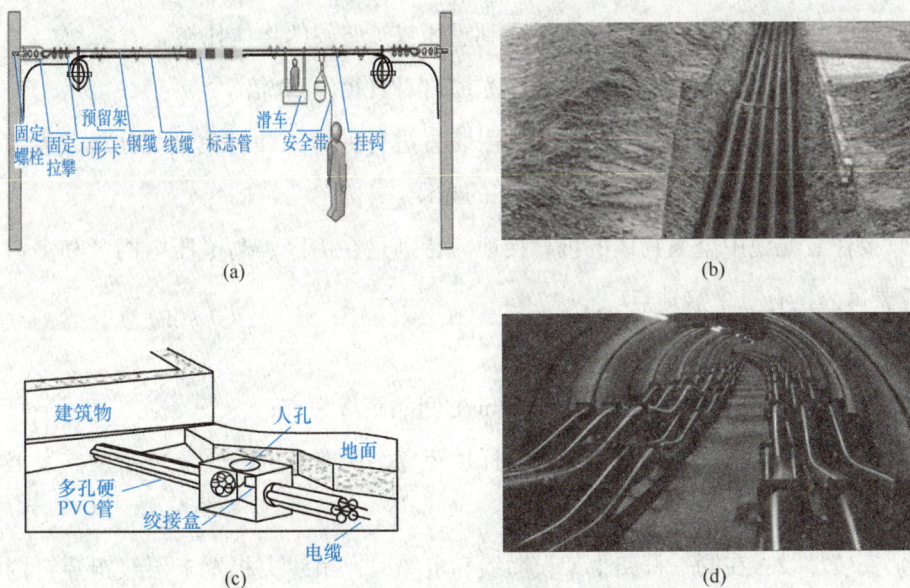

固定螺栓　固定拉攀　U 形卡　钢缆　线缆　标志管　滑车　安全带　挂钩　预留架

(a)　　　　　　　　　　　　　　(b)

建筑物　人孔　地面　多孔硬 PVC 管　绞接盒　电缆

(c)　　　　　　　　　　　　　　(d)

图 3.6-4　布线方法

（a）架空布线法；（b）直埋布线法；（c）地下管道布线法；（d）隧道布线法

3. 知识点——架空布线法

架空布线法要求用电线杆将线缆在建筑物之间悬空架设，一般是先架设钢丝绳，然后在钢丝绳上挂放线缆，如图 3.6-5 所示。

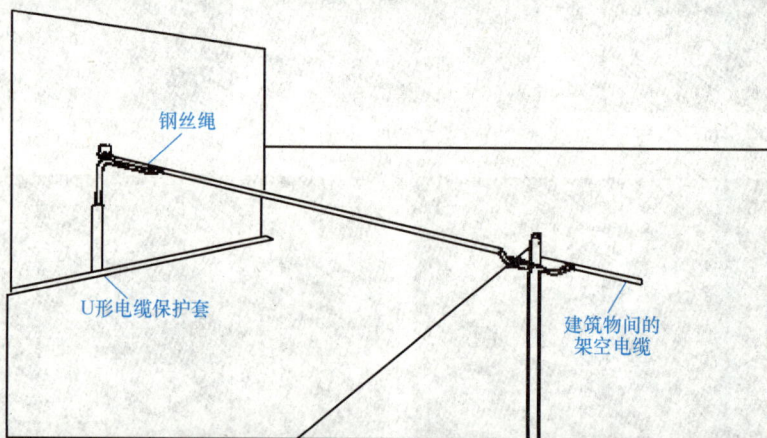

图 3.6-5　架空布线法

（1）架空布线法的施工注意事项：

1）安装光缆时需格外谨慎，链接每条光缆时都要熔接。

2）光纤不能拉得太紧，也不能形成直角，较长距离的光缆敷设最重要的是选择一条合适的路径。

3）必须要有很完备的设计和施工图纸，以便施工和今后检查方便可靠。

4）施工中要时刻注意不要使光缆受到重压或被坚硬的物体扎伤。

5）光缆转弯时，其转弯半径要大于光缆自身直径的 20 倍。

6）架空时，光缆引入线缆处需加导引装置进行保护，并避免光缆拖地，光缆牵引时注意减小摩擦力，每个杆上要预留伸缩的光缆。

7）要注意光缆中金属物体的可靠接地。特别是在山区、高电压电网区和多雷电地区一般要每公里有三个接地点。

（2）架空布线法施工步骤：

1）设电线杆：电线杆以距离 30～50m 的间隔距离为宜；

2）选择吊线：根据所挂缆线质量、杆挡距离、所在地区的气象负荷及其发展情况等因素选择吊线；

3）安装吊线：在同一杆路上架设明线和电缆时，吊线夹板至末层线担穿钉的距离不得小于 45cm，并不得在线担中间穿插。在同一电杆上装设两层吊线时，两吊线间距离为 40cm；

4）吊线终结：吊线沿架空电缆的路由布放，要形成始端、终端、交叉和分歧；

5）收紧吊线：收紧吊线的方法根据吊线张力、工作地点和工具配备等情况而定；

6）安装线缆：挂电缆挂钩时，要求距离均匀整齐，挂钩的间隔距离为 50cm，电杆两旁的挂钩应距吊线夹板中心各 25cm，挂钩必须卡紧在吊线上，托板不得脱落，如图 3.6-6 所示。

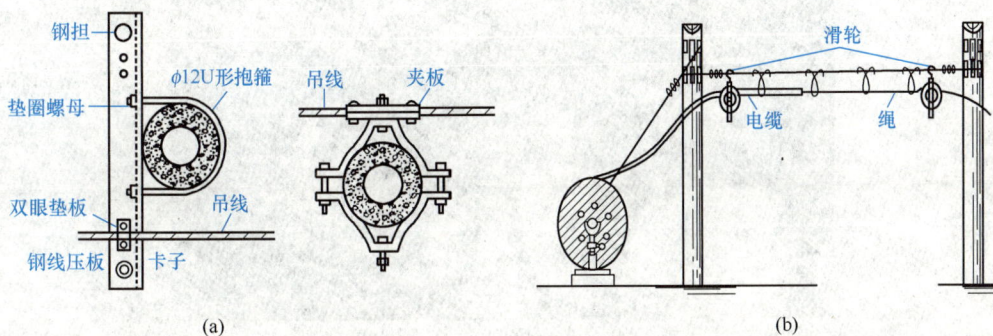

图 3.6-6　安装吊线和线缆

（a）安装吊线；（b）安装线缆

4. 知识点——直埋布线法

直埋布线法就是在地面挖沟，然后将缆线直接埋在沟内，通常应埋在距地面 0.6m 以下的地方，如图 3.6-7 所示。

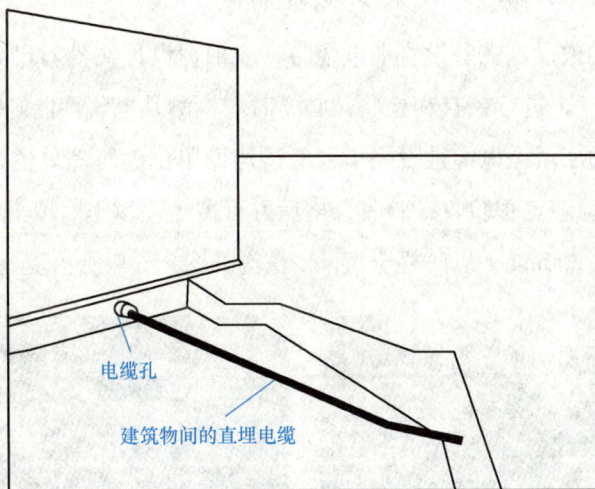

图 3.6-7　直埋布线法

（1）直埋布线法的施工注意事项

1）直埋光缆沟深度要按照标准进行挖掘。

2）不能挖沟的地方可以架空或钻孔预埋管道敷设。

3）沟底应保证平缓坚固，需要时可预填一部分沙子、水泥或支撑物。

4）敷设时可用人工或机械牵引，但要注意导向和润滑。

5）敷设完成后，应尽快回土覆盖并夯实，直埋布线施工现场如图3.6-8所示。

图3.6-8　直埋布线施工现场

（2）直埋布线法施工步骤

1）准备工作：对用于施工项目的线缆进行详细检查，其型号、电压、规格等应与施工图设计相符；线缆外观应无扭曲、损坏及漏油、渗油现象。

2）挖掘线缆沟槽：在挖掘沟槽和接头坑位时，线缆沟槽的中心线应与设计路由的中心线一致，允许有左右偏差，但不得大于10cm。

3）直埋电缆的敷设：在敷设直埋电缆时，应根据设计文件对已到工地的直埋线缆的型号、规格和长度，进行核查和检验，必要时应检测其电气性能等技术指标。

4）电缆沟槽的回填：电缆敷设完毕，应请建设单位、监理单位及施工单位的质量检查部门共同进行隐蔽工程验收，验收合格后方可覆盖、填土。填土时应分层夯实，覆土要高出地面150~200mm，以防松土沉陷。挖沟如图3.6-9所示。

(a)　　　　　　　　　　　　　　　　　(b)

图3.6-9　挖沟

（a）机械挖沟；（b）人工挖沟

5. 知识点——地下管道布线法

地下管道布线法是指由管道组成的地下系统，一根或多根管道通过基础墙进入建筑物内部，把建筑群的各个建筑物连接在一起。管道一般为 0.8 ~ 1.2m，或符合当地规定的深度，如图 3.6-10 所示。

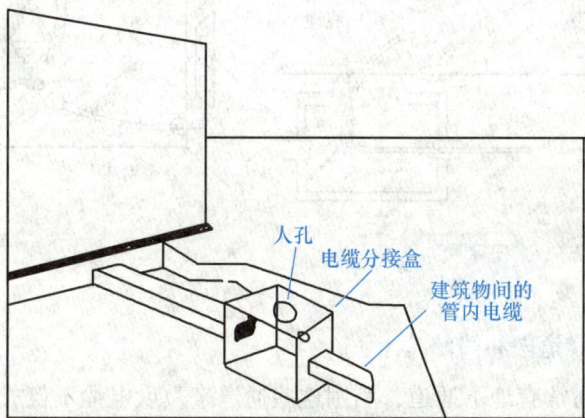

图 3.6-10　地下管道布线法

（1）地下管道布线法的施工注意事项

1）施工前应核对管道占用情况，清洗、安放塑料子管，同时放入牵引线。

2）计算好布放长度，一定要有足够的预留长度。

3）一次布放长度不要太长（一般 2km），布线时应从中间开始向两边牵引。

4）布缆牵引力一般不大于 120kg，而且应牵引光缆的加强芯部分，并做好光缆头部的防水加强处理。

5）光缆引入和引出处需加顺引装置，不可直接拖地。

6）管道光缆也要注意可靠接地。地下管道布线法现场施工如图 3.6-11 所示。

图 3.6-11　地下管道布线法现场施工

（2）地下管道布线法施工步骤

1）准备工作：施工前对运到工地和电缆进行核实，核实的主要内容是电缆型号、规格、每盘电缆的长度等。

2）清刷试通选用的管孔：在敷设管道电缆前，必须根据设计规定选用管孔，进行清刷和试通。

3）缆线敷设：在管道中敷设线缆时，最重要的是选好牵引方式，根据管道和缆线情况可选择用人或机器来牵引敷设线缆。

　　4）管道封堵：线缆在管道中敷设完毕后，要对穿线管道进行封堵。

　　缆线敷设人工、绞车牵引如图 3.6-12、图 3.6-13 所示。

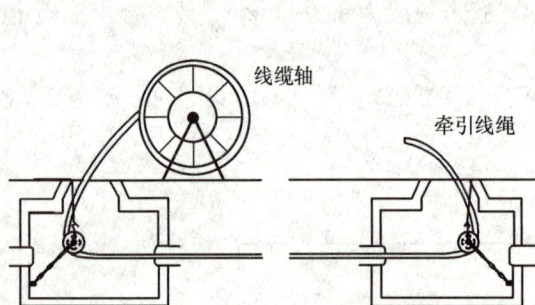

图 3.6-12　人工牵引

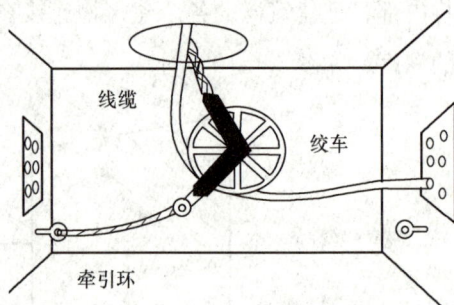

图 3.6-13　绞车牵引

6. 知识点——隧道内布线法

　　在建筑物之间通常有地下通道，利用这些通道来敷设电缆不仅成本低，而且还可以利用原有的安全设施。如果建筑结构较好，且内部安装的其他管线不会对通信系统线路产生危害，则可以考虑对该设施进行布线，如图 3.6-14 所示。

　　（1）隧道内布法的施工注意事项

　　1）电缆隧道的净高不应低于 1.90m，有困难时局部地段可适当降低。

　　2）电缆隧道内应有照明，其电压不应超过 36V，否则应采取安全措施。

　　3）隧道内应采取通风措施，一般为自然通风。

　　4）缆沟在进入建筑物处应设防火墙。电缆隧道进入建筑物处，以及在变电所围墙处，应设带门的防火墙。此门应采用非燃烧材料或难燃烧材料制作，并应装锁。

　　5）其他管线不得横穿电缆隧道。电缆隧道和其他地下管线交叉时，应尽可能避免隧道局部下降，隧道内布线施工现场如图 3.6-15 所示。

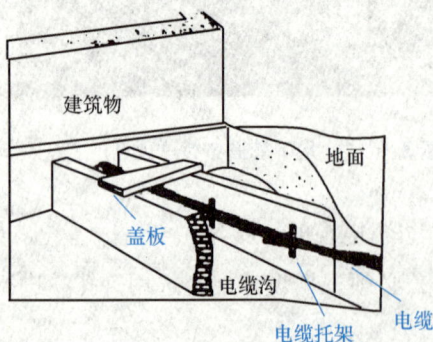

图 3.6-14　隧道内布线法

图 3.6-15　隧道内布线施工现场

（2）隧道内布法施工步骤

1）施工准备：施工前对电缆进行详细检查；规格、型号、截面、电压等级均要符合设计要求。

2）电缆展放：质检人员会同驻地监理工程师检查隐蔽工程金属制电缆支架防腐处理及安装质量。电缆采用汽车拖动放线架敷设，敷设速度控制在 15m/min。

3）电缆接续：电缆接续工作人员采取培训、考核，合格者上岗作业，并严格按照制作工艺规程进行施工。

4）挂标志牌：沿支架、穿管敷设的电缆在其两端、保护管的进出端挂标志牌，没有封闭在电缆保护管内的多路电缆，每隔 25m 提供一个标志牌。隧道内电缆牵引示意图如图 3.6-16 所示。

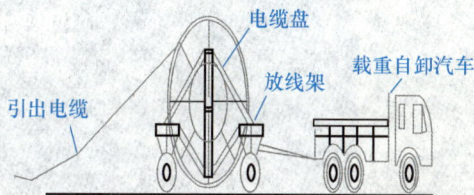

图 3.6-16　隧道内电缆牵引示意图

3.6.4　问题思考

1. 建筑群子系统的布线施工有几种方案？

2. 建筑群主干线缆的选型需要哪些依据？

CHAPTER 4

项目4

综合布线系统工程
测试预验收

任务 4.1
铜缆链路测试与故障排除

4.1.1　教学目标与思路

4.1-1
办公楼电缆链路
测试项目引入
扫码查看工程概况

【教学载体】铜缆链路、网络跳线。

【教学目标】

知识目标	能力目标	素养目标	思政要素
1. 掌握铜缆链路测试的准备工作； 2. 掌握铜缆链路测试的注意事项； 3. 了解综合布线系统工程测试的基础知识； 4. 熟悉电缆认证测试模型； 5. 能识别并熟悉永久链路及信道的各测试参数，判断双绞线测试中的常见问题原因并找到解决方法。	1. 能够理解铜缆链路的测试标准及指标； 2. 能够分析铜缆链路测试结果及故障分析。	1. 具有良好的阅读能力、自主学习能力； 2. 具有良好倾听的能力，能有效地获得各种资讯； 3. 能正确表达自己思想，学会理解和分析问题。	1. 培养工匠精神、实事求是精神； 2. 培养民族自豪感； 3. 树立以人为本，预防为主，安全第一的思想。

【学习任务】通过学习铜缆链路测试与故障排除过程，掌握综合布线系统工程的测试技术，关键是掌握综合布线系统工程测试标准及测试内容、测试仪器的认知与使用方法、电缆测试的步骤以及测试报告的生成与分析，熟悉双绞线测试中常见问题及其解决方法。

【建议学时】2~4学时

【思维导图】

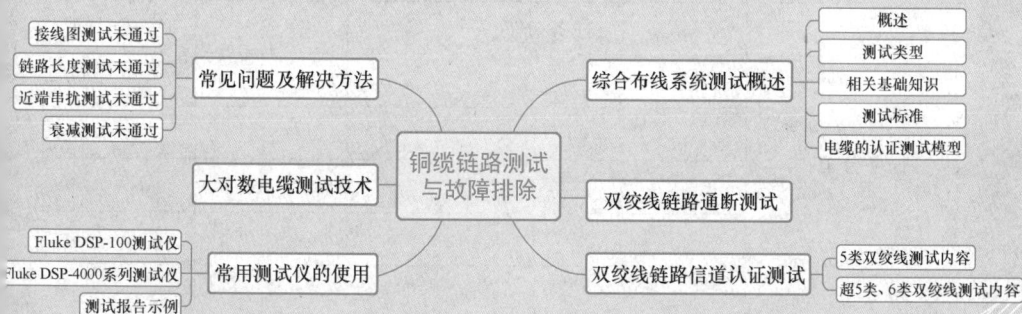

4.1.2 学生任务单

任务名称	铜缆链路测试与故障排除	
学生姓名	班级学号	
同组成员		
负责任务		
完成日期	完成效果（教师评价及签字）	

明确任务	任务目标	1. 调研各类传输介质的结构、传输距离及分类； 2. 调研连接器件、配线设备的种类； 3. 调研各类不同型号产品的价格； 4. 到市场上调查目前常用的五个品牌的 4 对 5e 类和 6 类非屏蔽双绞线电缆，观察双绞线的结构和标记，对比两种双绞线电缆的价格和性能指标； 5. 到市场上或互联网上调查目前常用的五个品牌的综合布线系统产品，并列出其生产的电缆产品系列； 6. 了解目前我国市场常用的综合布线系统产品的厂家都有哪些？		
自学简述	课前预习 （学习内容、浏览资源、查阅资料）			
	拓展学习 （任务以外的学习内容）			
任务研究	完成步骤 （用流程图表达）			
	任务分工	任务分工	完成人	完成时间

	本人任务	
	角色扮演	
	岗位职责	
	提交成果	

		第 1 步		
		第 2 步		
	完成步骤	第 3 步		
		第 4 步		
		第 5 步		
任务实施	问题求助			
	难点解决			
	重点记录（完成任务过程中，用到的基本知识、公式、规范、方法和工具等）			成果提交
学习反思	不足之处			
	待解问题			
	课后学习			

过程评价	自我评价（5 分）	课前学习	时间观念	实施方法	知识技能	成果质量	分值
	小组评价（5 分）	任务承担	时间观念	团队合作	知识技能	成果质量	分值

4.1.3　知识与技能

1. 知识点——综合布线系统测试概述

（1）概述

一个优质的综合布线系统工程，不仅要设计合理，选择好的布线器材，还要有一支经过专门培训的、高素质的施工队伍，且在工程进行过程中和施工结束时要及时进行测试。目前，在实际网络工程施工中，人们往往对设计指标、设计方案比较关心，对施工质量却不太关心，忽略测试等环节。等到开通业务时，发现了问题，方才认识到测试的重要性。

实践证明，计算机网络故障70%是由综合布线系统质量引起的。要保证综合布线系统工程的质量，必须在整个施工过程中进行严格的测试。对于综合布线系统的施工方来说，测试主要有两个目的：一是提高施工的质量和速度；二是向建设方证明其所做的投资得到了应有的质量保证。

综合布线工程实施完成后，需要对布线工程进行全面的测试工作，以确保系统的施工质量达到工程设计方案的要求，测试工作是工程竣工验收的主要环节，要掌握综合布线工程测试技术，关键是掌握综合布线工程测试标准及测试内容、测试仪器的使用方法、电缆和光缆的测试方法。

当综合布线系统工程的布线项目完成后，就进入了布线的测试和验收工作阶段，即依照相关的现场电缆/光缆的认证测试标准，采用经过计量年检的测试仪器对已布施的电缆和光缆按其设计所选用的规格、标准进行验证测试和认证测试。也就是说，必须在综合布线系统工程验收和网络运行调试之前进行电缆和光缆的性能测试。

测试主要有两个目的：一是提高施工的质量和速度；二是向用户证明他们的投资得到了应有的质量保证。对于采用了5类电缆及相关连接硬件的综合布线来说，如果不用高精度的仪器进行系统测试，很可能会在传输高速信息时出现问题。光纤的种类很多，对于应用光纤的综合布线系统的测试也有许多需要注意的问题。

测试仪器对维护人员是非常有帮助的工具，对综合布线的施工人员来说也是必不可少的。测试仪器的功能具有选择性，根据测试的对象不同，测试仪器的功能也不同。例如，在现场安装的综合布线人员希望使用的是操作简单、能快速测试与定位连接故障的测试仪器，而施工监理或工程测试人员则需要使用具有权威性的高精度的综合布线认证工具。有些测试需要将测试结果存入计算机，在必要时可绘出链路特性的分析图，而有些则只要求存入测试仪器的存储单元中。

从工程的角度，可将综合布线工程的测试分为两类：验证测试和认证测试。

1) 验证测试：一般是在施工的过程中由施工人员边施工边测试，以保证所完成的每个连接的正确性。

2) 认证测试：是指对布线系统依照标准进行逐项检测，以确定布线达到设计要求，包括连接性能测试和电气性能测试。

（2）综合布线系统测试类型

1) 验证测试

验证测试又称随工测试，是边施工边测试，主要检测线缆的质量和安装工艺，及时发现并纠正问题，避免返工。

验证测试不需要使用复杂的测试仪，只需要使用能测试接线通断和线缆长度的测试仪（验证测试并不测试电缆的电气指标）。

在工程竣工检查中，发现信息链路不通、短路、反接、线对交叉、链路超长等问题占整个工程质量问题的80%，这些问题应在施工初期通过重新端接、调换线缆、修正布线路由等措施来解决。

2) 鉴定测试

鉴定测试是在验证测试的基础上，增加了故障诊断测试和多种类别的电缆测试。测试通断、线序属于验证测试，而测试链路是否支持某些应用或者达到多大的带宽需要，则属于鉴定测试。如链路是否支持10Mbps/100Mbps/1000Mbps，其为鉴定测试。鉴定测试，在施工过程中使用，可减少大量的返工成本，保障施工过程质量。

3) 认证测试

认证测试又称为竣工测试、验收测试，是所有测试工作中最重要的环节，是在工程验收时对综合布线系统的安装、电气特性、传输性能、设计、选材和施工质量的全面检验。综合布线系统的性能不仅取决于综合布线系统方案设计、施工工艺，同时取决于在工程中所选的器材的质量。认证测试是检验工程设计水平和工程质量的总体水平，所以对于综合布线系统必须要求进行认证测试。

进行认证测试时，测试仪器常根据测试标准的极限值对被测对象判断出"通过/失败"或"合格/不合格"的测试结果。

① 自我认证测试

自我认证测试由施工方自己组织进行，按照设计施工方案对工程每一条链路进行测试，确保每一条链路都符合标准要求。如果发现未达标链路，应进行修改，直至复测合格；同时需要编制确切的测试技术档案，写出测试报告，交建设方存档。测试记录应准确、完整、规范，方便查阅。

认证测试作为总结性的质量测试检验，现在常采用具备测试认证资格的测试人员，使用 Fluke（福禄克）公司的 DSP 和 DTX 系列测试仪进行认证测试。

② 第三方认证测试

第三方认证测试目前主要采用两种做法：

全检：对工程要求高，使用器材类别高，投资较大的工程，建设方除要求施工方要做自我认证测试外，还邀请第三方对工程做全面验收测试。

抽检：建设方在施工方做自我认证测试的同时，请第三方对综合布线系统链路做抽样测试。按工程规模确定抽样样本数量，一般 1000 个信息点以上的工程抽样 30%，1000 个信息点以下的工程抽样 50%。

（3）测试的相关基础知识

综合布线工程测试内容主要包括三个方面：工作区到设备间的连通状况测试、主干线连通状况测试、跳线测试。每项测试内容主要测试以下参数：信息传输速度、衰减、距离、接线图、近端串扰等。下面具体介绍各测试参数的内容。

1）接线图

接线图是用来检验每根电缆末端的八条芯线与接线端子实际连接是否正确，并对安装连通性进行检查。测试仪能显示出电缆端接的线序是否正确。

实际工程中接线图错误类型有以下几种：

① 开路：开路即是双绞线铜芯断开，未接通。

② 短路：即某 2 芯短接了，构成短路。

③ 反接/交叉：线对在两端针位相反连接了。

④ 跨接或错对：如网线跳线中 1 端采用 T568A 标准压制水晶头，另 1 端采用 T568B 标准压制水晶头，则此种情况，称为跨接/错对。

⑤ 串绕线对：串绕线对是不同的线序发生了错误绕组，该情况对端对端的铜芯的连通性不产生影响，其铜芯导通及线序可以通过普通的网线测试仪检测，但是已经形成不同的绕组，这种情况会产生非常大的串扰影响，仅用网络测试仪检测是可以显示正常导通及线序正确，这种错误，需要电缆认证测试仪才能检测出来。在网络通信时，会造成网络数据通信错误。

接线错误类型如图 4.1-1 所示。

2）长度

基本链路的最大物理长度是 94m，通道的最大长度是 100m。基本链路和通道的长度可通过测量电缆的长度确定，也可从每对芯线的电缆长度测量中导出。

测量电器长度是基于信号传输延迟和电缆的额定传播速度（NAP）值来实现的。所谓额定传播速度是指电信号在该电缆中传输速度与真空中光的传输速度比值的百分

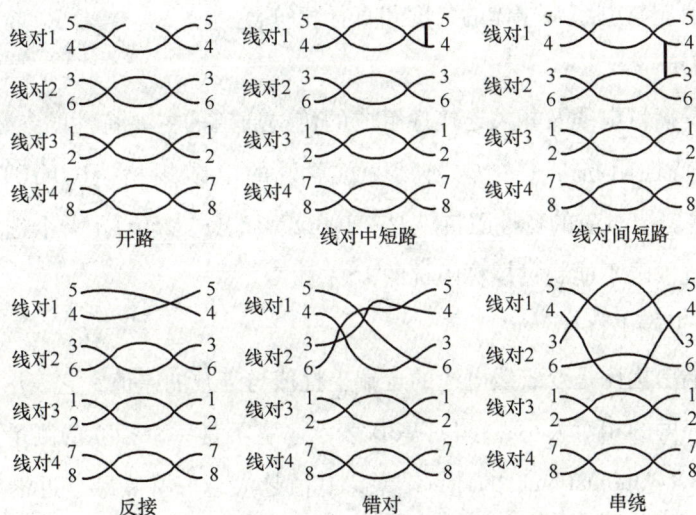

图 4.1-1 接线错误类型

数。测量额定传播速度方法有：时域反射法（TDR）和电容法。采用时域反射法测量链路长度是最常用的方法，它通过测量测试信号在链路上的往返延迟时间，然后与该电缆的额定传播速度值进行计算就可得出链路的电器长度。

3）衰减

在《商用建筑通用布线标准》TIA/TIA 658B 中衰减也被定义为插入损耗（Insertion Lose，IL）。衰减是信号能量沿基本链路或通道传输损耗的量度，它取决于双绞线电阻、分布电容、分布电感的参数和信号频率。衰减量会随频率和线缆长度的增加而增大，单位用 dB 表示。信号衰减增大到一定程度，将会引起链路传输的信息不可靠。引起衰减的原因还有集肤效应、阻抗不匹配、连接点接触电阻以及温度等因素。

4）近端串扰损耗

串扰是高速信号在双绞线上传输时，由于分布电感和电容的存在，在邻近传输线中感应的信号。近端串扰是指在一条双绞电缆链路中，发送线对对同一侧其他线对的电磁干扰信号。NEXT 值是对这种耦合程度的度量，它对信号的接收产生不良的影响。NEXT 值的单位是 dB，定义为导致串扰的发送信号功率与串扰之比。NEXT 越大，串扰越低，链路性能越好。

5）直流环路电阻

任何导线都存在电阻，直流环路电阻是指一对双绞线电阻之和。当信号在双绞线中传输时，在导体中会消耗一部分能量且转变为热量，100Ω 屏蔽双绞电缆直流环路电阻不大于 19.2Ω/100m，150Ω 屏蔽双绞电缆直流环路电阻不大于 12Ω/100m。常温环境下的最大值不超过 30Ω。直流环路电阻的测量应在每对双绞线远端短路，在近端测量直流环路电阻，其值应与电缆中导体的长度和直径相符合。

6）特性阻抗

特性阻抗是衡量电缆及相关连接件组成的传输通道的主要特性的参数。一般来说，双绞线电缆的特性阻抗是一个常数。我们常说的电缆规格：100ΩUTP、120ΩFTP、150ΩSTP，这些电缆对应的特性阻抗就是：100Ω、120Ω、150Ω。一个选定的平衡电缆通道的特性阻抗极限不能超过标称阻抗的 15%。

7）衰减与近端串扰比

衰减与近端串扰比是双绞线电缆的近端串扰值与衰减的差值，它表示信号强度与串扰产生的噪声强度的相对大小，单位以 dB 表示。它不是一个独立的测量值而是衰减与近端串扰（NXET-Attenuation）的计算结果，其值越大越好。衰减、近端串扰和衰减与近端串扰比都是频率的函数，应在同一频率下进行运算。

8）综合近端串扰

在一根电缆中使用多对双绞线进行传送和接收信息会增加这根电缆中某对线的串扰。综合近端串扰就是双绞线电缆中所有线对对被测线对产生的近端串扰之和。例如，4 对双绞电缆中 3 对双绞线同时发送信号，而在另 1 对线测量其串扰值，测量得到串扰值就是该线对的综合近端串扰。

9）等效远端串扰

一个线对从近端发送信号，其他线对接收串扰信号，在链路远端测量得到经线路衰减了的串扰值，称为远端串扰（FEXT）。但是，由于线路的衰减，会使远端点接收的串扰信号过小，以致所测量的远端串扰不是在远端的真实串扰值。因此，测量得到的远端串扰值在减去线路的衰减值后，得到的就是所谓的等效远端串扰。

10）传输延迟

这一参数代表了信号从链路的起点到终点的延迟时间。由于电子信号在双绞电缆并行传输的速度差异过大会影响信号的完整性而产生误码。因此，要以传输时间最长的一对为准，计算其他线对与该线对的时间差异。所以传输延迟的表示会比电子长度测量精确得多。两个线对间的传输延迟的偏差对于某些高速局域网来说是十分重要的参数。常用的双绞线、同轴电线，它们所用的介质材料决定了相应的传输延迟。双绞线传输延迟为 56ns/m，同轴电线传输延迟为 45ns/m。

11）回波损耗

该参数是衡量通道特性阻抗一致性的。通道的特性阻抗随着信号频率的变化而变化。如果通道所用的线缆和相关连接件阻抗不匹配而引起阻抗变化，造成终端传输信号量被反射回去，被反射到发送端的一部分能量会形成噪声，导致信号失真，影响综合布线系统的传输性能。反射的能量越小，意味着通道采用的电缆和相关连接件阻抗一致性越好，传输信号越完整，在通道上的噪声越小。双绞线的特性阻抗、传输速度和长度，各段双绞线的接续方式和均匀性都直接影响到结构回波损耗。

（4）测试标准

关于综合布线工程的测试，可按照国内外现行的一些标准及规范进行。目前常用的测试标准为美国国家标准协会 EIA/TIA 制定的《双屏蔽双绞电缆布线系统传输性能现场测试规范》TSB-67、《商用建筑通用布线标准》EIA/TIA 568A 等。TSB-67 包含了验证 EIA/TIA-568 标准定义的 UTP 布线中的电缆与连接硬件的规范。

由于所有的高速网络都定义了支持 5 类双绞线，所以用户要找一个方法来确定他们的电缆系统是否满足 5 类双绞线规范。

为了满足用户的需要，EIA（美国的电子工业协会）制定了 EIA586 和 TSB-67 标准，它适用于已安装好的双绞线连接网络，并提供一个用于认证双绞线电缆是否达到 5 类线所要求的标准。由于确定了电缆布线满足新的标准，用户就可以确信他们现在的布线系统能否支持未来的高速网络（100Mbps）。

随着超 5 类、6 类系统标准制定和推广，目前 EIA568 和 TSB-67 标准已提供了超 5 类、6 类系统的测试标准。

（5）电缆的认证测试模型

1）基本链路模型

基本链路包括三部分：最长为 90m 的在建筑物中固定的水平布线电缆、水平电缆两端的接插件（一端为工作区信息插座，另一端为楼层配线架）和两条与现场测试仪相连的 2m 测试设备跳线。

基本链路模型如图 4.1-2 所示，图中 F 是信息插座至配线架之间的电缆，G、E 是

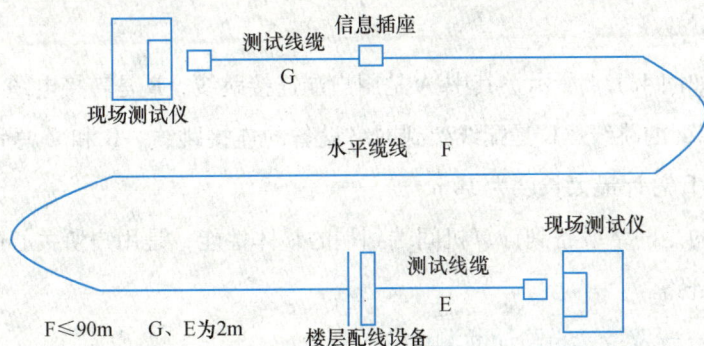

图 4.1-2　基本链路模型

测试设备跳线。F 是综合布线系统施工承包商负责安装的，链路质量由其负责，所以基本链路又称为承包商链路。

2）永久链路模型

永久链路又称固定链路，在国际标准化组织 ISO/IEC 所制定的 5e 类、6 类标准草案及《商用建筑通用布线标准》TIA/EIA568B 新的测试定义中，定义了永久链路模型，它将代替基本链路模型。永久链路方式供工程安装人员和用户用以测量安装的固定链路性能。

永久链路由最长为 90m 的水平电缆、水平电缆两端的接插件（一端为工作区信息插座，另一端为楼层配线架）和链路可选的转接连接器组成，与基本链路不同的是，永久链路不包括两端 2m 测试电缆，电缆总长度为 90m；而基本链路包括两端的 2m 测试电缆，电缆总计长度为 94m。永久链路模型如图 4.1-3 所示。H 是从信息插座至楼层配线设备（包括集合点）的水平电缆，H 的最大长度为 90m。

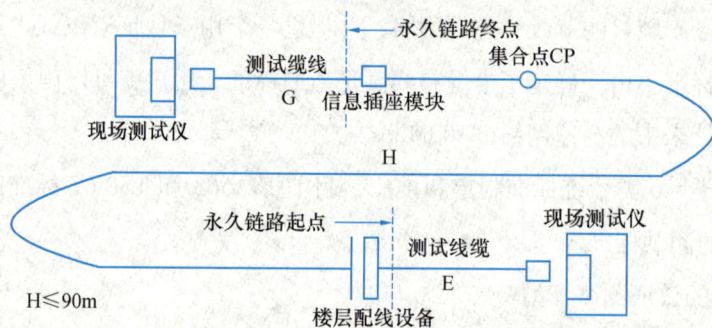

图 4.1-3　永久链路模型

3）信道模型

信道是指从网络设备跳线到工作区跳线的端到端的连接，包括最长 90m 的水平线缆、水平电缆两端的接插件（一端为工作区信息插座，另一端为配线架）、一个靠近工作区的可选的附属转接连接器，最长 10m 的在楼层配线架和用户终端的连接跳线，信道最长为 100m。

信道模型如图 4.1-4 所示。其中 A 是用户端连接跳线，B 是转接电缆，C 是水平电缆，D 是最大 2m 的跳线，E 是配线架到网络设备的连接跳线，B 和 C 总计最大长度为 90m，A、D 和 E 总计最大长度为 10m。

信道测试的是网络设备到计算机间端到端的整体性能，是用户所关心的，所以信道也被称为用户链路。

2. 知识点——双绞线链路通断测试

双绞线链路通断测试是双绞线链路最基础的测试内容。常见的测试方法：采用网线

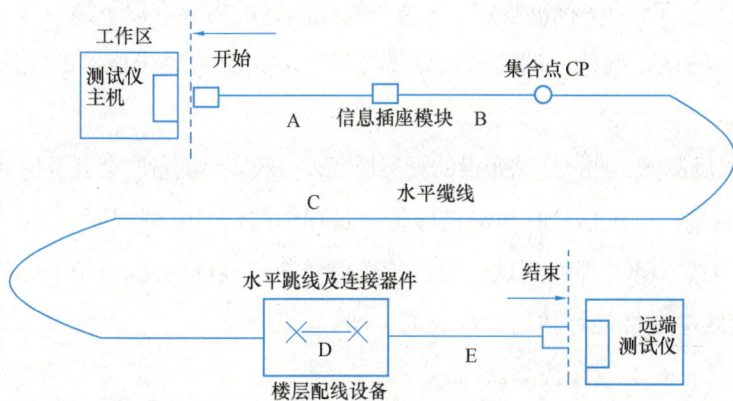

图 4.1-4　信道模型

测试仪进行通断线序排序测试，网线测试仪如图 4.1-5 所示。

对于综合布线系统，如对网线进行测试前，需准确找到线缆两端。因此，常用寻线仪器进行线缆寻线及标记。现市面上，双绞线寻线仪常将寻线与线序测试的功能合为一体，如图 4.1-6 所示。

图 4.1-5　网线测试仪（仅具备线序检测功能）

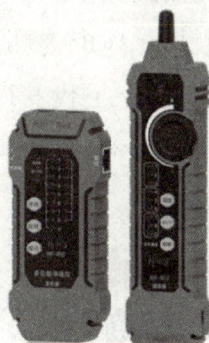

图 4.1-6　网线寻线及测试仪（具备寻线及对线功能）

3. 知识点——双绞线链路信道认证测试

随着网络应用不断扩大，对网络传输性能要求也越来越高。在局域网中最常使用的双绞线电缆传输性能不断提高，目前超 5 类、6 类、超 6 类电缆已经成为主流产品，这就对双绞线测试技术提出越来越高的要求。

对于 5 类双绞线电缆，使用 Fluke DSP-100 测试仪就可以满足测试要求；对于超 5 类、6 类双绞线电缆，必须使用 Fluke DSP-4000 系列的测试仪才能满足测试要求。

（1）5 类双绞线测试内容

根据《商用建筑通用布线标准》EIA/TIA 568B、《双屏蔽双绞电缆布线系统传输性能现场测试规范》TSB-67 标准规定，5 类双绞线测试的内容有以下项目：

1）接线图测试，确认一端的每根导线与另一端相应的导线连接的线序，以判断是否正确地绞接。

2）链路长度测试，测试链路布设的真实长度，一般实际测量时会有至少 10% 的误差。

3）衰减测试，测试信号在被测链路传输过程中的信号衰减程度，单位为"dB"。

4）近端串扰 NEXT 损耗测试，测试传送信号与接收同时进行的时候产生干扰的信号，是对双绞线电缆性能评估的最主要的标准。

（2）超 5 类、6 类双绞线测试内容

超 5 类、6 类双绞线测试在 5 类双绞线测试的基础上，增加了 7 项测试项目，具体如下：

1）特性阻抗测试：它是衡量由电缆及相关连接硬件组成的传输通道的主要特性之一；

2）结构回波损耗（SRL）测试：用于衡量通道所用电缆和相关连接硬件阻抗是否匹配；

3）等效式远端串扰测试：用于衡量两个以上信号朝一个方向传输时的相互干扰情况；

4）综合远端串扰（Power Sun ELFEXT）测试：用于衡量发送和接收信号时对某根电缆所产生的干扰信号；

5）回波损耗测试：用于确定某一频率范围内反射信号的功率，与特性阻抗有关；

6）衰减串扰比（ACR）测试：它是同一频率下近端串扰 NEXT 和衰减的差值；

7）传输延迟测试：它代表了信号从链路的起点到终点的延迟时间，两个线对间的传输延迟上的差异对于某些高速局域网来说是十分重要的参数。

4. 知识点——常用测试仪的使用

在综合布线工程测试中，经常使用的测试仪器有 Fluke DSP-100 测试仪、Fluke DSP-4000 系列测试仪。Fluke DSP-100 测试仪可以满足 5 类线缆系统的测试的要求。Fluke DSP-4000 系列测试仪功能强大，可以满足 5 类、超 5 类、6 类线缆系统的测试，配置相应的适配器还可用于光纤系统的性能测试。

（1）Fluke DSP-100 测试仪

1）Fluke DSP-100 功能及特点

Fluke DSP-100 线缆测试仪是美国 Fluke 公司生产的数字式 5 类线缆测试仪，它具有精度高、故障定位准确等特点，可以满足 5 类电缆和光缆的测试要求，如图 4.1-7 所示。Fluke DSP-100 线缆测试仪采用了专门的数字技术测试线缆，不仅完全满足《双屏蔽双绞电缆布线系统传输性能

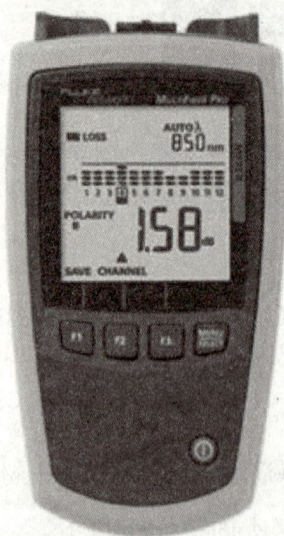

图 4.1-7　Fluke DSP-100
线缆测试仪

现场测试规范》TSB-67 所要求的二级精度标准（已经过 UL 独立验证），而且还具有强大的测试和诊断功能。它运用其专利的"时域串扰分析"功能可以快速指出不良的连接、劣质的安装工艺和不正确的电缆类型等缺陷的位置。测试线缆时，Fluke DSP-100 线缆测试仪发送一个和网络实际传输的信号一致的脉冲信号，然后 Fluke DSP-100 线缆测试仪再对所采集的时域响（相）应信号进行数字信号处理（DSP），从而得到频域响应。这样，一次测试就可替代上千次的模拟信号。

Fluke DSP-100 线缆测试仪具有以下特点：

① 测量速度快。17s 内即可完成一条电缆的测试，包括双向的 NEXT 测试（采用智能远端串元）。

② 测量精度高。数字信号的一致性、可重复性、抗干扰性都优于模拟信号。Fluke DSP-100 是第一个达到二级精度的线缆测试仪。

③ 故障定位准确。由于 Fluke DSP-100 线缆测试仪可以获得时域和频域两个测试结果，从而能对故障进行准确定位。如一段 UTP 5 类线连接中误用了 3 类插头和连线，插头接触不良和通信电缆特性异常等问题都可以准确地判断出来。

④ 方便的存储和数据下载功能。Fluke DSP-100 线缆测试仪可存储 1000 多个 TIA TSB-67 的测试结果或 600 个 ISO 的测试结果，而且能够在 2min 之内下载到 PC 机中。

⑤ 完善的供电系统。测试仪的电池供电时间为 12h（或 1800 次自动测试），可以保证您一整天的工作任务。

⑥ 具有光纤测试能力。配置光缆测试选件 FTK 后，可以完成 850nm/1300nm 多模光纤的光功率损耗的测试，并可根据通用的光缆测量标准给出通过和不通过的测试结果。还可以使用另外的 1310nm 和 1550nm 激光光源来测量单模光缆的光功率损耗。

2）Fluke DSP-100 线缆测试仪的组件

Fluke DSP-100 线缆测试仪随机设备包括：

① 1 个主机标准远端单元；

② 中英文用户手册；

③ CMS 电缆数据管理软件（CD-ROM）；

④ 1 条 100Ω RJ-45 校准电缆（15cm）；

⑤ 1 条 100Ω 5 类测试电缆（2m）；

⑥ 1 条 50Ω BNC 同轴电缆；

⑦ AC 适配器/电池充电器；

⑧ 充电电池（装在 Fluke DSP-100 线缆测试仪主机内）；

⑨ 1 条 RS-232 接口电缆（用于连接测试仪和 PC，以便下载测试数据）；

⑩ 1 条背带；

⑪ 1 个软包。

根据 Fluke DSP-100 线缆测试仪的使用要求，可以选择它相应的选配件。Fluke DSP-100 线缆测试仪选件包括：

① DSP-FTK 光缆测试包，包括一个光功率计 DSP-FOM、一个 850nm/1300nm LED 光源 FOS-850/1300、2 条多模 ST-ST 测试光纤、一个多模 ST-ST 适配器、说明书和包装盒；

② FOS-850nm/1300nm LED 光源；

③ LS-1310nm/1550nm 激光光源，包括一个 1310nm/1550nm 双波长激光光源、2 条单模 ST-ST 测试光纤、一个单模 ST-ST 适配器和说明书；

④ DSP-FOM 光功率计，包括一个光功率计、2 条多模 ST-ST 测试光纤、一个多模 ST-ST 适配器、说明书和包装盒；

⑤ BC7210 外接电池充电器；

⑥ C789 工具包。

3）Fluke DSP-100 线缆测试仪的简要操作方法

Fluke DSP-100 线缆测试仪的测试工作主要由主机实现，主机面板上有各种功能键，液晶屏显示测试信号及结果。在测试过程中，主要使用以下四个功能键：

① TEST 键，选择该键后测试仪进入自动测试状态；

② EXIT 键，选择该键后从当前屏幕显示或功能退出；

③ SAVE 键，保存测试结果；

④ ENTER 键，确认选择操作。

Fluke DSP-100 线缆测试仪的远端单元操作很简便，只有一个开关以及指示灯。测试时将开关打开即可开始测试，测试过程中如果测试项目通过，则 PASS 指示灯显示，如果测试未通过，则 FAIL 的指示灯显示。

使用 Fluke DSP-100 线缆测试仪进行测试工作的步骤如下：

① 将 Fluke DSP-100 线缆测试仪的主机和远端分别连接被测试链路的两端；

② 将测试仪旋钮转至 SETUP；

③ 根据屏幕显示选择测试参数，选择后的参数将自动保存到测试仪中，直至下次修改；

④ 将旋转钮转至 AUTOTEST，按下 TEST 键，测试仪自动完成全部测试；

⑤ 按下 SAV 键，输入被测链路编号、存储结果；

⑥ 如果在测试中发现某项指标未通过，将旋钮转至 SINGLE TEST 根据中文速查表进行相应的故障诊断测试；

⑦ 排除故障，重新进行测试直至指标全部通过为止；

⑧ 所有信息点测试完毕后，将测试仪与 PC 连接起来，通过随机附送的管理软件导入测试数据，产生测试报告，打印测试结果。

（2）Fluke DSP-4000 系列测试仪

综合布线工程测试中，最常使用的测试仪器是 Fluke DSP-4000 系列的测试仪，它具功能强大、精确度高、故障定位准确等优点。Fluke DSP-4000 系列的测试仪包括 Fluke DSP-4000、Fluke DSP-4300、Fluke DSP-4000PL 三类型号的产品。这三类型号的测试仪基本配置完全相同，但支持的适配器及内部存储器有所区别。下面以 Fluke DSP-4300 为例，介绍 Fluke DSP-4000 系列的测试仪的功能及基本操作方法。

1）Fluke DSP-4300 线缆测试仪的功能及特点

Fluke DSP-4300 是 Fluke DSP-4000 系列的最新型号，它为高速铜缆和光纤网络提供更为综合的电缆认证测试解决方案，如图 4.1-8 所示。使用其标准的适配器就可以满足超 5 类、6 类基本链路、通道链路、永久链路的测试要求。通过其选配的选件，可以完全满足多模光纤和单模光纤的光功率损耗测试要求。它在原有 Fluke DSP-4000 基础之上，扩展了测试仪内部存储器，方便的电缆编号下载功能增加了准确性和效率。

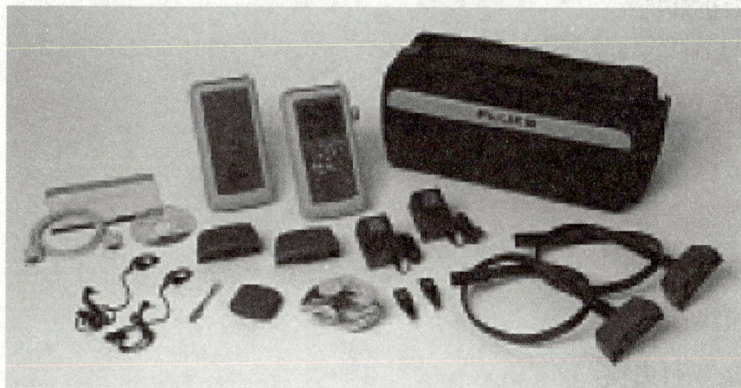

图 4.1-8　Fluke DSP-4300 线缆测试仪组件

Fluke DSP-4300 线缆测试仪具有以下特点：

① 测量精度高。它具有超过了 5 类、超 5 类和 6 类标准规范的 Ⅲ 级精度要求并由 UL 和 ETL SEMKO 机构独立进行了认证；

② 使用新型永久链路适配器获得更准确、更真实的测试结果，该适配器是 Fluke DSP-4300 线缆测试仪的标准配件；

③ 标配的 6 类通道适配器使用 DSP 技术精确测试 6 类通道链路，包含的通道/流量适配器提供了网络流量监视功能可以用于网络故障诊断和修复；

④ 能够自动诊断电缆故障并显示准确位置；

⑤ 仪器内部存储器扩展至 16MB，可以存储全天的测试结果；

⑥ 允许将符合 TIA-606A 标准的电缆编号下载到 Fluke DSP-4300 线缆测试仪，确保数据准确和节省时间；

⑦ 内含先进的电缆测试管理软件包，可以生成和打印完整的测试文档。

2）Fluke DSP-4300 线缆测试仪的组件

Fluke DSP-4300 线缆测试仪的组件如下所示：

① Fluke DSP-4300 主机和智能远端；

② Cable Manger 软件；

③ 16MB 内部存储器；

④ 16MB 多媒体卡；

⑤ PC 卡读取器；

⑥ Cat 6/5e 永久链路适配器；

⑦ Cat 6/5e 通道适配器；

⑧ Cat 6/5e 通道/流量监视适配器；

⑨ 语音对讲耳机；

⑩ AC 适配器/电池充电器；

⑪ 便携软包；

⑫ 用户手册和快速参考卡；

⑬ 仪器背带；

⑭ 同轴电缆（BNC）；

⑮ 校准模块；

⑯ RS-232 串行电缆；

⑰ RJ-45 到 BNC 的转换电缆。

根据光纤的测试要求，Fluke DSP-4300 线缆测试仪还可以使用以下常用选配件：

① DSP-FTA440S 多模光缆测试选件，包括：使用波长为 850nm 和 1300nm 的 VC-SEL 光源，光缆测试适配器，用户手册，SC/ST 50μm 多模测试光缆，ST/ST 50μm 多模测试光缆，ST/ST 适配器；

② DSP-FTA430S 单模光缆测试选件，包括：使用波长为 1310nm 和 1550nm 的激光光源，光缆测试适配器，用户手册，SC/ST 单模测试光缆，ST/ST 单模测试光缆，ST/ST 适配器；

③ DSP-FTA420S 多模光缆测试选件，包括：使用波长为 850nm 和 1300nm 的 LED 光源，光缆测试适配器，用户手册，SC/ST 62.5μm 多模测试光缆，ST/ST 62.5μm 多

模测试光缆，ST/ST 适配器；

④ DSP-FTK 光缆测试包，包括一个光功率计 DSP-FOM、一个 850nm/1300nm LED 光源 FOS-850nm/1300nm、2 条多模 ST-ST 测试光纤、一个多模 ST-ST 适配器、说明书和包装盒。

（3）某工程中 Cat6 UTP 网线的测试报告示例

测试报告示例如图 4.1-9 所示。

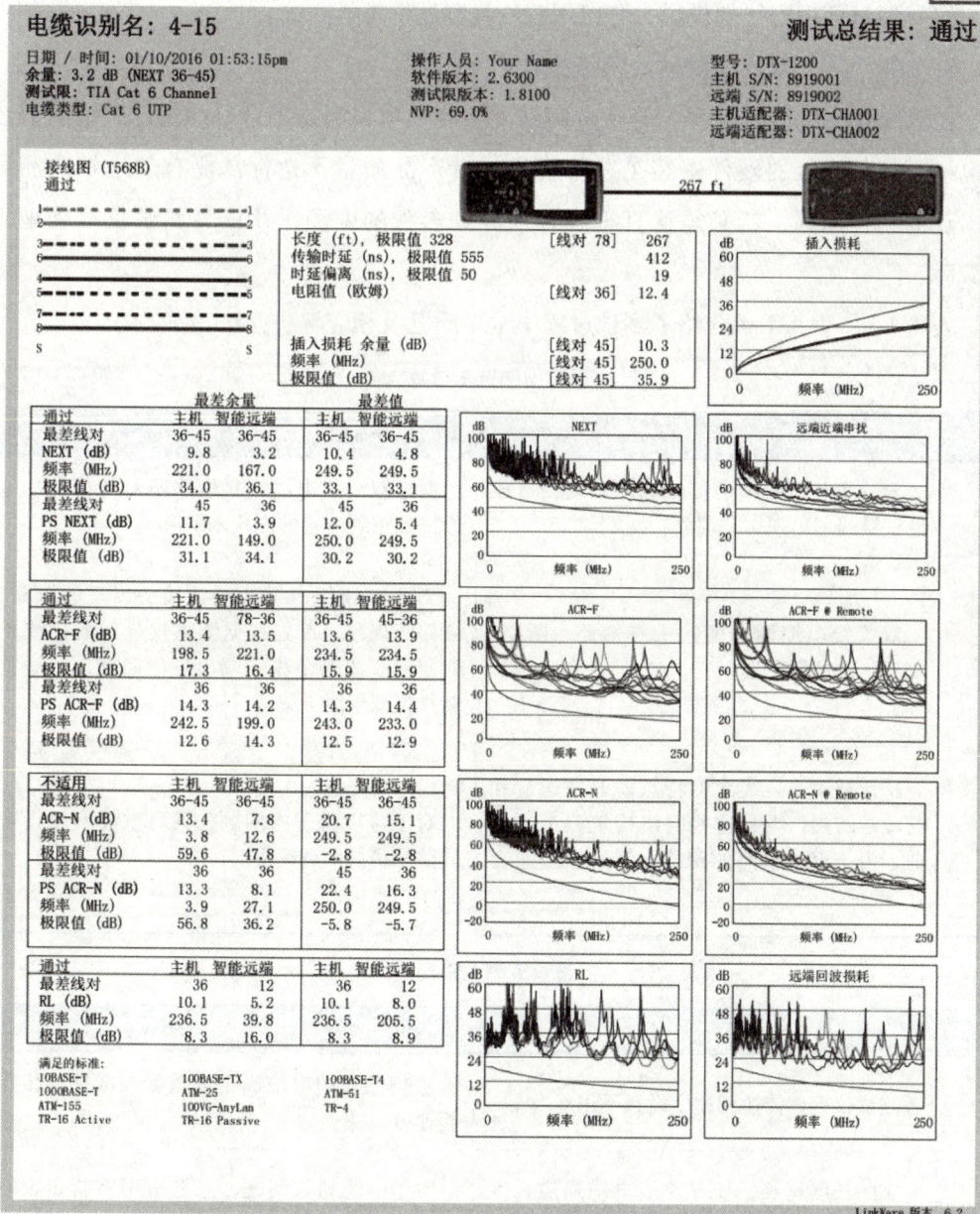

图 4.1-9　测试报告示例

5.　知识点——大对数电缆测试技术

在综合布线系统的干线子系统中,大对数电缆经常作用数据和语音的主干电缆,其线对数量比 4 对双绞线电缆要多,如 25 对、100 对、300 对等。

大对数电缆不能直接采用 4 对双绞线电缆测试的方法,可以使用专用的大对数电缆测试仪进行测试,如 TEXT-ALL25。

对于常用的 25 对线大对数电缆可以采用两种方法进行测试:

(1)　用 25 对线测试仪进行测试;

(2)　通过数据配线架模块,分组用双绞线测试仪进行测试。

6.　知识点——双绞线测试常见问题及解决方法

在双绞线电缆测试过程,经常会碰到某些测试项目测试不合格的情况,说明双绞线电缆及其相连接的硬件安装工艺不合格或者产品质量不达标。要有效地解决测试中出现的各种问题,就必须认真理解各项测试参数的内涵,并依靠测试仪准确地定位故障。

表 4.1-1 ~ 表 4.1-4 介绍了测试过程中常见问题及相应解决办法。

接线图测试未通过　　　　　　　　　　　　　　表 4.1-1

序号	未通过可能有以下因素造成	参考解决方法
1	双绞线电缆两端的接线相序不对,造成测试接线图出现交叉现象	对于双绞线电缆端接线序不对的情况,可以采取重新端接的方式来解决
2	双绞线电缆两端的接头有短路、断路、交叉、破裂的现象	对于双绞线电缆两端的接头出现的短路、断路等现象,首先根据测试仪显示的接线图判定双绞线电缆哪一端出现的问题,然后重新端接双绞线电缆
3	跨接错误,某些网络特意需要发送端和接收端跨接,当为这些网络构筑测试链路时,由于设备线路的跨接,测试接线图会出现交叉	对于跨接错误的问题,只要重新调整设备线路的跨接即可解决

链路长度测试未通过　　　　　　　　　　　　　　表 4.1-2

序号	未通过可能有以下因素造成	参考解决方法
1	测试仪标称传播相速度设置不正确	可用已知的电缆确定并重新校准标称传播相速度
2	实际长度超长,如双绞线电缆通道长度不应超过 100m	对于电缆超长问题,只能采用重新布设电缆来解决

续表

序号	未通过可能有以下因素造成	参考解决方法
3	双绞线电缆开路或短路	双绞线电缆开路或短路的问题，首先要根据测试仪显示的信息，准确地定位电缆开路或短路的位置，然后采取重新端接电缆的方法来解决

近端串扰测试未通过　　　　　　　　　　　　　　　　表 4.1-3

序号	未通过可能有以下因素造成	参考解决方法
1	双绞线电缆端接点接触不良	对于端接点接触不良的问题经常出现在模块压接和配线架压接方面，因此，应对电缆所端接的模块和配线架进行重新压接加固
2	双绞线电缆远端连接点短路	对于远端连接点短路的问题，可以通过重新端接电缆来解决
3	双绞线电缆线对扭绞不良	如果双绞线电缆在端接模块或配线架时，线对扭绞不良，则应采取重新端接的方法来解决
4	存在外部干扰源影响	对于外部干扰源，只能采用金属槽或更换为屏蔽双绞线电缆的手段来解决
5	双绞线电缆和连接硬件性能问题或不是同一类产品	对于双绞线电缆及相连接硬件的性能问题，只能采取更换的方式来彻底解决，所有线缆及连接硬件应更换为相同类型的产品
6	双绞线电缆的端接质量问题	结合上述方法综合处理

衰减测试未通过　　　　　　　　　　　　　　　　　　表 4.1-4

序号	未通过可能有以下因素造成	参考解决方法
1	双绞线电缆超长	对于超长的双绞线电缆，只能采取更换电缆的方式来解决
2	双绞线电缆端接点接触不良	可采取重新端接的方式来解决
3	电缆和连接硬件性能问题或不是同一类产品	可采取更换的方式来彻底解决，所有线缆及连接硬件应更换为相同类型的产品
4	电缆的端接质量问题	重新端接
5	现场温度过高	环境控制

4.1.4　问题思考

1. 双绞线测试常见问题有哪些？

2. 超 5 类及 6 类双绞线的测试内容包括哪些？

3. 电缆的认证测试模型包括哪几种？

4.1.5　知识拓展

资源名称	双绞线链路测试相关知识	双绞线链路测试项目实施
资源类型	视频	视频
资源二维码	4.1-2	4.1-3

任务 4.2
光纤链路测试与故障排除

4.2.1 教学目标与思路

4.2-1
办公楼光纤链路
测试项目引入

扫码查看工程概况

【教学载体】光缆链路、光纤跳线。

【教学目标】

知识目标	能力目标	素养目标	思政要素
1. 掌握光纤链路测试的准备工作； 2. 掌握光纤链路测试的注意事项。	1. 能够理解光纤链路的测试标准及指标； 2. 能够分析光纤链路测试结果及故障分析。	1. 具有良好的阅读能力、自主学习能力； 2. 具有良好倾听的能力，能有效地获得各种资讯； 3. 能正确表达自己思想，学会理解和分析问题。	1. 培养工匠精神、实事求是精神； 2. 培养民族自豪感； 3. 树立以人为本，预防为主，安全第一的思想。

【学习任务】通过学习光纤链路测试与故障排除过程，掌握光纤链路测试与故障排除。掌握综合布线系统工程的测试技术，关键是掌握综合布线系统工程测试标准及测试内容、测试仪器的认知与使用方法、光缆测试的步骤以及测试报告的生成与分析，熟悉光缆测试中常见问题及其解决方法。

【建议学时】2~4 学时

【思维导图】

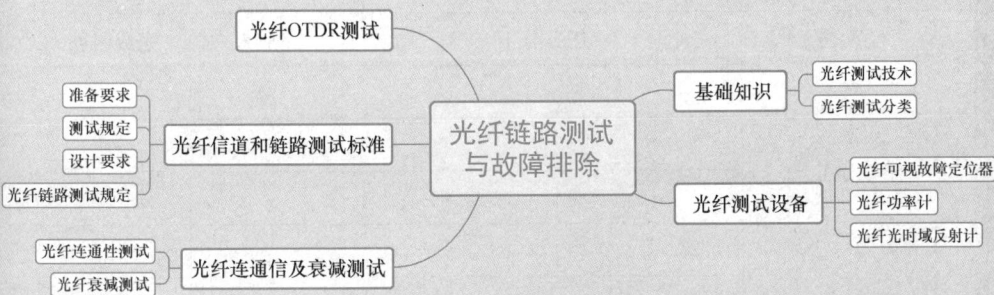

4.2.2　学生任务单

任务名称	光纤链路测试与故障排除	
学生姓名	班级学号	
同组成员		
负责任务		
完成日期	完成效果（教师评价及签字）	

明确任务	任务目标	1. 调研各类传输介质的结构、传输距离及分类； 2. 调研连接器件、配线设备的种类； 3. 调研各类不同型号产品的价格； 4. 到市场上调查目前常用的五个品牌的 4 对 5e 类和 6 类非屏蔽双绞线电缆，观察双绞线的结构和标记，对比两种双绞线电缆的价格和性能指标； 5. 到市场上或互联网上调查目前常用的五个品牌的综合布线系统产品，并列出其生产的电缆产品系列； 6. 了解目前我国市场常用的综合布线系统产品的厂家都有哪些？
自学简述	课前预习 （学习内容、浏览资源、查阅资料）	
	拓展学习 （任务以外的学习内容）	
任务研究	完成步骤 （用流程图表达）	

任务分工	完成人	完成时间

任务分工

		本人任务	
		角色扮演	
		岗位职责	
		提交成果	

任务实施	完成步骤	第 1 步		成果提交
		第 2 步		
		第 3 步		
		第 4 步		
		第 5 步		
	问题求助			
	难点解决			
	重点记录（完成任务过程中，用到的基本知识、公式、规范、方法和工具等）			
学习反思	不足之处			
	待解问题			
	课后学习			

过程评价	自我评价（5 分）	课前学习	时间观念	实施方法	知识技能	成果质量	分值
	小组评价（5 分）	任务承担	时间观念	团队合作	知识技能	成果质量	分值

4.2.3 知识与技能

1. 知识点——光纤系统的测试基础知识

（1）光纤测试技术

随着计算机技术和通信技术的高速发展，光纤的应用越来越广泛，光纤测试技术已成为一个崭新的领域。

光纤的种类很多，但光纤及其传输系统的基本测试方法与所使用的测试仪器原理基本相同。对光纤或光纤传输系统，其基本的测试内容有连续性和衰减/损耗、光纤输入功率和输出功率、分析光纤的衰减损耗、确定光纤连续性和发生光损耗的部位等。

光纤测试常用的仪器有 Fluke DSP-4000 系列的线缆测试仪（需安装相应的光纤选配件），美国电话电报公司生产的 938 系列光纤测试仪。为了确保测试的准确性，在进行光纤的各种参数测试之前，要选择匹配的光纤接头，仔细地平整及清洁光纤接头端面。如果选用的接头不合适，就会造成损耗或者光的反射。

目前，绝大多数的光纤系统都采用标准类型的光纤、发射器和接收器。例如，综合布线几乎全都使用纤芯为 $62.5\mu m$ 的多模光纤和标准发光二极管（LED）光源，工作在 850nm 的光波上，这样就可以大大地减少测量的不确定性。而且，即使是用不同厂家的设备，也可以很容易地进行连接，可靠性和重复性也很好。

测试光纤的目的，是要知道光信号在光纤链路上的传输损耗。光信号是由光纤链路一端的 LED 光源所产生的（对于 LGBC 多模光缆，或室外单模光缆是由激光光源产生的）。光信号从光纤链路的一端传输到另一端的损耗来自光纤本身的长度和传导性能，来自连接器的数目和接续的多少。当光纤损耗超过某个限度值后，表明此条光纤链路是有缺陷的。对光纤链路进行测试有助于找出问题。

（2）光纤测试分类

光缆工程完工的最后一步工作就是对光纤链路进行测试，以检测光纤链路的整体性能。光缆工程中的光纤质量、敷设方式、弯曲曲度、连接件质量、熔纤质量、应用环境等都对光纤链路的传输质量产生影响。光纤的光传输特性复杂，所以光纤的测试比双绞线的测试难度大，测试设备也相对比较昂贵与专业。

光纤链路的测试是对光纤传输质量的最后一项检测。光纤性能测试规范的标准主要来自《光纤布线和连接硬件标准》ANSI/TIA-568. C. 3 标准。光纤测试的基本内容包括：连通性测试、性能参数测试和故障定位测试；其中性能参数测试包括一级测试、二级测试。

光纤分为多模和单模光纤。对于多模光纤，《光纤布线和连接硬件标准》ANSI/

TIA-568. C. 3 规定：850nm 和 1300nm 两个波长，要用 LED 光源对这两个波段进行测试；对于单模光纤，1310nm 和 1550nm 两个波长，要用激光光源对这两个波段进行测试。

在 TIA TSB140 光缆测试仪对光纤定义了两个级别的测试：一级测试和二级测试。

1）一级测试（Tier 1，TSB140）

一级测试主要测试光缆的衰减、长度及极性。常采用光缆损耗测试设备（OLTS），如光源和光功率计等，用来测试光缆的衰减，通过光学延迟量测量光缆的长度，通过 OLTS 或者可见光源，如可视故障定位器（VFL）和"打光笔"来验证光缆极性。

2）二级测试（Tier 2，TSB140）

二级测试使用的测试仪器为光时域反射计（OTDR）（图 4.2-1）。

二级测试包括一级测试的参数测试报告，同时在此基础上增加了对每条光纤链路的 OTDR 进行评估报告，通过 OTDR 曲线来反映该光纤长度与其反射能量的衰减曲线图。

可以通过 OTDR 曲线中不一致性，得到光缆、连接件、熔接点所构成的传输性能和施工质量，同时也可得到该光纤链路的故障精准定位。

图 4.2-1　光时域反射计（OTDR）

业主可通过二级测试，掌握光纤网络的安装质量。

2. 知识点——光纤测试设备

（1）光纤可视故障定位器（VFL）

光纤可视故障定位器，俗称打光笔，采用 650nm 波长的半导体激光器，将可视光（红光）注入光纤，观察被测纤上的漏光位置即可方便、准确地判断光纤故障点的位置。该产品适用于裸光纤、光纤跳线和其他可泄漏出红光的光纤、光缆的近端故障点和微弯引起的高损耗区段的检测（图 4.2-2、图 4.2-3）。

红光笔又叫作通光笔、笔式红光源、可见光检测笔、光纤故障检测器、光纤故障定位仪等，多数用于

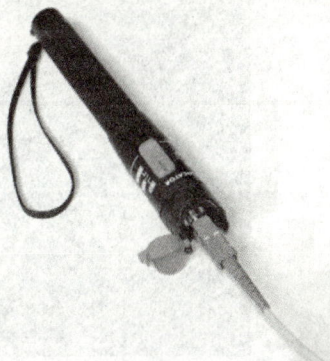

图 4.2-2　光纤可视故障定位器（VFL）（俗称打光笔）

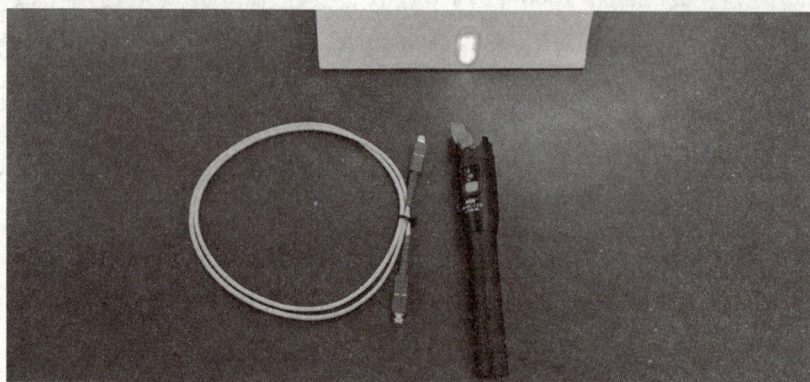

图 4.2-3　光纤可视故障定位器（VFL）(俗称打光笔)

检测光纤断点，按其最短检测距离划分为：5km、10km、15km、20km、25km、30km、35km、40km 等。通过恒流源驱动发射出稳定的红光，与光接口连接进入光纤，从而实现光纤故障检测功能，测试常见问题见图 4.2-4 ~ 图 4.2-6。

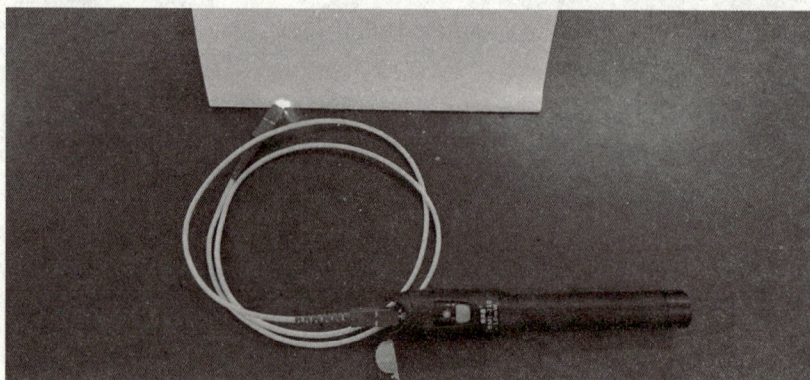

图 4.2-4　检测光纤连通性（跳线）

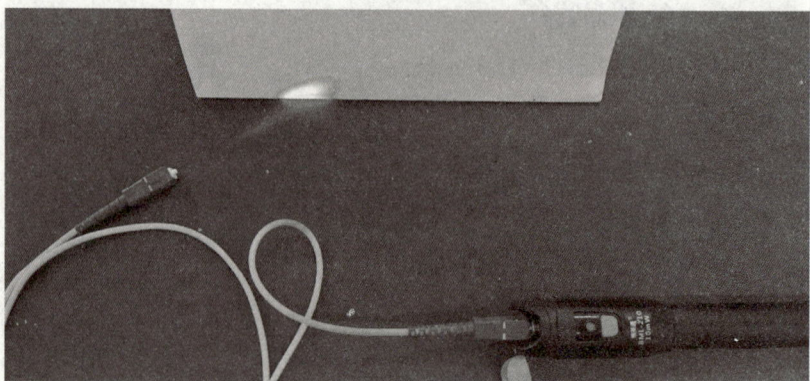

图 4.2-5　光纤跳线弯曲过大

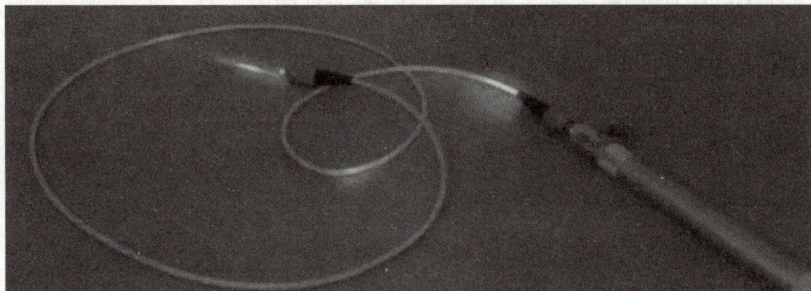

图 4.2-6　断裂光纤

红光笔的基本功能：

1）检测光纤连通性及光纤断裂、弯曲等故障定位；

2）光时域反射计 OTDR 盲区内故障检查；

3）端到端光纤识别；

4）机械接续点优化。

（2）光功率计（Optical Power Meter）

光功率计是指用于测量绝对光功率或通过一段光纤的光功率相对损耗的仪器。在光纤系统中，测量光功率是最基本的，非常像电子学中的万用表；在光纤测量中，光功率计是重负荷常用表。通过测量发射端机或光网络的绝对功率，一台光功率计就能够评价光端设备的性能。用光功率计与稳定光源组合使用，则能够测量连接损耗、检验连续性，并帮助评估光纤链路传输质量（图 4.2-7）。

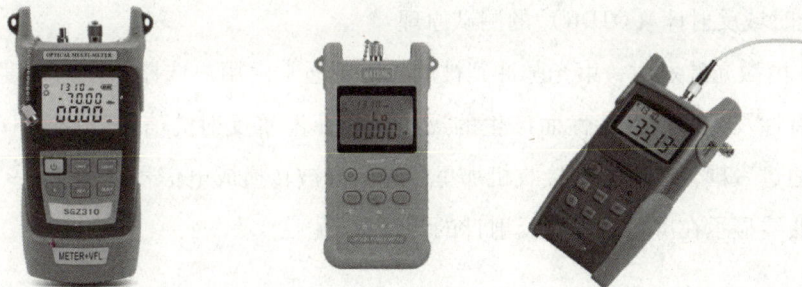

图 4.2-7　光功率计

光功率计传统校准方法：传统的光功率计校准方法是通过一个激光光源经过衰减调节器，通过光纤连接器的插拔先后与标准光功率计和被测光功率计连接进行测量。传统的校准方法会引入插拔误差和光源稳定性误差。

光功率计新型校准方法：激光光源连接到光衰减器，通过调节光衰减器输出不同的功率值，光源输出经过光衰减器后进入一个光纤分束器。通过光分束器的分光原理，把相同的光同时传输到标准光功率计和被检光功率计当中，这样只需调节光衰减器，就可以同时读取标准光功率计和被检光功率计不同功率点上的示值。

（3）光时域反射计（OTDR）

光时域反射计（英文名称：Optical Time-Domain Reflectometer，OTDR）是通过对测量曲线的分析，了解光纤的均匀性、缺陷、断裂、接头耦合等若干性能的仪器。它根据光的后向散射与菲涅耳反向原理制作，利用光在光纤中传播时产生的后向散射光来获取衰减的信息，可用于测量光纤衰减、接头损耗、光纤故障点定位以及了解光纤延长度的损耗分布情况等，是光缆施工、维护及监测中必不可少的工具（图4.2-8）。

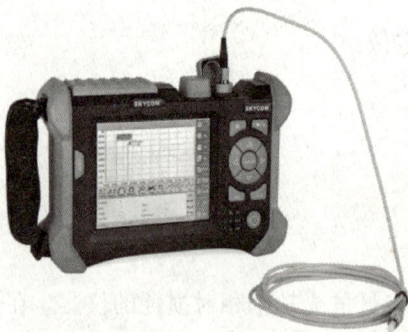

图4.2-8　光纤光时域反射计（OTDR）

光时域反射计（OTDR）在测试光缆的过程中，仪器从光缆的一端注入较高功率的激光或光脉冲，并通过同一侧接收反射信号。当光脉冲通过光缆传输时，部分散射及反射将返回发射端。光时域反射计（OTDR）只会测量强度较高的反射回来的光信号，通过记录信号从传输到返回的时间和信号在玻璃物质中的传输速度，然后就可以利用公式计算出光缆的长度。

与能直接测量光缆设备损耗的电源和电能表相比，光时域反射计（OTDR）是间接工作的。光时域反射计（OTDR）根据光的后向散射与菲涅耳反向原理制作，利用光在光纤中传播时产生的后向散射光来获取衰减的信息，从而间接地测量光缆损耗与故障位置。

1）光时域反射计（OTDR）的测试原理

OTDR由激光源发射一束光脉冲到被测光纤，通常由用户选择脉冲的宽度。因被测光纤链路特性及光纤本身特性而产生的反射光和菲涅尔反射的信号返回到OTDR入射端，信号通过一耦合器发送到接收机那里，光信号被转换成电信号，图4.2-9为将分析背向散射曲线显示在屏幕光时域反射计的测试原理。

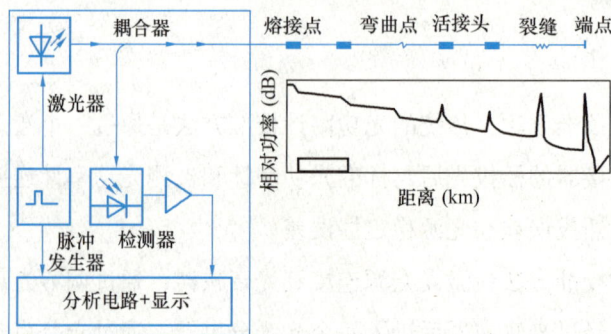

图4.2-9　光时域反射计的测试原理

2）光时域反射计（OTDR）的工作原理

用脉冲发生器调制一个光源，使光源产生窄脉冲光波，经光学系统（透镜）耦合输入到光纤，光波在光纤中传输时出现散射，散射光沿光纤返回，途中经一耦合装置，经光学系统（透镜）输入到光电检测器，变成电信号，再经放大及信号处理，送入示波器显示。图 4.2-10 为光时域反射计的工作原理框图，图 4.2-11 为测量波形与光纤情况示例。

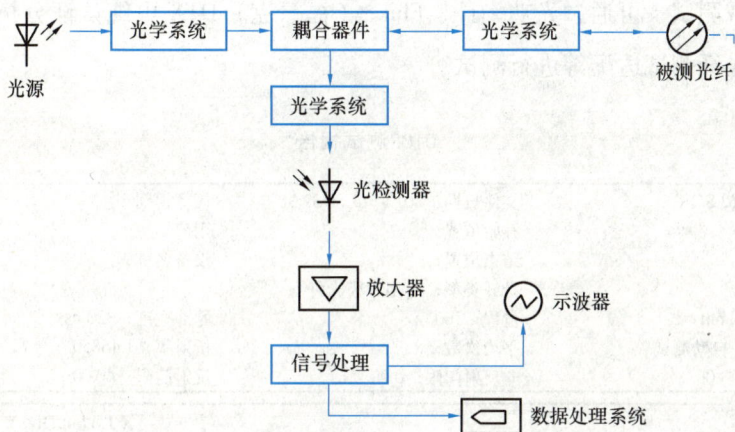

图 4.2-10　光时域反射计的工作原理框图

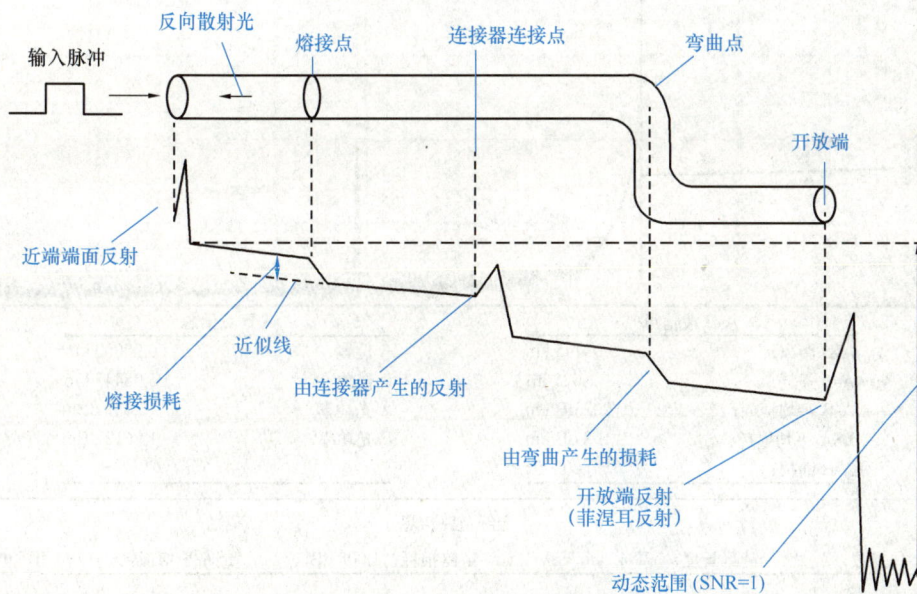

图 4.2-11　测量波形与光纤情况示例

3）光时域反射计（OTDR）测试报告示例

测试报告示例见图 4.2-12。

3. 知识点——光纤连通信及衰减测试

光纤注意事项:

对于任何光源传输设备,避免用眼睛直接观看光纤或光源,以免光源伤害眼睛。

(1) 光纤连通性测试

通过光纤可视故障定位器 (VFL) 可完成光纤的连通性测试。

(2) 光纤衰减测试

光纤衰减测试,可通过光功率计、Fluke (福禄克) DTX 电缆认证分析仪配合相关光纤套件或光纤测试适配等进行测试。

OTDR测试报告

文件: 测试2.SOR	文件日期: 2018-9-3 15:39:38	任务识别:
光缆号:	开始位置:	用户:
光纤号:	结束位置:	设备名称:
操作员:	光纤类型: 通用单模光纤	
波长: 1550 nm	量程: 16 km	脉冲宽度: 320 ns
测试模式: 自动测试	平均次数: 8	折射率: 1.46850
结束门限: 3.00	非反射门限: 0.20	反射门限: 40.00

测试曲线图　　　　　　　　　　　　　　　　　　X:1.6 km/Div, Y :10.0dB/Div

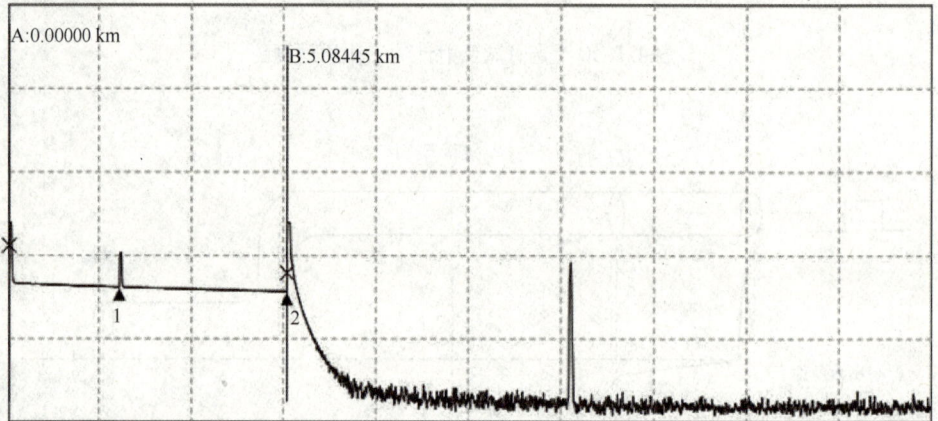

A:0.00000 km

B:5.08445 km

1

2

A-B 段信息		A/B 点信息	
A-B 距离:	5.08445 km	A 位置:	0.00000 km
A-B 损耗:	1.027 dB	B 位置:	5.08445 km
A-B 平均损耗:	0.202 dB/km	A 光功率:	16.639 dBm
LSA 平均损耗:	0.198 dB/km	B 光功率:	15.612 dBm
A-B 回损:	0.000 dB	—	—

光纤链路信息

事件点数: 2	链路长度: 5.0845 km	链路损耗: 1.008 dB	链路平均损耗: 0.198 dB/km

事件表

序号	事件类型	距离 (km)	平均损耗 (dB/km)	事件损耗 (dB)	反射损耗 (dB)	链路损耗 (dB)
1	上升事件	2.0436	0.238	−0.007	0.486	0.479
2	事件末端	5.0845	0.174	—	1.552	1.008

图 4.2-12　测试报告示例

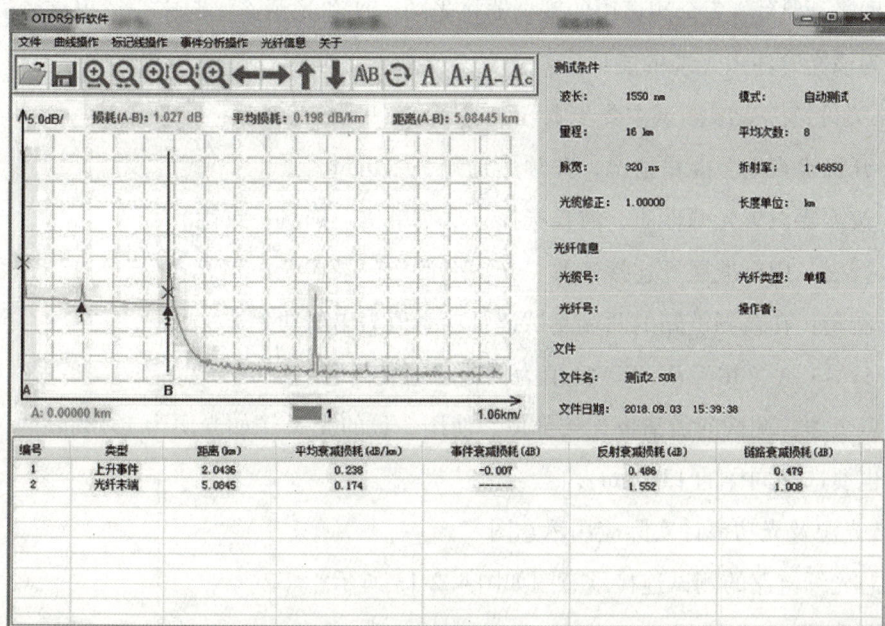

图 4.2-12　测试报告示例（续）

实际工程中，导致光纤衰减的常见原因有以下几个：

① 光纤质量差、光纤纯度不够等；

② 不合理的施工，导致光缆的弯曲程度过大；

③ 光缆的熔接和耦合损耗过大；

④ 光纤接头的表面不洁、连接质量差等。如光纤连接器有灰尘、手指触碰等。

其中最简单及方便的测试可通过光功率计进行测试。按照美国国家标准学会（ANSI）《数据中心电信基础设施标准》ANSI/TIA-942 中 Tier 1 级标准，光纤测试的主要测试内容为衰减测试及长度测试。

1）衰减测试准备工作

① 确定需要测试的光缆光纤芯；

② 确定光纤的类型；

③ 确定光功率计的使用方法及是否与待测光纤匹配；

④ 校准光功率计；

⑤ 确定光功率计与光源处于同一波长光源。

2）测试设备及配件

光功率计、光源、适配器（耦合器）、测试用光纤跳线、酒精、无尘布等。

3）光功率计校准

进行光功率校准的目的是确定进入测量光纤的光功率大小、校准光功率计时，用 2

条测试用光纤跳线 +2 个测试用的耦合器将光功率计和光源连接起来，读出该测试光功率值即为该光源注入光缆的能量值。

4）光纤链路衰减测试主要步骤

① 开机检查电源能量情况，并预热光源 5～10min。

② 按需要设置光源性质、波长选择、功率单位，确认一致性。

③ 校表：用标准尾纤连接光源、光功率计，记录入射功率 P_1。

④ 测量：在需测链路的两端测试记录功率值为出射功率 P_2。

⑤ 计算：A（dB）P_1-P_2，此值为该链路的衰耗值。

注意事项：测试前需清擦连接部位、使用一致的光源（如光源为 1310nm 的，则光功率计也要选择同样的 1310nm）。

5）光源及光功率计实际应用示意图

单芯光纤链路的测试连接示意图如图 4.2-13 所示。

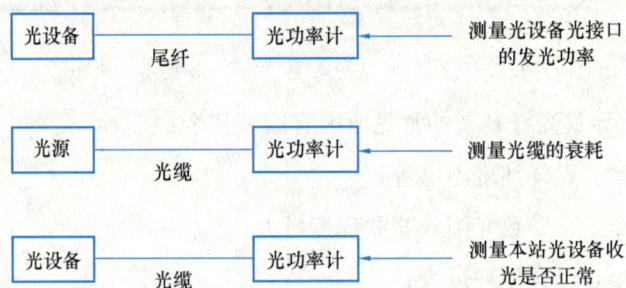

图 4.2-13 单芯光纤链路的测试连接示意图

6）光功率计的日常维护

① 仪表使用完毕后，请及时切断电源，盖上光纤接头防尘帽，保护端面清洁，防止附着灰尘而产生测量误差，置于通风干燥处。

② 经常清洁光纤连接器保持光路干净。

③ 小心拔插光适配器接头，不要插入非标准适配器接头及抛光面差的端面，否则会损坏传感器端面。

④ 外接电源需使用配套产品，以免造成永久性损坏。

⑤ 长期不使用时请取出电池，以免电池腐烂。

⑥ 每年校准一次，以确保测量精度。

⑦ 请勿自行拆卸设备，这可能导致永久性损坏并失去保修资格。

4. 知识点——光纤信道和链路测试标准

《综合布线系统工程验收规范》GB/T 50312—2016 对光纤信道和链路的测试做了具

体的要求。

（1）测试前准备要求：

测试前应对综合布线系统工程所有的光连接器件进行清洗，并应将测试接收器校准至零位。应根据工程设计的应用情况，按等级 1 或等级 2 测试模型与方法完成测试。

1）等级 1 测试应符合下列规定：

① 测试内容应包括光纤信道或链路的衰减、长度与极性；

② 应使用光损耗测试仪 OLTS 测量每条光纤链路的衰减并计算光纤长度。

2）等级 2 测试应包括等级 1 测试要求的内容，还应包括利用 OTDR 曲线获得信道或链路中各点的衰减、回波损耗值。

（2）测试应符合下列规定：

1）在施工前进行光器材检验时，应检查光纤的连通性。也可采用光纤测试仪对光纤信道或链路的衰减和光纤长度进行认证测试。

2）当对光纤信道或链路的衰减进行测试时，可测试光跳线的衰减值作为设备光缆的衰减参考值，整个光纤信道或链路的衰减值应符合设计要求。

（3）综合布线工程所采用光纤的性能指标及光纤信道指标应符合设计要求，并应符合下列规定：

1）不同类型的光缆在标称的波长，每千米的最大衰减值应符合表 4.2-1 的规定。

光纤衰减限值（dB/km）　　　　　　　　　　　　　　　表 4.2-1

光纤类型	多模光纤		单模光纤				
	OM1、OM2、MO3、OM4		OS1		OS2		
波长（nm）	850	1300	1310	1550	1310	1383	1550
衰减（dB）	3.5	1.5	1.0	1.0	0.4	0.4	0.4

2）光缆布线信道在规定的传输窗口测量出的最大光衰减不应大于表 4.2-2 规定的数值，该指标应已包括光纤接续点与连接器件的衰减在内。

光缆信道衰减范围　　　　　　　　　　　　　　　表 4.2-2

级别	最大信道衰减（dB）			
	单模		多模	
	1310nm	1550nm	850nm	1300nm
OF-300	1.80	1.80	2.55	1.95
OF-500	2.00	2.00	3.25	2.25
OF-2000	3.50	3.50	8.50	4.50

注：光纤信道包括的所有连接器件的衰减合计不应大于 1.5dB。

3）光纤信道和链路的衰减也可按式（4.2-1）~ 式（4.2-4）计算，光纤接续及连接器件损耗值的确定应符合表4.2-3 的规定。

$$光纤信道和链路损耗 = 光纤损耗 + 连接器件损耗 + 光纤接续点损耗 \quad (4.2\text{-}1)$$

$$光纤损耗 = 光纤损耗系数(dB/km) \times 光纤长度(km) \quad (4.2\text{-}2)$$

$$连接器件损耗 = 连接器件损耗／个 \times 连接器件个数 \quad (4.2\text{-}3)$$

$$光纤接续点损耗 = 光纤接续点损耗／个 \times 光纤连接点个数 \quad (4.2\text{-}4)$$

光纤接续及连接器件损耗值（dB）　　　　　　　表 4.2-3

类别	多模		单模	
	平均值	最大值	平均值	最大值
光纤熔接	0.15	0.3	0.15	0.3
光纤机械连接	—	0.3	—	0.3
光纤连接器件	0.65/0.5		—	
	最大值 0.75			

（4）光纤到用户单元系统工程光纤链路测试应符合下列规定：

1）光纤链路测试连接模型应包括两端的测试仪器所连接的光纤和连接器件（图4.2-14）。

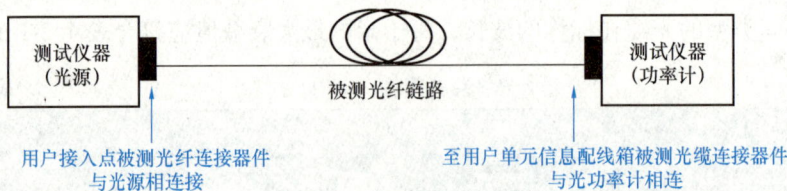

图 4.2-14　光纤链路测试连接模型

2）工程检测中应对上述光链路采用 1310nm 波长进行衰减指标测试。

3）用户接入点用户侧配线设备至用户单元信息配线箱，光纤链路全程衰减限值可按式（4.2-5）计算。

$$\beta = \alpha_{\mathrm{f}} L_{\max} + (N + 2)\alpha_{\mathrm{j}} \quad (4.2\text{-}5)$$

式中　β——用户接入点用户侧配线设备至用户单元信息配线箱光纤链路衰减（dB）；

　　　α_{f}——光纤衰减常数（dB/km），采用 G.652 光纤时为 0.36dB/km，采用 G.657 光纤时为 0.38 ~ 0.40dB/km；

　　　$L_{\max}$——用户接入点用户侧配线设备至用户单元信息配线箱光纤链路最大长度（km）；

　　　N——用户接入点用户侧配线设备至用户单元信息配线箱光纤链路中熔接的接头数量；

2——光纤链路光纤终接数（用户光缆两端）；

α_j——光纤接续点损耗系数，采用热熔接方式时为 0.06dB/个，采用冷接方式时为 0.1dB/个。

5. 知识点——光纤 OTDR 测试

光纤红光笔仅作为光纤链路的连通性测试，光功率计只能测试光损耗的情况，无法测试出光纤链路中损耗的具体位置、损耗原因等。因此，就需要光时域反射计进行对光纤链路中各类"事件"原因进行评估，以快速定位故障点的位置、故障类别等。

OTDR 测试主要参数有：长度事件点的位置、光纤的衰减、衰减发生变化情况、接头损耗、熔接点的损耗、光纤的全程毁损等。

4.2.4 问题思考

1. 光纤可视故障定位器使用前有哪些注意事项？
2. 光时域反射计的工作原理是什么？
3. 光功率计如何校准？
4. 光纤 OTDR 测试的主要内容包括哪些？

4.2.5 知识拓展

资源名称	光纤链路测试相关知识	光纤链路测试项目实施	解决光纤链路测试错误
资源类型	视频	视频	视频
资源二维码	4.2-2	4.2-3	4.2-4

✖ 任务4.3
综合布线系统工程验收

4.3.1 教学目标与思路

4.3-1
办公楼布线系统
工程验收项目引入

扫码查看工程概况

【教学载体】某综合布线系统工程项目。

【教学目标】

知识目标	能力目标	素养目标	思政要素
1. 了解现阶段综合布线系统工程验收行业标准和国家标准； 2. 熟悉综合布线系统工程验收要求内容及标准要素； 3. 掌握综合布线系统工程竣工和验收报告的组成要素。	1. 能够阅读及理解综合布线系统相关规范及标准； 2. 能够对综合布线工程进行验收； 3. 能够编制综合布线工程的验收资料； 4. 能够按验收标准要求完成验收检查及记录结果。	1. 具有良好倾听的能力，能有效地获得各种资讯； 2. 能正确表达自己思想，学会理解和分析问题； 3. 能遵守法律法规相关规定，实事求是。	1. 培养工匠精神； 2. 培养遵纪守法，实事求是精神； 3. 培养工程建筑职业素养，民族自豪感； 4. 树立以人为本，预防为主，安全第一的思想。

【学习任务】通过学习了解综合布线系统工程验收依据、标准、流程及验收内容，掌握综合布线系统工程验收要点。

【建议学时】2~4 学时

【思维导图】

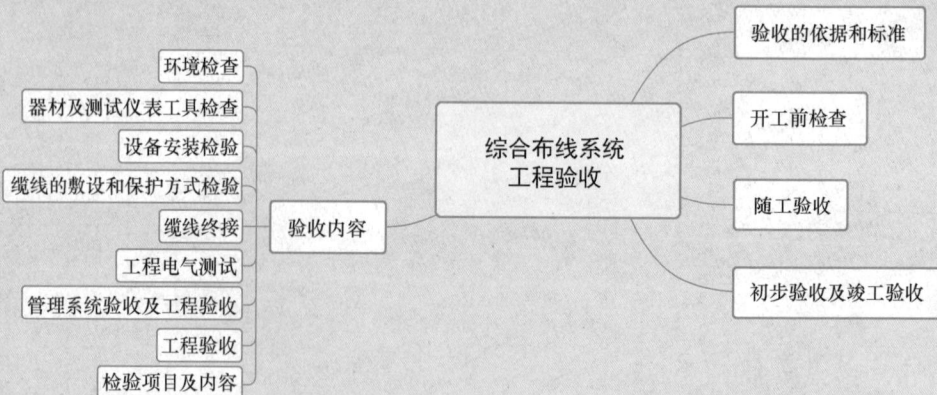

4.3.2　学生任务单

任务名称	综合布线系统工程验收	
学生姓名	班级学号	
同组成员		
负责任务		
完成日期	完成效果（教师评价及签字）	

明确任务	任务目标	1. 调研各类传输介质的结构、传输距离及分类； 2. 调研连接器件、配线设备的种类； 3. 调研各类不同型号产品的价格； 4. 到市场上调查目前常用的五个品牌的 4 对 5e 类和 6 类非屏蔽双绞线电缆，观察双绞线的结构和标记，对比两种双绞线电缆的价格和性能指标； 5. 到市场上或互联网上调查目前常用的五个品牌的综合布线系统产品，并列出其生产的电缆产品系列； 6. 了解目前我国市场常用的综合布线系统产品的厂家都有哪些？
自学简述	课前预习 （学习内容、浏览资源、查阅资料）	
	拓展学习 （任务以外的学习内容）	
任务研究	完成步骤 （用流程图表达）	

	任务分工	完成人	完成时间
任务分工			

	本人任务	
	角色扮演	
	岗位职责	
	提交成果	

任务实施	完成步骤	第 1 步		
		第 2 步		
		第 3 步		
		第 4 步		
		第 5 步		
	问题求助			
	难点解决			
	重点记录 (完成任务过程中，用到的基本知识、公式、规范、方法和工具等)			成果提交
学习反思	不足之处			
	待解问题			
	课后学习			

过程评价	自我评价 (5分)	课前学习	时间观念	实施方法	知识技能	成果质量	分值
	小组评价 (5分)	任务承担	时间观念	团队合作	知识技能	成果质量	分值

4.3.3　知识与技能

1. 知识点——综合布线系统工程验收的依据和标准

综合布线系统工程验收涉及多个专业，与土建、装饰、机电、智能化系统、供配电系统、建筑物设施系统等密切相关，验收内容涉及面较多。综合布线工程验收前应进行自检测试和竣工验收测试工作。

一般综合布线系统工程验收应按以下原则进行：

（1）以工程合同、设计图纸等为依据；

（2）依照相关标准进行相关测试及验收：

《综合布线系统工程验收规范》GB/T 50312—2016、《商用建筑通用布线标准》EIA/TIA 568—B、《信息技术-用户通用布线标准》ISO/IEC 11801 等；同时也要符合多项技术规范，如《数据中心设计规范》GB 50174—2017、《建筑设计防火规范（2018年版）》GB 50016—2014 等。

2. 知识点——开工前检查

工程验收应当说从工程开工之日起就开始了，从对工程材料的验收开始，严把产品质量关，保证工程质量。

（1）开工前检查：包括设备材料检验和环境检查。对综合布线系统工程来说，开工前检查最重要的工作就是电气性能指标测试。

市场上各大品牌在过去的项目实施中都曾出现过验收测试时性能测试结果不理想的情况，施工前的电气性能测试可以解决这一重要的不确定性，做好测试记录，也可以作为判定施工工艺的依据。电气性能测试建议对施工用的综合布线产品进行进场测试、仿真测试和兼容性测试。

（2）设备材料检验：包括检查产品的规格、数量、型号是否符合设计要求，检查线缆的外护套有无破损，抽查线缆的电气性能指标是否符合技术规范。

（3）环境检查：包括土建施工情况检查。

开工前应做好施工工具的检查，合格的工具和合适的安装工艺是确保工程质量的重要因素，综合布线施工安装中，对于剪线、剥线、打线、压线等需要使用不同的工具，市场上合格的品牌工具与杂牌工具的价格差别巨大，很多小施工队为了降低成本经常使用不合格或超出使用寿命的安装工具，导致安装后的连通性和电气性能测试不合格和不稳定，这是一般小型工程最容易出现问题的原因之一。

所以综合布线项目施工前，必须对工具做出严格的要求，对工具进行测试，同时禁止使用磨损很大的旧工具进行施工安装。

3. 知识点——随工验收

在工程中为了随时考核施工单位的施工水平和施工质量，部分的验收工作应该在随工中进行，这样可以及早地发现工程质量问题，避免造成人力和器材的大量浪费。随工验收应对工程的隐藏部分边施工边验收，竣工验收时，一般不再对隐蔽工程进行复查。

随工验收其实有两种性质，一种是施工单位自行进行的对施工质量的确认，另一种是需要出具验收报告的阶段性或隐蔽工程验收。另外，施工过程中，成熟的施工单位一般会安装完小部分线路后自我进行性能测试，以确认施工质量，这时一般不会通知监理或用户，如有测试出现的问题需要解决，施工单位因为安装的数量不大，容易进行调整，起到项目质量监控的作用。

4. 知识点——初步验收及竣工验收

（1）初步验收

初步验收是竣工验收前的环节，初步验收的时间应在原定计划的建设工期内进行，由建设单位组织相关单位（如设计、施工、监理、使用等单位人员）参加。初步验收工作包括检查工程质量，审查竣工资料，对发现的问题提出处理的意见并组织相关责任单位落实解决。

（2）竣工验收

综合布线竣工验收根据情况可在应用系统运行前和运行后进行。

第一，综合布线系统工程完工后，尚未进入电话交换系统、计算机局域网或其他弱电系统的运行阶段，应先期对综合布线系统进行竣工验收，验收的依据是在初验的基础上，对综合布线系统各项检测指标认真考核审查，例如，即使验收全部合格，全部竣工图纸资料等文档齐全，也可对综合布线系统进行单项竣工验收。

第二，综合布线系统接入电话交换系统、计算机局域网或其他弱电系统，在试运行后的半个月至三个月期间，由建设单位向上级主管部门报送竣工报告（含工程的初步决算及试运行报告），主管部门接到报告后，组织相关部门按竣工验收办法对工程进行验收。

工程竣工验收是工程建设的最后一个程序，对于大、中型项目可以分为初步验收和竣工验收两个阶段。

5. 知识点——验收内容

《综合布线系统工程验收规范》GB/T 50312—2016 中对综合布线系统做了明确要求：包括环境检查、器材及测试仪表工具检查、设备安装检验、缆线的敷设和保护方式检验、缆线终接、工程电气测试、管理系统验收及工程验收等。

（1）环境检查

1）工作区、电信间、设备间等建筑环境检查应符合下列规定：

① 工作区、电信间、设备间及用户单元区域的土建工程应已全部竣工。房屋地面应平整、光洁，门的高度和宽度应符合设计文件要求。

② 房屋预埋槽盒、暗管、孔洞和竖井的位置、数量、尺寸均应符合设计文件要求。

③ 铺设活动地板的场所，活动地板防静电措施及接地应符合设计文件要求。

④ 暗装或明装在墙体或柱子上的信息插座盒底距地高度宜为 300mm。

⑤ 安装在工作台侧隔板面及邻近墙面上的信息插座盒底距地宜为 1000mm。

⑥ CP 集合点箱体、多用户信息插座箱体宜安装在导管的引入侧及便于维护的柱子及承重墙上等处，箱体底边距地高度宜为 500mm；当在墙体、柱子上部或吊顶内安装时，距地高度不宜小于 1800mm。

⑦ 每个工作区宜配置不少于两个带保护接地的单相交流 220V/10A 电源插座盒。电源插座宜嵌墙暗装，高度应与信息插座一致。

⑧ 每个用户单元信息配线箱附近水平 70～150mm 处，宜预留设置两个单相交流 220V/10A 电源插座，每个电源插座的配电线路均装设保护电器，配线箱内应引入单相交流 220V 电源。电源插座宜嵌墙暗装，底部距地高度宜与信息配线箱一致。

⑨ 电信间、设备间、进线间应设置不少于两个单相交流 220V/10A 电源插座盒，每个电源插座的配电线路均装设保护器。设备供电电源应另行配置。电源插座宜嵌墙暗装，底部距地高度宜为 300mm。

⑩ 电信间、设备间、进线间、弱电竖井应提供可靠的接地等电位联结端子板，接地电阻值及接地导线规格应符合设计要求。

⑪ 电信间、设备间、进线间的位置、面积、高度、通风、防火及环境温、湿度等因素应符合设计要求。

2）建筑物进线间及入口设施的检查应符合下列规定：

① 引入管道的数量、组合排列以及与其他设施，如电气、水、燃气、下水道等的位置及间距应符合设计文件要求；

② 引入缆线采用的敷设方法应符合设计文件要求；

③ 管线入口部位的处理应符合设计要求，并应采取排水及防止有害气体、水、虫等进入的措施。

3）机柜、配线箱、管槽等设施的安装方式应符合抗震设计要求。

（2）器材及测试仪表工具检查

1）器材检验应符合下列规定：

① 工程所用缆线和器材的品牌、型号、规格、数量、质量应在施工前进行检查，应符合设计文件要求，并应具备相应的质量文件或证书，无出厂检验证明材料、质量文件或与设计不符者不得在工程中使用；

② 进口设备和材料应具有产地证明和商检证明；

③ 经检验的器材应做好记录，对不合格的器件应单独存放，以备核查与处理；

④ 工程中使用的缆线、器材应与订货合同或封存的产品样品在规格、型号、等级上相符；

⑤ 备品、备件及各类文件资料应齐全。

2）型材、管材与铁件的检查应符合下列规定：

① 地下通信管道和人（手）孔所使用器材的检查及室外管道的检验，应符合现行国家标准《通信管道工程施工及验收标准》GB/T 50374—2018 的有关规定；

② 各种型材的材质、规格、型号应符合设计文件的要求，表面应光滑、平整，不得变形、断裂；

③ 金属导管、桥架及过线盒、接线盒等表面涂覆或镀层应均匀、完整，不得变形、损坏；

④ 室内管材采用金属导管或塑料导管时，其管身应光滑、无伤痕，管孔无变形，孔径、壁厚应符合设计文件要求；

⑤ 金属管槽应根据工程环境要求做镀锌或其他防腐处理。塑料管槽应采用阻燃型管槽，外壁应具有阻燃标记；

⑥ 各种金属件的材质、规格均应符合质量要求，不得有歪斜、扭曲、飞刺、断裂或破损；

⑦ 金属件的表面处理和镀层应均匀、完整，表面光洁，无脱落、气泡等缺陷。

3）缆线的检验应符合下列规定：

① 工程使用的电缆和光缆的形式、规格及缆线的阻燃等级应符合设计文件要求。

② 缆线的出厂质量检验报告、合格证、出厂测试记录等各种随盘资料应齐全，所附标志、标签内容应齐全、清晰，外包装应注明型号和规格。

③ 电缆外包装和外护套须完整无损，当该盘、箱外包装损坏严重时，应按电缆产品要求进行检验，测试合格后再在工程中使用。

④ 电缆应附有本批量的电气性能检验报告，施工前对盘、箱的电缆长度、指标参数应按电缆产品标准进行抽验，提供的设备电缆及跳线也应抽验，并作测试记录。

⑤ 光缆开盘后应先检查光缆端头封装是否良好。光缆外包装或光缆护套当有损伤时，应对该盘光缆进行光纤性能指标测试，并应符合下列规定：

a. 当有断纤时，应进行处理，并应检查合格后使用；

b. 光缆 A、B 端标识应正确、明显；

c. 光纤检测完毕后，端头应密封固定，并应恢复外包装。

⑥ 单盘光缆应对每根光纤进行长度测试。

⑦ 光纤接插软线或光跳线检验应符合下列规定：

a. 两端的光纤连接器件端面应装配合适的保护盖帽；

b. 光纤应有明显的类型标记，并应符合设计文件要求；

c. 使用光纤端面测试仪应对该批量光连接器件端面进行抽验，比例不宜大于 5% ~ 10%。

4）缆线的检验应符合下列规定：

① 配线模块、信息插座模块及其他连接器件的部件应完整，电气和机械性能等指标应符合相应产品的质量标准。塑料材质应具有阻燃性能，并应满足设计要求。

② 光纤连接器件及适配器的形式、数量、端口位置应与设计相符。光纤连接器件应外观平滑、洁净，并不应有油污、毛刺、伤痕及裂纹等缺陷，各零部件组合应严密、平整。

5）配线设备的使用应符合下列规定：

① 光、电缆配线设备的形式、规格应符合设计文件要求；

② 光、电缆配线设备的编排及标志名称应与设计相符。各类标志名称应统一，标志位置正确、清晰。

6）测试仪表和工具的检验应符合下列规定：

① 应事先对工程中需要使用的仪表和工具进行测试或检查，缆线测试仪表应附有检测机构的证明文件。

② 测试仪表应能测试相应布线等级的各种电气性能及传输特性，其精度应符合相应要求。测试仪表的精度应按相应的鉴定规程和校准方法进行定期检查和校准，经过计量部门校验取得合格证后，方可在有效期内使用，并应符合下列规定：

a. 测试仪表应具有测试结果的保存功能并提供输出端口；

b. 可将所有存储的测试数据输出至计算机和打印机，测试数据不应被修改；

c. 测试仪表应能提供所有测试项目的概要和详细的报告；

d. 测试仪表宜提供汉化的通用人机界面。

③ 施工前对剥线器、光缆切断器、光纤熔接机、光纤磨光机、光纤显微镜、卡接工具等电缆或光缆的施工工具应进行检查，合格后方可在工程中使用。

7）现场尚无检测手段取得屏蔽布线系统所需的相关技术参数时，可将认证检测机构或生产厂家附有的技术报告作为检查依据。

8）对绞电缆电气性能与机械特性、光缆传输性能以及连接器件的具体技术指标应符合设计文件要求。性能指标不符合设计文件要求的设备和材料不得在工程中使用。

（3）设备安装检验

1）机柜、配线箱等设备的规格、容量、位置应符合设计文件要求，安装应符合下列规定：

① 垂直偏差度不应大于 3mm；

② 机柜上的各种零件不得脱落或碰坏，漆面不应有脱落及划痕，各种标志应完整、清晰；

③ 在公共场所安装配线箱时，壁嵌式箱体底边距地不宜小于 1.5m，墙挂式箱体底面距地不宜小于 1.8m；

④ 门锁的启闭应灵活、可靠；

⑤ 机柜、配线箱及桥架等设备的安装应牢固，当有抗震要求时，应按抗震设计进行加固。

2）各类配线部件的安装应符合下列规定：

① 各部件应完整，安装就位，标志齐全、清晰；

② 安装螺丝应拧紧，面板应保持在一个平面上。

3）信息插座模块安装应符合下列规定：

① 信息插座底盒、多用户信息插座及集合点配线箱、用户单元信息配线箱安装位置和高度应符合设计文件要求。

② 安装在活动地板内或地面上时，应固定在接线盒内，插座面板采用直立和水平等形式；接线盒盖可开启，并应具有防水、防尘、抗压功能。接线盒盖面应与地面齐平。

③ 信息插座底盒同时安装信息插座模块和电源插座时，间距及采取的防护措施应符合设计文件要求。

④ 信息插座底盒明装的固定方法应根据施工现场条件而定。

⑤ 固定螺丝应拧紧，不应产生松动现象。

⑥ 各种插座面板应有标识，以颜色、图形、文字表示所接终端设备业务类型。

⑦ 工作区内终接光缆的光纤连接器件及适配器安装底盒应具有空间，并应符合设计文件要求。

4）缆线桥架的安装应符合下列规定：

① 安装位置应符合施工图要求，左右偏差不应超过 50mm；

② 安装水平度每米偏差不应超过 2mm；

③ 垂直安装应与地面保持垂直，垂直度偏差不应超过 3mm；

④ 桥架截断处及拼接处应平滑、无毛刺；

⑤ 吊架和支架安装应保持垂直，整齐牢固，无歪斜现象；

⑥ 金属桥架及金属导管各段之间应保持连接良好，安装牢固；

⑦ 采用垂直槽盒布放缆线时，支撑点宜避开地面沟槽和槽盒位置，支撑应牢固。

5）安装机柜、配线箱、配线设备屏蔽层及金属导管、桥架使用的接地体应符合设计文件要求，就近接地，并应保持良好的电气连接。

（4）缆线的敷设和保护方式检验

1）缆线的敷设应符合下列规定：

① 缆线的形式、规格应与设计规定相符。

② 缆线在各种环境中的敷设方式、布放间距均应符合设计要求。

③ 缆线的布放应自然平直，不得产生扭绞、打圈等现象，不应受外力的挤压和损伤。

④ 缆线的布放路由中不得出现缆线接头。

⑤ 缆线两端应贴有标签，应标明编号，标签书写应清晰、端正和正确。标签应选用不易损坏的材料。

⑥ 缆线应有余量以适应成端、终接、检测和变更，有特殊要求的应按设计要求预留长度，并应符合下列规定：

a. 对绞电缆在终接处，预留长度在工作区信息插座底盒内宜为 30~60mm，电信间宜为 0.5~2.0m，设备间宜为 3~5m；

b. 光缆布放路由宜盘留，预留长度宜为 3~5m。光缆在配线柜处预留长度应为 3~5m，楼层配线箱处光纤预留长度应为 1.0~1.5m，配线箱终接时预留长度不应小于 0.5m，光缆纤芯在配线模块处不做终接时，应保留光缆施工预留长度。

⑦ 缆线的弯曲半径应符合下列规定：

a. 非屏蔽和屏蔽 4 对对绞电缆的弯曲半径不应小于电缆外径的 4 倍；

b. 主干对绞电缆的弯曲半径不应小于电缆外径的 10 倍；

c. 2 芯或 4 芯水平光缆的弯曲半径应大于 25mm；其他芯数的水平光缆、主干光缆和室外光缆的弯曲半径不应小于光缆外径的 10 倍；

d. G.657、G.652 用户光缆弯曲半径应符合表 4.3-1 的规定。

光缆敷设安装的最小曲率半径　　　　　　　　　　　表 4.3-1

光缆类型		静态弯曲
室内外光缆		$15D/15H$
微型自承式通信用室外光缆		$10D/10H$ 且不小于 30mm
管道入户光缆	G.652D 光纤	$10D/10H$ 且不小于 30mm
蝶形引入光缆	G.657A 光纤	$5D/5H$ 且不小于 15mm
室内布线光缆	G.657B 光纤	$5D/5H$ 且不小于 10mm

注：D 为缆芯处圆形护套外径，H 为缆芯处扁形护套短轴的高度。

⑧ 综合布线系统缆线与其他管线的间距应符合设计文件要求，并应符合下列规定：

a. 电力电缆与综合布线系统缆线应分隔布放，并应符合表 4.3-2 的规定。

对绞电缆与电力电缆最小净距　　　　　　　　　　表 4.3-2

条件	最小净距（mm）		
	$<2kV \cdot A$	$2 \sim 5kV \cdot A$	$>5kV \cdot A$
对绞电缆与电力电缆平行敷设	130	300	600
有一方在接地的金属槽盒或金属导管中	70	150	300
双方均在接地的金属槽盒或金属导管中	10	80	150

注：双方都在接地的槽盒中，系指两个不同的槽盒，也可在同一槽盒中用金属板隔开，且平行长度 ≤10m。

b. 室外墙上敷设的综合布线管线与其他管线的间距应符合表 4.3-3 的规定。

综合布线管线与其他管线的间距　　　　　　　　表 4.3-3

管线种类	平行净距（mm）	垂直交义净距（mm）
防雷专设引下线	1000	300
保护地线	50	20
热力管（不包封）	500	500
热力管（包封）	300	300
给水管	150	20
燃气管	300	20
压缩空气管	150	20

c. 综合布线缆线宜单独敷设，与其他弱电系统各子系统缆线间距应符合设计文件要求。

d. 对于有安全保密要求的工程，综合布线缆线与信号线、电力线、接地线的间距应符合相应的保密规定和设计要求，综合布线缆线应采用独立的金属导管或金属槽盒敷设。

⑨ 屏蔽电缆的屏蔽层端到端应保持完好的导通性，屏蔽层不应承载拉力。

2）采用预埋槽盒和暗管敷设缆线应符合下列规定：

① 槽盒和暗管的两端宜用标志表示出编号等内容。

② 预埋槽盒宜采用金属槽盒，截面利用率应为30%~50%。

③ 暗管宜采用钢管或阻燃聚氯乙烯导管。布放大对数主干电缆及4芯以上光缆时，直线管道的管径利用率应为50%~60%，弯导管应为40%~50%。布放4对对绞电缆或4芯及以下光缆时，管道的截面利用率应为25%~30%。

④ 对金属材质有严重腐蚀的场所，不宜采用金属的导管、桥架布线。

⑤ 在建筑物吊顶内应采用金属导管、槽盒布线。

⑥ 导管、桥架跨越建筑物变形缝处，应设补偿装置。

3）设置缆线桥架敷设缆线应符合下列规定：

① 密封槽盒内缆线布放应顺直，不宜交叉，在缆线进出槽盒部位、转弯处应绑扎固定。

② 梯架或托盘内垂直敷设缆线时，在缆线的上端和每间隔1.5m处应固定在梯架或托盘的支架上；水平敷设时，在缆线的首、尾、转弯及每间隔5~10m处应进行固定。

③ 在水平、垂直梯架或托盘中敷设缆线时，应对缆线进行绑扎。对绞电缆、光缆及其他信号电缆应根据缆线的类别、数量、缆径、缆线芯数分束绑扎。绑扎间距不宜大于1.5m，间距应均匀，不宜绑扎过紧或使缆线受到挤压。

④ 室内光缆在梯架或托盘中敞开敷设时应在绑扎固定段加装垫套。

4）采用吊顶支撑柱（垂直槽盒）在顶棚内敷设缆线时，每根支撑柱所辖范围内的缆线可不设置密封槽盒进行布放，但应分束绑扎，缆线应阻燃，缆线选用应符合设计文件要求。

5）建筑群子系统采用架空、管道、电缆沟、电缆隧道、直埋、墙壁及暗管等方式敷设缆线的施工质量检查和验收应符合现行行业标准《通信线路工程验收规范》YD 5121—2010的有关规定。

（5）缆线终接

1）缆线终接应符合下列规定：

① 缆线在终接前，应核对缆线标识内容是否正确；

② 缆线终接处应牢固、接触良好；

③ 对绞电缆与连接器件连接应认准线号、线位色标，不得颠倒和错接。

2）对绞电缆终接应符合下列规定：

① 终接时，每对对绞线应保持扭绞状态，扭绞松开长度对于 3 类电缆不应大于 75mm；对于 5 类电缆不应大于 13mm；对于 6 类及以上类别的电缆不应大于 6.4mm。

② 对绞线与 8 位模块式通用插座相连时，应按色标和线对顺序进行卡接（图 4.3-1）。两种连接方式均可采用，但在同一布线工程中两种连接方式不应混合使用。

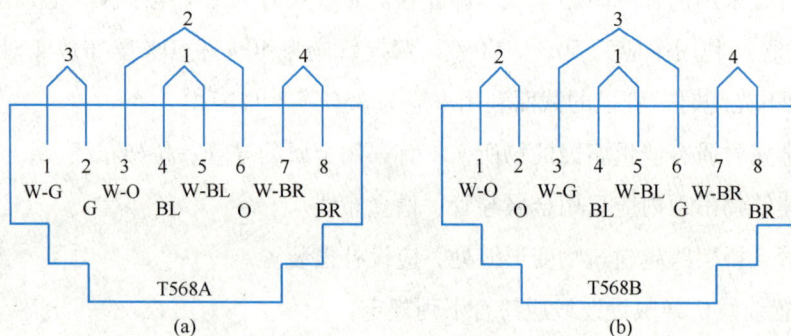

图 4.3-1　T568A 与 T568B 连接图

（a）A 类；（b）B 类

③ 4 对对绞电缆与非 RJ-45 模块终接时，应按线序号和组成的线对进行卡接（图 4.3-2、图 4.3-3）。

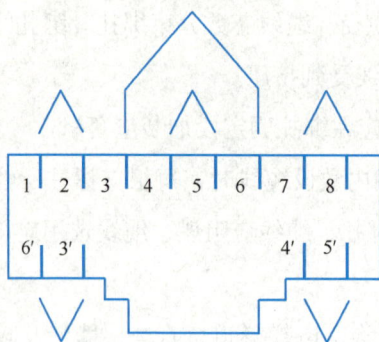

图 4.3-2　7 类和 7_A 类模块插座 连接（正视）方式 1

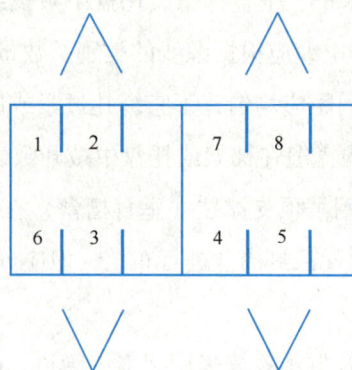

图 4.3-3　7 类和 7_A 类插座 连接（正视）方式 2

④ 屏蔽对绞电缆的屏蔽层与连接器件终接处屏蔽罩应通过紧固器件可靠接触，缆线屏蔽层应与连接器件屏蔽罩 360°圆周接触，接触长度不宜小于 10mm。

⑤ 对不同的屏蔽对绞线或屏蔽电缆，屏蔽层应采用不同的端接方法。应使编织层或金属箔与汇流导线进行有效的端接。

⑥ 信息插座底盒不宜兼做过线盒使用。

3）光纤终接与接续应符合下列规定：

① 光纤与连接器件连接可采用尾纤熔接和机械连接方式；

② 光纤与光纤接续可采用熔接和光连接子连接方式；

③ 光纤熔接处应加以保护和固定。

4）各类跳线的终接应符合下列规定：

① 各类跳线缆线和连接器件间接触应良好，接线无误，标志齐全。跳线选用类型应符合系统设计要求。

② 各类跳线长度及性能参数指标应符合设计文件要求。

（6）工程电气测试

1）综合布线工程电气测试应包括电缆布线系统电气性能测试及光纤布线系统性能测试。

2）综合布线系统工程测试应随工进行。

3）对绞电缆布线系统永久链路、CP 链路及信道测试应符合下列规定：

① 综合布线工程应对每一个完工后的信息点进行永久链路测试。主干缆线采用电缆时也可按照永久链路的连接模型进行测试。

② 对包含设备缆线和跳线在内的拟用或在用电缆链路进行质量认证时可按信道方式测试。

③ 对跳线和设备缆线进行质量认证时，可进行元件级测试。

④ 对绞电缆布线系统链路或信道应测试长度、连接图、回波损耗、插入损耗、近端串音、近端串音功率和、衰减远端串音比、衰减远端串音比功率和、衰减近端串音比、衰减近端串音比功率和、环路电阻、时延、时延偏差等，指标参数应符合《综合布线系统工程验收规范》GB/T 50312—2016 附录 B 规定。

⑤ 现场条件允许时，宜对 EA 级、FA 级对绞电缆布线系统的外部近端串音功率和（PSANEXT）及外部远端串音比功率和（PSAACR-F）指标进行抽测。

⑥ 屏蔽布线系统应符合《综合布线系统工程验收规范》GB/T 50312—2016 第 8.0.3 条第 4 款规定的测试内容，还应检测屏蔽层的导通性能。屏蔽布线系统用于工业级以太网和数据中心时，还应排除虚接地的情况。

⑦ 对绞电缆布线系统应用于工业以太网、POE 及高速信道等场景时，可检测 TCL、ELTCTL、不平衡电阻、耦合衰减等屏蔽特性指标。

4）光纤布线系统性能测试应符合下列规定：

① 光纤布线系统每条光纤链路均应测试，信道或链路的衰减应符合《综合布线系统工程验收规范》GB/T 50312—2016 附录 C 的规定，并应记录测试所得的光纤长度；

② 当 OM3、OM4 光纤应用于 10Gbit/s 及以上链路时，应使用发射和接收补偿光纤进行双向 OTDR 测试；

③ 当光纤布线系统性能指标的检测结果不能满足设计要求时，宜通过 OTDR 测试曲线进行故障定位测试。

5）光纤到用户单元系统工程中，应检测用户接入点至用户单元信息配线箱之间的每一条光纤链路，衰减指标宜采用插入损耗法进行测试。

6）布线系统现场测试仪功能应符合下列规定：

① 测试仪精度应定期检测，每次现场测试前仪表厂家应出示测试仪的精度有效期限证明。

② 电缆及光纤布线系统的现场测试仪表应符合《综合布线系统工程验收规范》GB/T 50312—2016 第 4.0.6 条规定，仪表的精度应符合表 4.3-4 的规定并能向下兼容。

测试仪表精度 表 4.3-4

布线等级	D 级	E 级	E_A 级	F 级	F_A 级
仪表精度	II_e	III	III_e	IV	V

7）布线系统各项测试结果应有详细记录，并应作为竣工资料的一部分。测试内容应按《综合布线系统工程验收规范》GB/T 50312—2016 附录 A、附录 B、附录 C 的规定，测试记录可采用自制表格、电子表格或仪表自动生成的报告文件等记录方式，表格形式与内容宜符合表 4.3-5 和表 4.3-6 的规定。

（7）管理系统验收及工程验收

1）布线管理系统宜按下列规定进行分级：

① 一级布线管理系统应针对单一电信间或设备间的系统；

② 二级布线管理系统应针对同一建筑物内多个电信间或设备间的系统；

③ 三级布线管理系统应针对同一建筑群内多栋建筑物的系统，并应包括建筑物内部及外部系统；

④ 四级布线管理系统应针对多个建筑群的系统。

综合布线系统工程电缆性能指标测试记录　　　　表 4.3-5

工程项目名称			备注
工程编号			
测试模型	链路（布线系统级别）		
	信道（布线系统级别）		
信息点位置	地址码		
	缆线标识编号		
	配线端口标识码		
测试指标项目	是否通过测试		处理情况
测试记录	测试日期、测试环境及工程实施阶段： 测试单位及人员： 测试仪表型号、编号、精度校准情况和制造商；测试连接图、采用软件版本、测试对绞电缆及配线模块的详细信息（类型和制造商，相关性能指标）：		

综合布线系统工程光纤性能指标测试记录　　　　　　表 4.3-6

工程项目名称			备注
工程编号			
测试模型	链路（布线系统级别）		
	信道（布线系统级别）		
信息点位置	地址码		
	缆线标识编号		
	配线端口标识码		
测试指标项目	光纤类型	测试方法	是否通过测试	处理情况

测试记录	测试日期及工程实施阶段：
	测试单位及人员：
	测试仪表型号、编号、精度校准情况和制造商；测试连接图、采用软件版本、测试光缆及适配器的详细信息（类型和制造商，相关性能指标）：

2）综合布线管理系统宜符合下列规定：

① 管理系统级别的选择应符合设计要求；

② 需要管理的每个组成部分均应设置标签，并由惟一的标识符进行标示，标识符与标签的设置应符合设计要求；

③ 管理系统的记录文档应详细完整并汉化，并应包括每个标识符相关信息、记录、报告、图纸等内容；

④ 不同级别的管理系统可采用通用电子表格、专用管理软件或智能配线系统等进

行维护管理。

3）综合布线管理系统的标识符与标签的设置应符合下列规定：

① 标识符应包括安装场地、缆线终端位置、缆线管道、水平缆线、主干缆线、连接器件、接地等类型的专用标识，系统中每一组件应指定一个惟一标识符；

② 电信间、设备间、进线间所设置配线设备及信息点处均应设置标签；

③ 每根缆线应指定专用标识符，标在缆线的护套上或在距每一端护套 300mm 内应设置标签，缆线的成端点应设置标签标记指定的专用标识符；

④ 接地体和接地导线应指定专用标识符，标签应设置在靠近导线和接地体的连接处的明显部位；

⑤ 根据设置的部位不同，可使用粘贴型、插入型或其他类型标签；标签表示内容应清晰，材质应符合工程应用环境要求，具有耐磨、抗恶劣环境、附着力强等性能；

⑥ 成端色标应符合缆线的布放要求，缆线两端成端点的色标颜色应一致。

4）综合布线系统各个组成部分的管理信息记录和报告应符合下列规定：

① 记录应包括管道、缆线、连接器件及连接位置、接地等内容，各部分记录中应包括相应的标识符、类型、状态、位置等信息；

② 报告应包括管道、安装场地、缆线、接地系统等内容，各部分报告中应包括相应的记录。

5）综合布线系统工程当采用布线工程管理软件和电子配线设备组成的智能配线系统进行管理和维护工作时，应按专项系统工程进行验收。

（8）工程验收

1）竣工技术文件应按下列规定进行编制：

① 工程竣工后，施工单位应在工程验收以前，将工程竣工技术资料交给建设单位。

② 综合布线系统工程的竣工技术资料应包括下列内容：

a. 竣工图纸；

b. 设备材料进场检验记录及开箱检验记录；

c. 系统中文检测报告及中文测试记录；

d. 工程变更记录及工程洽商记录；

e. 随工验收记录，分项工程质量验收记录；

f. 隐蔽工程验收记录及签证；

g. 培训记录及培训资料。

③ 竣工技术文件应保证质量，做到外观整洁，内容齐全，数据准确。

2）综合布线系统工程，应按《综合布线系统工程验收规范》GB/T 50312—2016

附录 A 所列项目、内容进行检验。检验应作为工程竣工资料的组成部分及工程验收的依据之一，并应符合下列规定：

① 系统工程安装质量检查，各项指标符合设计要求，被检项检查结果应为合格；被检项的合格率为 100%，工程安装质量应为合格。

② 竣工验收需要抽验系统性能时，抽样比例不应低于 10%，抽样点应包括最远布线点。

③ 系统性能检测单项合格判定应符合下列规定：

a. 一个被测项目的技术参数测试结果不合格，则该项目应为不合格；当某一被测项目的检测结果与相应规定的差值在仪表准确度范围内，则该被测项目应为合格；

b. 按《综合布线系统工程验收规范》GB/T 50312—2016 附录 B 的指标要求，采用 4 对对绞电缆作为水平电缆或主干电缆，所组成的链路或信道有一项指标测试结果不合格，则该水平链路、信道或主干链路、信道应为不合格；

c. 主干布线大对数电缆中按 4 对对绞线对测试，有一项指标不合格，则该线对应为不合格；

d. 当光纤链路、信道测试结果不满足《综合布线系统工程验收规范》GB/T 50312—2016 附录 C 的指标要求时，则该光纤链路、信道应为不合格；

e. 未通过检测的链路、信道的电缆线对或光纤可在修复后复检。

④ 竣工检测综合合格判定应符合下列规定：

a. 对绞电缆布线全部检测时，无法修复的链路、信道或不合格线对数量有一项超过被测总数的 1%，应为不合格。光缆布线系统检测时，当系统中有一条光纤链路、信道无法修复，则为不合格。

b. 对绞电缆布线抽样检测时，被抽样检测点（线对）不合格比例不大于被测总数的 1%，应为抽样检测通过，不合格点（线对）应予以修复并复检。被抽样检测点（线对）不合格比例如果大于 1%，应为一次抽样检测未通过，应进行加倍抽样，加倍抽样不合格比例不大于 1%，应为抽样检测通过。当不合格比例仍大于 1%，应为抽样检测不通过，应进行全部检测，并按全部检测要求进行判定。

c. 当全部检测或抽样检测的结论为合格时，则竣工检测的最后结论应为合格；当全部检测的结论为不合格时，则竣工检测的最后结论应为不合格。

⑤ 综合布线管理系统的验收合格判定应符合下列规定：

a. 标签和标识应按 10% 抽检，系统软件功能应全部检测。检测结果符合设计要求应为合格。

b. 智能配线系统应检测电子配线架链路、信道的物理连接，以及与管理软件中显示的链路、信道连接关系的一致性，按 10% 抽检；连接关系全部一致应为合格，有一条及以上链路、信道不一致时，应整改后重新抽测。

3）光纤到用户单元系统工程中用户光缆的光纤链路应 100% 测试并合格，工程质量判定应为合格。

（9）综合布线系统工程验收项目及验收内容

综合布线系统工程验收项目及验收内容见表 4.3-7。

<p>综合布线系统工程验收项目及验收内容　表 4.3-7</p>

阶段	验收项目	验收内容	验收方式
施工前检查	施工前准备资料	1. 已批准的施工图； 2. 施工组织计划； 3. 施工技术措施	施工前检查
	环境要求	1. 土建施工情况：地面、墙面、门、电源插座及接地装置； 2. 土建工艺；机房面积、预留孔洞； 3. 施工电源； 4. 地板铺设； 5. 建筑物入口设施检查	
	器材检验	1. 按工程技术文件对设备、材料、软件进行进场验收； 2. 外观检查； 3. 品牌、型号、规格、数量； 4. 电缆及连接器件电气性能测试； 5. 光纤及连接器件特性测试； 6. 测试仪表和工具的检验	
	安全、防火要求	1. 施工安全措施； 2. 消防器材； 3. 危险物的堆放； 4. 预留孔洞防火措施	
设备安装	电信间、设备间、设备机柜、机架	1. 规格、外观； 2. 安装垂直度、水平度； 3. 油漆不得脱落，标志完整齐全； 4. 各种螺栓必须紧固； 5. 抗振加固措施； 6. 接地措施及接地电阻	随工检验
	配线模块及 8 位模块式通用插座	1. 规格、位置、质量； 2. 各种螺栓必须拧紧； 3. 标志齐全； 4. 安装符合工艺要求； 5. 屏蔽层可靠连接	

阶段	验收项目	验收内容	验收方式
缆线布放 （楼内）	缆线桥架布放	1. 安装位置正确； 2. 安装符合工艺要求； 3. 符合布放缆线工艺要求； 4. 接地	随工检查或 隐蔽工程签证
	缆线暗敷	1. 缆线规格、路由、位置； 2. 符合布放缆线工艺要求； 3. 接地	隐蔽工程签证
缆线布放 （楼间）	架空缆线	1. 吊线规格、架设位置、装设规格； 2. 吊线垂度； 3. 缆线规格； 4. 卡、挂间隔； 5. 缆线的引入符合工艺要求	随工检验
	管道缆线	1. 使用管孔孔位； 2. 缆线规格； 3. 缆线走向； 4. 缆线的防护设施的设置质量	隐蔽工程签证
	埋式缆线	1. 缆线规格； 2. 敷设位置、深度； 3. 缆线的防护设施的设置质量； 4. 回填土夯实质量	
	通道缆线	1. 缆线规格； 2. 安装位置，路由； 3. 土建设计符合工艺要求	
	其他	1. 通信线路与其他设施的间距； 2. 进线间设施安装、施工质量	随工检验或 隐蔽工程签证
缆线成端	RJ-45、非 RJ-45 通用插座	符合工艺要求	随工检验
	光纤连接器件		
	各类跳线		
	配线模块		

续表

阶段	验收项目	验收内容		验收方式
系统测试	各等级的电缆布线系统工程电气性能测试内容	A、C、D、E、E$_A$、F、F$_A$	1. 连接图； 2. 长度； 3. 衰减（只为 A 级布线系统）； 4. 近端串音； 5. 传播时延； 6. 传播时延偏差； 7. 直流环路电阻	竣工检验（随工测试）
		C、D、E、E$_A$、F、F$_A$	1. 插入损耗； 2. 回波损耗	
		E、E、E$_A$、F、F$_A$	1. 近端串音功率和； 2. 衰减近端串音比； 3. 衰减近端串音比功率和； 4. 衰减远端串音比； 5. 衰减远端串音比功率和	
		E$_A$、F$_A$	1. 外部近端串音功率和； 2. 外部衰减远端串音比功率和	
		屏蔽布线系统屏蔽层的导通		
		为可选的增项测试（D、E、E$_A$、F、F$_A$）	1. TLC； 2. ELTCTL； 3. 耦合衰减； 4. 不平衡电阻	
	光纤特性测试	1. 衰减； 2. 长度； 3. 高速光纤链路 OTDR 曲线		
管理系统	管理系统级别	符合设计文件要求		竣工检验
	标识符与标签设置	1. 专用标识符类型及组成； 2. 标签设置； 3. 标签材质及色标		
	记录和报告	1. 记录信息； 2. 报告； 3. 工程图纸		
	智能配线系统	作为专项工程		
工程总验收	竣工技术文件	清点、交接技术文件		
	工程验收评价	考核工程质量，确认验收结果		

注：系统测试内容的验收亦可在随工中进行检验。光纤到用户单元系统工程由建筑建设方承担的
　　工程部分验收项目参照此表内容。

4.3.4　问题思考

1. 根据你的学习，描述现阶段哪些国家标准可以作为综合布线系统工程验收指标?

2. 不同阶段的验收工作包括哪些内容?

3. 综合布线系统工程开工前检查包括哪些内容?

4. 简述初步验收的作用。

5. 竣工验收包括哪些内容?

6. 验收内容包括哪些?

4.3.5　知识拓展

资源名称	办公楼布线系统工程验收相关知识	办公楼布线系统工程验收项目实施
资源类型	视频	视频
资源二维码	 4.3-2	 4.3-3

CHAPTER 5

项目 5

小型网络搭建

任务 5.1 搭建小型办公网络

5.1.1　教学目标与思路

【教学载体】哈尔滨某公司办公网络施工。

【教学目标】

知识目标	能力目标	素养目标	思政要素
1. 能够认识网络分类； 2. 掌握局域网规划的方式方法； 3. 掌握网络综合布线的基本原理和操作； 4. 掌握网络调试的基本命令； 5. 掌握网络工程验收的过程和方法。	1. 能够安装操作系统； 2. 能够网络工程验收的过程和方法； 3. 能够熟练制作跳线。	1. 具有良好倾听的能力，能有效地获得各种资讯； 2. 能正确表达自己思想，学会理解和分析问题。	1. 培养民族自豪感； 2. 树立以人为本，预防为主，安全第一的思想。

【学习任务】下图是哈尔滨某公司根据发展需要，新建办公地点，40 人位办公区域平面图，现要求在 48h 内根据要求设计网络，30 天安装实施，35 天内完成测试交接。接受

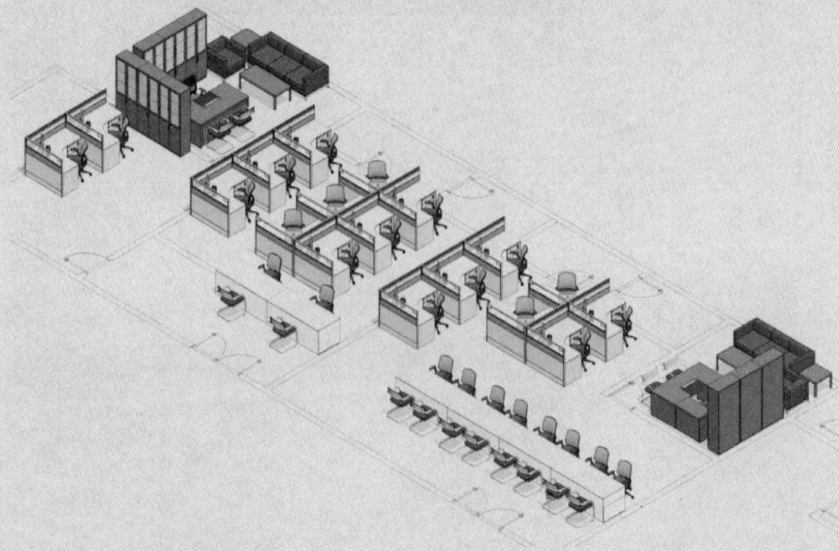

任务后，你要查阅材料（纸质和网络资源），获取小型局域网组网要求和形式，确定组网拓扑，在模拟器上验证后实施和测试，并交付给用户。（注：工作完成后，注意现场清扫场地、物品收集、资料归档等。）

【建议学时】8 学时

【思维导图】

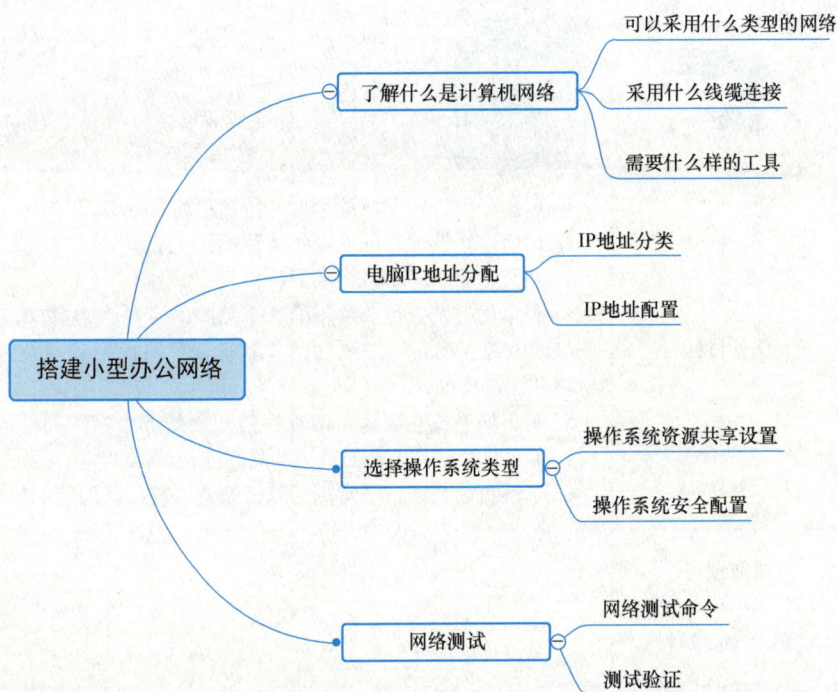

5.1.2　学生任务单

任务名称	搭建小型办公网络	
学生姓名	班级学号	
同组成员		
负责任务		
完成日期	完成效果（教师评价及签字）	

明确任务	任务目标	1. 调研各类传输介质的结构、传输距离及分类； 2. 调研连接器件、配线设备的种类； 3. 调研各类不同型号产品的价格； 4. 到市场上调查目前常用的五个品牌的 4 对 5e 类和 6 类非屏蔽双绞线电缆，观察双绞线的结构和标记，对比两种双绞线电缆的价格和性能指标； 5. 到市场上或互联网上调查目前常用的五个品牌的综合布线系统产品，并列出其生产的电缆产品系列； 6. 了解目前我国市场常用的综合布线系统产品的厂家都有哪些？
自学简述	课前预习 （学习内容、浏览资源、查阅资料）	
	拓展学习 （任务以外的学习内容）	
任务研究	完成步骤 （用流程图表达）	

任务分工	任务分工	完成人	完成时间

		本人任务	
		角色扮演	
		岗位职责	
		提交成果	

任务 实施	完成步骤	第 1 步		成 果 提 交
		第 2 步		
		第 3 步		
		第 4 步		
		第 5 步		
	问题求助			
	难点解决			
	重点记录 （完成任务 过程中，用 到的基本知 识、公式、 规范、方法 和工具等）			

学习 反思	不足之处					
	待解问题					
	课后学习					

过程 评价	自我评价 （5 分）	课前学习	时间观念	实施方法	知识技能	成果质量	分值
	小组评价 （5 分）	任务承担	时间观念	团队合作	知识技能	成果质量	分值

5.1.3　知识与技能

1. 知识点——工程实施前的准备工作

（1）了解计算机网络

1）什么是计算机网络？计算机网络是指将地理位置不同的具有独立功能的多台计算机及其外部设备，通过通信线路连接起来，在网络操作系统，网络管理软件及网络通信协议的管理和协调下，实现资源共享和信息传递的计算机系统。

2）网络的分类有哪些？

网络分类方式繁多，一般有以下几种分类方式：

① 按地域范围

可分为局域网、城域网和广域网 3 类。

② 按拓扑结构

可分为总线、星状、环状、网状等。

③ 按交换方式

可分为电路交换网、分组交换网、帧中继交换网、信元交换网等。

④ 按网络协议

可分为采用 TCP/IP、SNA、SPX/IPX、AppleTALK 等协议的网络。

⑤ 按应用规模

可分为 Intranet、Extranet 等。

3）网线（Network Cable 网络连接线）

网线是从一个网络设备（例如计算机）连接到另外一个网络设备传递信息的介质，是网络的基本构件。在我们常用的局域网中，使用的网线也是具有多种类型。在通常情况下，一个典型的局域网一般是不会使用多种不同种类的网线来连接网络设备的。在大型网络或者广域网中为了把不同类型的网络连接在一起就会使用不同种类的网线。在众多种类的网线中，具体使用哪一种网线要根据网络的拓扑结构，网络结构标准和传输速度来进行选择。

（2）了解网络中使用的线缆

了解网线的种类和特征，对于我们正确地设计和建设网络是很重要的，下面我们按类别来看看有哪类网线以及它们的技术特征。

1）双绞线

双绞线（Twisted Pair）分为屏蔽（Shielded Twisted Pair，简称 STP）和非屏蔽（Unshielded Twisted Pair，简称 UTP），所谓的屏蔽就是指网线内部信号线的外面包裹着

一层金属网，在屏蔽层外面才是绝缘外皮，屏蔽层可以有效地隔离外界电磁信号的干扰。

UTP 是目前局域网中可以算使用频率最高的一种网线。这种网线在塑料绝缘外皮里面包裹着 8 根信号线，它们每两根为一对相互缠绕，形成总共 4 对，双绞线也因此得名。双绞线这样结构就是利用铜线中电流产生的电磁场互相作用抵消邻近线路的干扰并减少来自外界的干扰。每对线在单位长度上相互缠绕的次数决定了抗干扰的能力和通信的质量，缠绕得越紧密其通信质量越高，就可以支持更高的网络数据传送速度，当然它的成本也就越高。国际电工委员会和国际电信委员会 EIA/TIA（Electronic Industry Association/Telecommunication Industry Association），已经建立了 UTP 网线的国际标准并根据使用的领域分为 5 个类别（Categories 或者简称 CAT），每种类别的网线生产厂家都会在其绝缘外皮上标注其种类，例如 CAT-5 或者 Categories-5，在选购的时候需要注意。

CAT-3 和 CAT-5 是计算机网络中使用最多的类型，在不增加其他网络连接设备（如集线器）的情况下，单段 CAT-3/CAT-5 的最大允许使用长度是 100m，增强型 100Base-TX 网络也不超过 220m。平时常说的所谓超五类线，只是厂家为了保证通信质量单方面提高的 CAT-5 标准，目前并没有被 EIA/TIA 认可。

UTP 网线使用 RJ-45 水晶头进行连接，RJ-45 接头是一种只能固定方向插入并自动防止脱落的塑料接头，网线内部的每一根信号线都需要使用专用压线钳，使它与 RJ-45 的接触点紧紧连接，根据网络速度和网络结构标准的不同，接触点与网线的接线方式也不同。UTP 网线适用于 10Base-T，100Base-T，100Base-TX 标准的星形拓扑结构网络。

STP 使用金属屏蔽层来降低外界的电磁干扰（EMI），当屏蔽层被正确地接地后，可将接收到的电磁干扰信号变成电流信号，与在双绞线形成的干扰信号电流反向。只要两个电流是对称的，它们就可抵消，而不给接收端带来噪声。可是，屏蔽层不连续或者屏蔽层电流不对称时，就会降低甚至完全失去屏蔽效果而导致噪声。STP 线缆只有当完全的端对端链路均完全屏蔽及正确接地后，才能防止电磁辐射及干扰。要使噪声减小到最小，提高信噪比，这种抗干扰、防辐射的能力，就是所谓的电磁兼容性（EMC）。

STP 线缆的缺点是，在高频传输时衰减增大，如果没有良好的屏蔽效果，平衡性会降低，也会导致串扰噪声。而屏蔽的效果取决于屏蔽材料、屏蔽层密度以及电磁干扰信号类型、频率、噪声源至屏蔽层的距离、屏蔽的连续性和所采用的接地结构等。STP 一般用在易于受电磁干扰和无线频率干扰的环境中。

2）同轴电缆

同轴电缆（Coaxial Cable）是指有两个同心导体，而导体和屏蔽层又共用同一轴心的电缆。它是计算机网络中使用广泛的另外一种线材。由于它在主线外包裹绝缘材料，在绝缘材料外面又有一层网状编织的屏蔽金属网线，所以能很好地阻隔外界的电磁干扰，提高通信质量。

同轴电缆的优点是可以在相对长的无中继器的线路上支持高带宽通信，而其缺点也是显而易见的：一是体积大，细缆的直径就有 3/8 英寸（9.5mm）粗，要占用电缆管道的大量空间；二是不能承受缠结、压力和严重的弯曲，这些都会损坏电缆结构，阻止信号的传输；最后就是成本高，而所有这些缺点正是双绞线能克服的，因此，在现在的局域网环境中，基本已被基于双绞线的以太网物理层规范所取代。

同轴电缆分为细缆和粗缆两种。细缆的直径为 0.26cm，最大传输距离 185m，使用时与 50Ω 终端电阻、T 形连接器、BNC 接头与网卡相连，线材价格和连接头成本都比较便宜，而且不需要购置集线器等设备，十分适合架设终端设备较为集中的小型以太网络。粗缆（RG-11）的直径为 1.27cm，最大传输距离达到 500m。由于直径相当粗，因此它的弹性较差，不适合在室内狭窄的环境内架设，而且 RG-11 连接头的制作方式也相对要复杂许多，并不能直接与电脑连接，它需要通过一个转接器转成 AUI 接头，然后再接到电脑上。由于粗缆的强度较强，最大传输距离也比细缆长，因此，粗缆的主要用途是扮演网络主干的角色，用来连接数个由细缆所结成的网络，粗缆的阻抗是 75Ω。

3）光纤

光纤（Fiber Optic Cable）以光脉冲的形式来传输信号，因此，材质也以玻璃或有机玻璃为主。它由纤维芯、包层和保护套组成。

光纤的结构和同轴电缆很类似，也是中心为一根由玻璃或透明塑料制成的光导纤维，周围包裹着保护材料，根据需要还可以多根光纤合并在一根光缆里面。根据光信号发生方式的不同，光纤可分为单模光纤和多模光纤。

光纤最大的特点就是传导的是光信号，因此，不受外界电磁信号的干扰，信号的衰减速度很慢，所以，信号的传输距离比以上传送电信号的各种网线要远得多，并且特别适用于电磁环境恶劣的地方。由于光纤的光学反射特性，一根光纤内部可以同时传送多路信号，所以光纤的传输速度可以非常的高，目前 1Gbps（1000Mbps）的光纤网络已经成为主流高速网络，理论上光纤网络最高可达到 50000Gbps（50Tbps）的速度。光纤由于其传输方式的巨大不同，具有自己的一套网络模型，那就是 10BaseF，100BaseF，1000BaseF 局域网标准，单段最大长度可达 2000m。

光纤网络由于需要把光信号转变为计算机的电信号，因此，在接头上更加复杂，除了具有连接光导纤维的多种类型接头（如 SMA、SC、ST、FC 光纤接头）以外，还需要专用的光纤转发器等设备，负责把光信号转变为计算机电信号，并且把光信号继续向其他网络设备发送。

光纤是前景非常好的网络传输介质。但由于目前价格昂贵，因此，中小型的办公用局域网没有必要选它。目前光纤的主要应用是在大型的局域网中用作主干线路。但随着成本的降低，在不远的未来，光纤到楼、到户，甚至会延伸到桌面，给我们带来全新的高速体验。

2. 知识点——工程施工过程中的要点

（1）线缆制作

1）双绞线

就是 8 条线两两相交，分别是：白橙、橙、白绿、绿、白蓝、蓝、白棕、棕。在双绞线制作中，按照国际标准分为 T568A 和 T568B 两种。

T568A：白绿，绿，白橙，蓝，白蓝，橙，白棕，棕。

T568B：白橙，橙，绿白，蓝，白蓝，绿，白棕，棕。

直通线：两边都是 568A，或者 568B。

交叉线：一边是 568A，一边是 568B。

2）常用的综合布线工具

① 打线钳（图 5.1-1）

(a)　　　　　　　　　　　　　　(b)

图 5.1-1　打线钳

信息插座与模块是嵌套在一起的，埋在墙中的网线是通过信息模块与外部网线进行连接的，墙内部网线与信息模块的连接是通过把网线的 8 条芯线按规定卡入信息模块的对应线槽中的。网线的卡入需用一种专用的卡线工具，称之为"打线钳"。

② 双用压接工具（图 5.1-2）

适用于 RJ-45、RJ-11 水晶头的压接。一把钳子包括了双绞线切割、剥离外护套、水晶头压接等多种功能。

③ RJ-45 单用压接工具（图 5.1-3）

在双绞线网线制作过程中，压线钳是最主要的制作工具，一把钳子包括了双绞线切

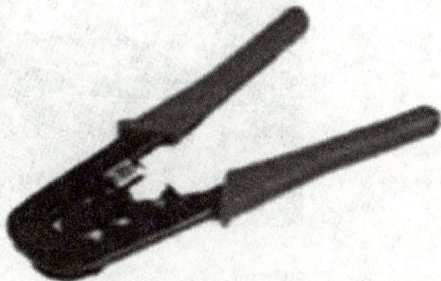

图 5.1-2　双用压接工具

(a)   (b)

图 5.1-3   单用压接工具

割、剥离外护套、水晶头压接等多种功能。因压线钳针对不同的线材会有不同的规格，在购买时一定要注意选对类型。

④ 剥线器（图 5.1-4）

剥线器不仅外形小巧且简单易用，操作只需要一个简单的步骤就可除去缆线的外护套，就是把线放在相应尺寸的孔内并旋转 3~5 圈即可除去缆线的外护套。

⑤ 剥线钳（图 5.1-5）

图 5.1-4   剥线器

图 5.1-5   剥线钳

剥线钳是一种轻型的用于剥去非屏蔽双绞线外护套的常用工具。它不仅能将双绞线的外衣削去，而且不会对电缆的线芯有任何损伤。

⑥ 打线保护器（图 5.1-6）

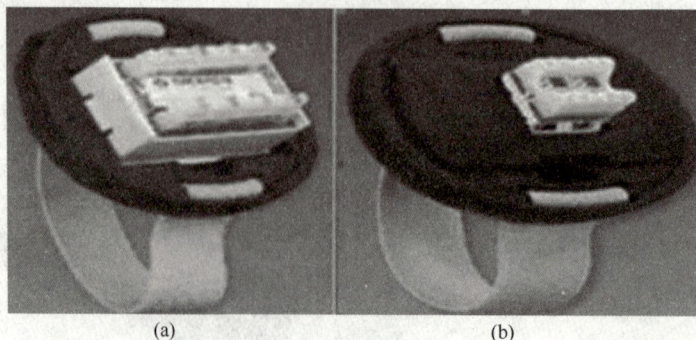

(a)   (b)

图 5.1-6   打线保护器

因为把双绞线的 4 对芯线卡入到信息模块的过程比较费劲，并且由于信息模块容易划伤手，于是就有公司专门一种打线保护装置，信息模块嵌套保护装置这样更加方便把线卡入到信息模块中，同时也可以起到隔离手掌，保护手的作用。

（2）IP 地址分配

IP 地址（Internet Protocol Address）是指互联网协议地址，又译为网际协议地址。

IP 地址是 IP 协议提供的一种统一的地址格式，它为互联网上的每一个网络和每一台主机分配一个逻辑地址，以此来屏蔽物理地址的差异。

IP 协议是为计算机网络相互连接进行通信而设计的协议。在因特网中，它是能使连接到网上的所有计算机网络实现相互通信的一套规则，规定了计算机在因特网上进行通信时应当遵守的规则。任何厂家生产的计算机系统，只要遵守 IP 协议就可以与因特网互连互通。各个厂家生产的网络系统和设备，如以太网、分组交换网等，它们相互之间不能互通，不能互通的主要原因是它们所传送数据的基本单元（技术上称之为"帧"）的格式不同。IP 协议实际上是一套由软件程序组成的协议软件，它把各种不同"帧"统一转换成"IP 数据报"格式，这种转换是因特网的一个最重要的特点，使所有各种计算机都能在因特网上实现互通，即具有"开放性"的特点。正是因为有了 IP 协议，因特网才得以迅速发展成为世界上最大的、开放的计算机通信网络。因此，IP 协议也可以叫作"因特网协议"。

IP 协议中还有一个非常重要的内容，那就是给因特网上的每台计算机和其他设备都规定了一个惟一的地址，叫作"IP 地址"。由于有这种惟一的地址，才保证了用户在连网的计算机上操作时，能够高效而且方便地从千千万万台计算机中选出自己所需的对象来。

IP 地址就像是我们的家庭住址一样，如果你要写信给一个人，你就要知道他（她）的地址，这样邮递员才能把信送到。计算机发送信息就好比是邮递员，它必须知道惟一的"家庭地址"才能不至于把信送错人家。只不过我们的地址是用文字来表示的，计算机的地址用二进制数字表示。

IP 地址被用来给 Internet 上的电脑一个编号。大家日常见到的情况是每台联网的 PC 上都需要有 IP 地址，才能正常通信。我们可以把"个人电脑"比作"一台电话"，那么"IP 地址"就相当于"电话号码"，而 Internet 中的路由器，就相当于电信局的"程控式交换机"。

IP 地址是一个 32 位的二进制数，通常被分割为 4 个"8 位二进制数"（也就是 4 个字节）。IP 地址通常用"点分十进制"表示成（a.b.c.d）的形式，其中，a，b，c，d 都是 0 ~ 255 之间的十进制整数。例：点分十进 IP 地址（100.4.5.6），实际上是 32 位二进制数（01100100.00000100.00000101.00000110）。

首先出现的 IP 地址是 IPv4，它只有 4 段数字，每一段最大不超过 255。由于互联网的蓬勃发展，IP 位址的需求量愈来愈大，使得 IP 位址的发放愈趋严格，各项资料显示全球 IPv4 位址可能在 2005 至 2010 年间全部发完（实际情况是在 2019 年 11 月 25 日 IPv4 位地址分配完毕）。地址空间的不足必将妨碍互联网的进一步发展。为了扩大地址空间，拟通过 IPv6 重新定义地址空间。IPv6 采用 128 位地址长度。在 IPv6 的设计过程中除了一劳永逸地解决了地址短缺问题以外，还考虑了在 IPv4 中解决不好的其他问题。现有的互联网是在 IPv4 协议的基础上运行的。IPv6 是下一版本的互联网协议，也可以说是下一代互联网的协议，它的提出最初是因为随着互联网的迅速发展，IPv4 定义的有限地址空间将被耗尽，而地址空间的不足必将妨碍互联网的进一步发展。为了扩大地址空间，拟通过 IPv6 以重新定义地址空间。IPv4 采用 32 位地址长度，只有大约 43 亿个地址，而 IPv6 采用 128 位地址长度，几乎可以不受限制地提供地址。按保守方法估算 IPv6 实际可分配的地址，整个地球的每平方米面积上仍可分配 1000 多个地址。在 IPv6 的设计过程中除解决了地址短缺问题以外，还考虑了在 IPv4 中解决不好的其他一些问题，主要有端到端 IP 连接、服务质量（QoS）、安全性、多播、移动性、即插即用等。

1）IP 地址类型

公有地址（Public address）由 Inter NIC（Internet Network Information Center 因特网信息中心）负责。这些 IP 地址分配给注册并向 Inter NIC 提出申请的组织机构。通过它直接访问因特网。

私有地址（Private address）属于非注册地址，专门为组织机构内部使用。

以下列出留用的内部私有地址。

A 类 10.0.0.0 ~ 10.255.255.255。

B 类 172.16.0.0 ~ 172.31.255.255。

C 类 192.168.0.0 ~ 192.168.255.255。

2）IP 地址编址方式

最初设计互联网络时，为了便于寻址以及层次化构造网络，每个 IP 地址包括两个标识码（ID），即网络 ID 和主机 ID。同一个物理网络上的所有主机都使用同一个网络 ID，网络上的一个主机（包括网络上工作站，服务器等）有一个主机 ID 与其对应。Internet 委员会定义了 5 种 IP 地址类型以适合不同容量的网络，即 A ~ E 类。

其中 A、B、C 3 类（如表 5.1-1）由 InternetNIC 在全球范围内统一分配，D、E 类为特殊地址。

IP 地址

表 5.1-1

类别	最大网络数	IP 地址范围	单个网段最大主机数	私有 IP 地址范围
A	126(2^7-2)	1. 0. 0. 1 ~ 127. 255. 255. 254	16777214	10. 0. 0. 0 ~ 10. 255. 255. 255
B	16384(2^{14})	128. 0. 0. 1 ~ 191. 255. 255. 254	65534	172. 16. 0. 0 ~ 172. 31. 255. 255
C	2097152(2^{21})	192. 0. 0. 1 ~ 223. 255. 255. 254	254	192. 168. 0. 0 ~ 192. 168. 255. 255

① A 类 IP 地址

一个 A 类 IP 地址是指,在 IP 地址的四段号码中,第一段号码为网络号码,剩下的三段号码为本地计算机的号码。如果用二进制表示 IP 地址的话,A 类 IP 地址就由 1 字节的网络地址和 3 字节主机地址组成,网络地址的最高位必须是"0"。A 类 IP 地址中网络的标识长度为 8 位,主机标识的长度为 24 位,A 类网络地址数量较少,有 126 个网络,每个网络可以容纳主机数达 1600 多万台。

A 类 IP 地址范围 1. 0. 0. 1 ~ 127. 255. 255. 254(二进制表示为:00000001 00000000 00000000 00000001 ~ 01111111 11111111 11111111 11111110)。最后一个是广播地址。

② B 类 IP 地址

一个 B 类 IP 地址是指,在 IP 地址的四段号码中,前两段号码为网络号码。如果用二进制表示 IP 地址的话,B 类 IP 地址就由 2 字节的网络地址和 2 字节主机地址组成,网络地址的最高位必须是"10"。B 类 IP 地址中网络的标识长度为 16 位,主机标识的长度为 16 位,B 类网络地址适用于中等规模的网络,有 16384 个网络,每个网络所能容纳的计算机数为 6 万多台。

B 类 IP 地址范围 128. 0. 0. 1 ~ 191. 255. 255. 254(二进制表示为:10000000 00000000 00000000 00000001 ~ 10111111 11111111 11111111 11111110)。最后一个是广播地址。

B 类 IP 地址的子网掩码为 255. 255. 0. 0,每个网络支持的最大主机数为 65534 台。

③ C 类 IP 地址

一个 C 类 IP 地址是指,在 IP 地址的四段号码中,前三段号码为网络号码,剩下的一段号码为本地计算机的号码。如果用二进制表示 IP 地址的话,C 类 IP 地址就由 3 字节的网络地址和 1 字节主机地址组成,网络地址的最高位必须是"110"。C 类 IP 地址中网络的标识长度为 24 位,主机标识的长度为 8 位,C 类网络地址数量较多,有 209 万余个网络。适用于小规模的局域网络,每个网络最多只能包含 254 台计算机。

C 类 IP 地址范围 192. 0. 0. 1 ~ 223. 255. 255. 254(二进制表示为:11000000 00000000 00000000 00000001 ~ 11011111 11111111 11111111 11111110)。

C 类 IP 地址的子网掩码为 255.255.255.0，每个网络支持的最大主机数为 256 - 2 = 254 台

④ D 类 IP 地址

D 类 IP 地址在历史上被叫作多播地址（Multicast Address），即组播地址。在以太网中，多播地址命名了一组应该在这个网络中应用接收到一个分组的站点。多播地址的最高位必须是"1110"，范围从 224.0.0.0 到 239.255.255.255。

3）特殊的网址

每一个字节都为 0 的地址（"0.0.0.0"）对应于当前主机；

IP 地址中的每一个字节都为 1 的 IP 地址（"255.255.255.255"）是当前子网的广播地址；

IP 地址中凡是以"11110"开头的 E 类 IP 地址都保留用于将来和实验使用。

IP 地址中不能以十进制"127"作为开头，该类地址中数字 127.0.0.1 到 127.255.255.255 用于回路测试，如：127.0.0.1 可以代表本机 IP 地址，用"http://127.0.0.1"就可以测试本机中配置的 Web 服务器。

网络 ID 的第一个 6 位组也不能全置为"0"，全"0"表示本地网络。

4）子网

引入子网掩码（NetMask），从逻辑上把一个大网络划分成一些小网络。子网掩码是由一系列的 1 和 0 构成，通过将其同 IP 地址做"与"运算来指出一个 IP 地址的网络号是什么。对于传统 IP 地址分类来说，A 类地址的子网掩码是 255.0.0.0；B 类地址的子网掩码是 255.255.0.0；C 类地址的子网掩码是 255.255.255.0。例如，如果要将一个 B 类网络 166.111.0.0 划分为多个 C 类子网来用的话，只要将其子网掩码设置为 255.255.255.0 即可，这样 166.111.1.1 和 166.111.2.1 就分属于不同的网络了。像这样，通过较长的子网掩码将一个网络划分为多个网络的方法就叫作划分子网（Subnetting）。

5）超网

超网（Supernetting）是同子网类似的概念，它通过较短的子网掩码将多个小网络合成一个大网络。例如，一个单位分到了 8 个 C 类地址：202.120.224.0 ~ 202.120.231.0，只要将其子网掩码设置为 255.255.248.0，就能使这些 C 类网络相通。

无类域间路由：

无类域间路由（CIDR, Classless Inter-Domain Routing）地址根据网络拓扑来分配，可以将连续的一组网络地址分配给一家公司，并使整组地址作为一个网络地址（比如使用超网技术），在外部路由表上只有一个路由表项。这样既解决了地址匮乏问题，又解决了路由表膨胀的问题。另外，CIDR 还将整个世界分为四个地区，给每个地区分配

了一段连续的 C 类地址，分别是：欧洲（194.0.0.0 ~ 195.255.255.255）、北美（198.0.0.0 ~ 199.255.255.255）、中南美（200.0.0.0 ~ 201.255.255.255）和亚太（202.0.0.0 ~ 203.255.255.255）。这样，当一个亚太地区以外的路由器收到前 8 位为 202 或 203 的数据包时，它只需要将其放到通向亚太地区的路由即可，而对后 24 位的路由则可以在数据报到达亚太地区后再进行处理，这样就大大缓解了路由表膨胀的问题。

6）IP 地址的分配

TCP/IP 协议需要针对不同的网络进行不同的设置，且每个节点一般需要一个"IP 地址"、一个"子网掩码"、一个"默认网关"。不过，可以通过动态主机配置协议（DHCP），给客户端自动分配一个 IP 地址，避免了出错，也简化了 TCP/IP 协议的设置。

IP 地址现由因特网名字与号码指派公司 ICANN（Internet Corporation for Assigned Names and Numbers）分配。

InterNIC：负责美国及其他地区；

ENIC：负责欧洲地区；

APNIC（Asia Pacific Network Information Center）：我国用户可向 APNIC 申请（要缴费）；

PS：1998 年，APNIC 的总部从东京搬迁到澳大利亚布里斯班。

负责 A 类 IP 地址分配的机构是 ENIC。

负责北美 B 类 IP 地址分配的机构是 InterNIC。

负责亚太 B 类 IP 地址分配的机构是 APNIC。

7）IP 地址管理

倘若不能对 IP 地址进行有效管理，可能会造成降低了网络可用性与服务质量，严重甚至会导致网络崩溃。

以下是其中主要的 IP 地址管理模式：

① 手工管理模式。

网络管理人员对 Excel 表格或地址登记簿进行维护时使用手工维护，对某 IP 地址是不是能有效使用进行查询验证时借助简单 Ping 命令，当对 IP 进行新分配之后，对 Excel 表格或地址登记簿需要进行更新运用手工方式。运用手工方式在接入端对静态 IP 地址进行配置，这就是传统手工管理 IP 模式。

② DHCP 分配 IP 地址的管理模式

DHCP 动态分配 IP 地址的模式的出现是因为信息系统规模是在变大，对于实际业务需要，手工分配 IP 地址的模式已经满足不了了。这样的方式会给网络带来下面一些问题：

a. 对 IP 地址进行随机分配使用 DHCP 分配的管理模式，各位工作人员使用电脑指定单一 IP 地址，实现不了相关部门分配、绑定 IP/MAC 地址和审计等措施的要求；

b. 使用过高 CPU 与系统挂断的情况，或用户的数量会大增，DHCP 请求过高这些情况是因为使用了非专用 DHCP 服务器最终造成出现不及时的响应与出现中断服务的现象；

c. 不能自动释放租约到期的 IP 地址；无法自动清除记录 IP 冲突的表格，这是因为一些网络设备的硬件的设置的规定；

d. 对传统 DHCP 功能而言缺乏外来用户授权与认证安全机制，这样一来，对 MAC 地址进行恶意伪造的行为是不能做到阻止，也就会用尽 IP 地址；

e. 对网络管理员而言，网络扩容工程的过程比较繁杂琐碎；

f. 准确定位非法接入设备的大量检索工作量也是存在这种管理模式；

g. 安全性能低，很容易被攻击。

在局域网内，使用的方式是创新的，借助交换机内部集成的安全特性对 IP 地址进行有效管理的模式。只是按照安全措施来自认证（如 IEEE802.1x）与访问控制列表对于前文提及的来自网络第 2 层即数据链路层的安全攻击（DHCP 服务器欺骗 攻击、IP/MAC 地址欺骗、MAC 地址的泛滥攻击等）是不能起到阻止的。

3. 知识点——操作系统配置

（1）操作系统的使用。

操作系统（Operating System，简称 OS），是电子计算机系统中负责支撑应用程序运行环境以及用户操作环境的系统软件，同时也是计算机系统的核心与基石。操作系统是控制和管理计算机软硬件资源、合理组织计算机工作流程，以及方便用户操作的程序集合。它的职责常包括对硬件的直接监管、对各种计算资源（如内存、处理器时间等）的管理，以及提供诸如作业管理之类的面向应用程序的服务等。操作系统的理论是计算机科学中一个古老而又活跃的分支，而操作系统的设计与实现则是软件工业的基础与核心。

操作系统常见分类：

手机：Android、IOS。

电脑：UNIX、LINUX、Mac OS、Windows。

1）UNIX

UNIX 是一个强大的多用户、多任务操作系统，支持多种处理器架构，按照操作系统的分类，属于分时操作系统。UNIX 最早由 Ken Thompson 和 Dennis Ritchie 于 1969 年在美国 AT&T 的贝尔实验室开发。

类 Unix（Unix-like）操作系统指各种传统的 Unix 以及各种与传统 Unix 类似的系统。它们虽然有的是自由软件，有的是商业软件，但都相当程度地继承了原始 UNIX 的特性，有许多相似处，并且都在一定程度上遵守 POSIX 规范。类 Unix 系统可在非常多的处理器架构下运行，在服务器系统上有很高的使用率，例如大专院校或工程应用的工作站。

2）Linux

基于 Linux 的操作系统是 20 世纪 90 年代推出的一个多用户、多任务的操作系统。它与 UNIX 完全兼容。Linux 最初是由芬兰赫尔辛基大学计算机系学生 Linus Torvalds 在基于 UNIX 的基础上开发的一个操作系统的内核程序，Linux 的设计是为了在 Intel 微处理器上更有效的运用。其后在理查德·斯托曼的建议下以 GNU 通用公共许可证发布，成为自由软件 Unix 变种。它的最大的特点在于它是一个源代码公开的自由及开放源码的操作系统，其内核源代码可以自由传播。

经历数年的披荆斩棘，自由开源的 Linux 系统逐渐蚕食以往专利软件的专业领域，例如，以往计算机动画运算巨擘—SGI 的 IRIX 系统已被 Linux 家族及贝尔实验室研发小组设计的九号计划与 Inferno 系统取代，皆用于分散表达式环境。它们并不像其他 Unix 系统，而是选择自带图形用户界面。九号计划原先并不普及，因为它刚推出时并非自由软件。Linux 有各类发行版，通常为 GNU/Linux，如 Debian（及其衍生系统 Ubuntu、Linux Mint）、Fedora、openSUSE 等。Linux 发行版作为个人计算机操作系统或服务器操作系统，在服务器上已成为主流的操作系统。

3）Mac OS X

Mac OS 是一套运行于苹果 Macintosh 系列电脑上的操作系统。Mac OS 是首个在商用领域成功的图形用户界面。Macintosh 组包括比尔·阿特金森（Bill Atkinson）、杰夫·拉斯金（Jef Raskin）和安迪·赫茨菲尔德（Andy Hertzfeld）。Mac OS X 于 2001 年首次在商场上推出。它包含两个主要的部分：Darwin，是以 BSD 原始代码和 Mach 微核心为基础，类似 Unix 的开放原始码环境。

4）Windows

Windows 是由微软公司成功开发的操作系统，Windows 是一个多任务的操作系统，它采用图形窗口界面，用户对计算机的各种复杂操作只需通过点击鼠标就可以实现。

Microsoft Windows 系列操作系统是在微软给 IBM 机器设计的 MS-DOS 的基础上设计的图形操作系统。Windows 系统，如 Windows 2000、Windows XP 皆是创建于现代的

Windows NT 内核。NT 内核是由 OS/2 和 OpenVMS 等系统上借用来的。Windows 可以在 32 位和 64 位的 Intel 和 AMD 的处理器上运行，但是早期的版本也可以在 DEC Alpha、MIPS 与 PowerPC 架构上运行。

Windows XP 在 2001 年 10 月 25 日发布，2004 年 8 月 24 日发布服务包 2，2008 年 4 月 21 日发布最新的服务包 3。微软上一款操作系统 Windows Vista（开发代码为 Longhorn）于 2007 年 1 月 30 日发售。Windows Vista 增加了许多功能，尤其是系统的安全性和网络管理功能，并且其拥有界面华丽的 Aero Glass。但是整体而言，其在全球市场上的口碑却并不是很好。Windows 8 微软在 2012 年 10 月正式推出，系统有着独特的 metro 开始界面和触控式交互系统，2013 年 10 月 17 日晚上 7 点，Windows 8.1 在全球范围内，通过 Windows 上的应用商店进行更新推送。2014 年 1 月 22 日，微软在美国旧金山举行发布会，正式发布了 Windows 10 消费者预览版。

5）iOS

iOS 操作系统是由苹果公司开发的手持设备操作系统。iOS 与苹果的 Mac OS X 操作系统一样，它也是以 Darwin 为基础的，因此同样属于类 Unix 的商业操作系统。原本这个系统名为 iPhone OS，直到 2010 年 6 月 7 日 WWDC 大会上宣布改名为 iOS。截至 2011 年 11 月，根据 Canalys 的数据显示，iOS 已经占据了全球智能手机系统市场份额的 30%，在美国的市场占有率为 43%。

6）Android

Android 是一种以 Linux 为基础的开放源代码操作系统，主要适用于便携设备。Android 操作系统最初由 Andy Rubin 开发，最初主要支持手机。2005 年由 Google 收购注资，并组建开放手机联盟开发改良，逐渐扩展到平板电脑及其他领域上。2011 年第一季度，Android 在全球的市场份额首次超过塞班系统，跃居全球第一。2012 年 11 月数据显示，Android 占据全球智能手机操作系统市场 76% 的份额，中国市场占有率为 90%。

（2）文件共享

文件共享是局域网使用最基本的功能。通过文件共享，可以让所有联的人共同拥有或使用同一文件。

1）文件共享

首先要把文件"贡献"出来。打开 Windows 资源管理器，右击欲共享的文件夹，在快捷菜单中选中"共享"，在弹出的"属性"对话框中选"共享为"选项，并键入共享名。共享的方式有两种，一是只读式共享，二是完全式共享。如果你只希望其他的计算机读取该文件夹中的文件，而没有修改或删除的权限，应当选"只读"选项。当然，如果你只希望某些人看到这些文件，则应当在"只读密码"文本框中键入相应的密码，并将该密码告知允许访问的人，这样，该文件夹只能由知道密码的人来共享了。如果你希望在其他计算机上也能够像在自己的硬盘上那样随意修改和删除文件，那只好选择"完全"选项了。如果你并不希望所有的人都拥有这么大的权限，则应当在"完全访问密码"框中键入相应的密码，并将该密码告知你信得过的人，这样，该文件夹只能由这些被授权的人来访问了。

将文件夹设置为共享后，使用起来十分方便。在其他计算机桌面上的"网上邻居"或 Windows 资源管理器的"网上邻居"中，即可浏览到共享后的文件夹。然后，根据授予的权限，就像在本地硬盘一样读取、修改、删除或写入文件。

2）磁盘共享

磁盘共享包括硬盘、软驱、光驱等都可用来共享。因此，局域网中的 N 台计算机不必都配备软驱、光驱等，通过网络共享，一些有限的资源会让所有机器都能拥有。

磁盘共享的方法与上面的文件共享方法几乎相同，就不再赘述。

这里要给各位介绍的是另一种磁盘共享，利用局域网将自己的数据保存在另外一台电脑上或者说是把另外一台电脑里的"东西"虚拟到自己的机器上。这就是所谓的"映射网络盘符"。这样做的好处是不必通过很多"文件路径"的选择，把对方的盘符映射到自己的电脑中，使用起来就像操作本地硬盘一样方便。首先双击"网上邻居"图标，找到可供存储的文件夹路径；然后在这个文件夹上点击鼠标右键并选择"映射成网络驱动器"，再指定一个盘符（注意要跟本地硬盘的逻辑盘符区分开）；这时在"我的电脑"中，除了原有的软驱和逻辑硬盘符号外，还会多出一个盘符，就好像自己的电脑新添置了一个大容量的硬盘驱动器一样。映射成网络驱动器后，使用起来跟自己的硬盘完全没有两样。记住，为了让每次启动后都能把对方的共享目录自动映射成自己电脑上的网络驱动器，还需要把"登录时恢复网络连接"的选项打钩。

3）打印共享

如果你的电脑上没有连着打印机，要在从前，想要打印个什么文件的时候总是得用软盘把文件拷贝出来，然后带到装有打印机的电脑上才能打印，既麻烦又不可靠。联网以后，只要是别人电脑上的打印机，在自己的电脑上就可以直接对它进行操作。

同文件和磁盘共享一样，共享打印机的第一步就是先到连接着打印机的那台电脑上，把打印机资源给"共享"出来。方法是：选择"开始菜单"中的"设置/打印机"，找到要共享的打印机，在出现"打印机"标志上按鼠标右键，选择"共享"。这里的设置跟共享文件夹和磁盘是一样的。

将打印机设置为"共享"后，通过"网上邻居"就能找到它。在网络中使用打印机的每一台电脑同样也需要安装打印驱动程序。具体的步骤跟安装本地打印机是大同小异的，只是当出现对话框的时候选择"网络打印机"。网络打印机的使用没有什么特别值得注意的地方，因为它跟使用本地打印机是完全一样的。

4）媒体播放共享

在局域网中共享 VCD 是老板走开后一些年轻人热衷的事，一个光驱播放 VCD，连网的所有机器可以同时欣赏，这就是所谓的媒体播放共享。要实现这一愿望，首先要在每台电脑上安装豪杰超级解霸 5.5 或以上版本以及豪杰超级 VCD 的播放程序。然后到豪杰的主页下载"十全大补丸"补丁文件和"网络同步播放附件"（dvbvod. zip）文件。然后在每台机器上运行"十全大补丸"和 dvbvod. zip 文件中的 dvbvod. dll、sthchi-na. dll 解压出来覆盖超级解霸 5.5 安装目录中的同名文件。条件创造好后，只要一台电脑中放 VCD，大家在各自的电脑上就能同时收看啦。以此类推，其实不仅仅是看 VCD，连线游戏也可与连机电脑"同室操戈"，可触类旁通。

5）信息共享

如果你被打电话或上门给其他部门发通知折磨。其实局域网可很轻松地帮你完成此项工作，让你要发的消息共享于每一台连网的机器。

Windows 中有个很实用的短信息程序叫作"WinPopup"，你可以在"开始"中选择"运行"，然后用键盘输入"WinPopup"，点击"确定"就可打开它。"WinPopup"的用途是给网络上的其他计算机发送文字格式的弹出消息。比如要给所有部门发送一个下午开会的通知，只要用鼠标点一下左上角的"信封"按钮，然后选择发送到"工作组"（这时会自动显示出本机所在的组名，如果要发给其他工作组，则需手工输入）。把要告诉大伙的消息填在下面的空白区域中，按下"发送"按钮，就可以把消息一次传达给所有的机器。要想把消息发给某一个人而不是对所有人进行广播，只需在发送时指定为"到用户或计算机"就可以。在填写接收方名字的地方输入对方的用户名或计算机名即可。

不过，消息是否能够传达到位，还取决于接收方的电脑上是否也运行着"WinPop-up"程序。为了保证每台电脑都能够及时收到别人发来的信息，最好把"WinPopup"程序改在"启动"项目中。步骤如下：选择"开始"中的"设置/开始菜单与任务栏"，切换到"高级"标签页，点击"添加"按钮，然后把"WinPopup"添加到启动任务中。这么一来，每次启动电脑后都会自动运行短信息程序，自然也就不会遗漏掉什么重要消息了。

6）Internet 共享

单位也好，家庭也罢，如果你想让两台或两台以上连网的电脑共用一个 Modem（或者 ISDN、ADSL）上网，同样可以通过共享的方式来实现，这样我们可以在不同的电脑上同时进行收发邮件、浏览网页或者下载文件，而不需要再申请一个账号、多安装一部电话。如果你决定通过此种方法共享 Internet 链接，请按以下方法进行设置：

设置 ICS。在共享 Internet 连接之前，需要对电脑进行通信设置（配备它们的 TCP/IP）协议。在主机端打开它的 TCP/IP 属性，选择"指定 IP 地址"，然后将 IP 地址设置为 192.168.0.1，子网掩码为 255.255.255.0。在客户端打开 TCP/IP 属性，选择"指定 IP 地址"，将 IP 地址设为 192.168.0.2，子网掩码为 255.255.255.0，网关和 DNS 设置为主机的 IP 地址。假如你有两台以上电脑，可以将 IP 地址依次设置为 192.168.0.3、192.168.0.4，可以直到 192.168.0.254 为止，子网掩码同样设置为 255.255.255.0。

ICS 设置好后，就可以启用了。在主机上打开浏览器，输入一个有效网址，如果可以看到首页，说明主机端一切正常。请点击"开始"→"设置"，在你想共享的连接上单击右键，选择"属性"。点击"Internet 连接共享"属性页，选中"启用此连接的 Internet 连接共享"。接下来，在客户端打开浏览器，输入一个有效网址，很快调出主页，可以正常上网了。

4. 知识点——网络测试的命令

使用 Ping、ARP -a、ipconfig 等网络测试命令；找出本机以及其他网络设备的 MAC 地址、IP 地址等信息。

（1）ipconfig 命令

ipconfig 可用于显示当前的 TCP/IP 配置的设置值，通常是用来检验人工配置的 TCP/IP 设置是否正确。

需要打开命令提示符（CMD）。对于命令提示符（CMD）相信大家应该不会陌生，常玩电脑的朋友应该会经常用到。

打开"开始菜单"，找到"运行"选项，然后在里面输入"CMD"然后点击"回车"，这样就进入到了命令提示符输入界面。

1）不带参数：ipconfig 属于 DOS 命令，当使用 ipconfig 时不带任何参数选项，那么它为每个已经配置了的接口显示 IP 地址、子网掩码和默认网关地址。

2）ipconfig/?：这是 ipconfig 查看帮助的命令语句，只需要输入这个命令就会出现 ipconfig 的帮助文档，里面详细地介绍了 ipconfig 的使用方法，例如可以附带的参数，每个参数的具体含义以及示例，很是详细。

ipconfig /all：显示本机 TCP/IP 配置的详细信息。

ipconfig /release：DHCP 客户端手工释放 IP 地址。

ipconfig /renew：DHCP 客户端手工向服务器刷新请求。

ipconfig /flushdns：清除本地 DNS 缓存内容。

ipconfig /displaydns：显示本地 DNS 内容。

ipconfig /registerdns：DNS 客户端手工向服务器进行注册。

ipconfig /showclassid：显示网络适配器的 DHCP 类别信息。

ipconfig /setclassid：设置网络适配器的 DHCP 类别。

ipconfig /renew "Local Area Connection"：更新 "本地连接" 适配器的由 DHCP 分配 IP 地址的配置。

ipconfig /showclassid Local ∗：显示名称以 Local 开头的所有适配器的 DHCP 类别 ID。

ipconfig /setclassid "Local Area Connection" TEST：将 "本地连接" 适配器的 DHCP 类别 ID 设置为 TEST。

3) ipconfig/all 命令：相比于 ipconfig 命令，加上了 all 参数之后显示的信息将会更为完善，例如 IP 的主机信息，DNS 信息，物理地址信息，DHCP 服务器信息等，当我们需要详细了解本机的 IP 信息的时候，我们就会用到 ipconfig/all 命令了。

从上面显示出来的信息可以看出本机的物理地址和 IP 地址。

4) release 和 renew：一般情况下，这两个参数是一起使用的，ipconfig/release 为释放现有的 IP 地址，ipconfig/renew 命令则是向 DHCP 服务器发出请求，并租用一个 IP 地址。但是一般情况下使用 ipconfig/renew 获得的 IP 地址和之前的地址一样，只有在原有的地址被占用的情况下才会获得一个新的地址。

5) displaydns 和 flushdns：看过帮助文档之后，我们发现 ipconfig 还有很多其他的参数，例如 displaydns 参数就是显示本地 DNS 内容，flushdns 参数为清除本地 DNS 缓存内容。

6) 虚拟机的地址：查看虚拟机的 IP 地址和物理地址跟查看物理机的方式完全一致，打开虚拟机，进入 dos 命令窗口，输入 "ipconfig/all" （方法与在物理机操作相同）。

注意事项：

使用 renew 参数获得的 IP 地址一般与之前的 IP 地址是相同，因为只有在这个 IP 地址被占用的时候，DHCP 服务器才会重新为这台电脑分配 IP。

ipconfig 附带的参数不少，每个参数都有其用途，只不过有些参数并不经常用到，我们只需要记住经常使用的几个参数即可，其余的参数平时若不经常使用，只需要了解即可。

（2）PING 命令

① PING 命令的用途

ping（Packet Internet Groper），因特网包探索器，用于测试网络连接量的程序。ping 发送一个 ICMP；回声请求消息给目的地并报告是否收到所希望的 ICMP echo（ICMP 回声应答）。

ping 是 Windows、Unix 和 Linux 系统下的一个命令。也属于一个通信协议，是 TCP/IP 协议的一部分。利用"ping"命令可以检查网络是否连通，可以很好地帮助我们分析和判定网络故障。

② PING 命令的使用方法

ping /?：弹出帮助菜单，列出 ping 的相关参数作用 。

ping［-t］［-a］［-n count］［-l length］［-f］［-i ttl］［-v tos］［-r count］［-s count］［-j computer-list］｜［-k computer-list］［-w timeout］destination-list

-t ping 指定的计算机直到中断。

-a 将地址解析为计算机名。

-n count 发送 count 指定的 ECHO 数据包数。默认值为 4。

-l length 发送包含由 length 指定的数据量的 ECHO 数据包。默认为 32 字节；最大值是 65，527。

-f 在数据包中发送"不要分段"标志。数据包就不会被路由上的网关分段。

-i ttl 将"生存时间"字段设置为 ttl 指定的值。

-v tos 将"服务类型"字段设置为 tos 指定的值。

-r count 在"记录路由"字段中记录传出和返回数据包的路由。count 可以指定最少 1 台，最多 9 台计算机。

-s count 指定 count 指定的跃点数的时间戳。

-j computer-list 利用 computer-list 指定的计算机列表路由数据包。连续计算机可以被中间网关分隔（路由稀疏源）IP 允许的最大数量为 9。

-k computer-list 利用 computer-list 指定的计算机列表路由数据包。连续计算机不能被中间网关分隔（路由严格源）IP 允许的最大数量为 9。

-w timeout 指定超时间隔，单位为毫秒。

destination-list 指定要 ping 的远程计算机。

（3）ARP 命令

① ARP 命令的用途。

ARP 命令用于显示和修改"地址解析协议（ARP）"缓存中的项目。ARP 缓存中包含一个或多个表，它们用于存储 IP 地址及其经过解析的以太网或令牌环物理地址。计算机上安装的每一个以太网或令牌环网络适配器都有自己单独的表。

如果在没有参数的情况下使用，则 ARP 命令将显示帮助信息。

② ARP 命令的使用。

arp /?：输入这条命令，就会弹出帮助菜单。

InetAddr 和 IfaceAddr 都是 ip 地址，不同的是，InetAddr 是指某个 ip，而 IfaceAddr 是指某个网卡接口的 ip。

-a 显示所有接口的 arp 缓存表。

-a InetAddr 显示指定 ip 的 arp 缓存记录。

-a -N IfaceAddr 显示指定网卡的 arp 缓存记录。

-g 参数的用法同 -a。

-d -d InetAddr［IfaceAddr］删除由 InetAddr 指示的 arp 缓存记录，或由 IfaceAddr 指示的网卡接口的 arp 缓存记录，要删除所有 arp 缓存记录可用通配符 * 代替 InetAddr 参数。

-s InetAddr EtherAddr［IfaceAddr］添加一个静态的 arp 记录，把 InetAddr ip 地址解析为 EtherAddr 物理地址，IfaceAddr 指定了网卡接口的 ip。

InetAddr 和 IfaceAddr 都是点分十进制表示，例如：192.168.0.10。

EtherAddr 是以 - 连接的十六进制表示，例如：00-11-22-33-44-55。

静态的 arp 记录不会因为超时而被删除，但如果重启电脑或 tcp/ip 协议停止运行，会删除所有静态动态的 arp 记录。

arp-a 命令：显示所有接口的 ARP 缓存表，记录出现的 IP 地址与物理地址的列表信息。

正常情况下，一个 ip 地址显示的只有一条对应的物理地址，但如果有人安装了监控软件或 arp 病毒攻击就会显示多条信息。

arp -d 命令：可以通过 arp -d 命令将本地存储的 arp 地址全部清空，然后重新输入 arp -a 获取。

通过重新获取 arp 地址列表，可以解决网络突然掉线的问题。

（4）测线仪

检测工具，又叫测试工具；用于辅助人工做测试使用。不同的领域有不同的测试设备，其所检测的对象也不一样。比如，额温枪用于检测人体体温，$PM_{2.5}$检测仪用于监测空气中 $PM_{2.5}$ 颗粒的含量。可以说不同行业有着不同的检测工具，而且不同行业检测

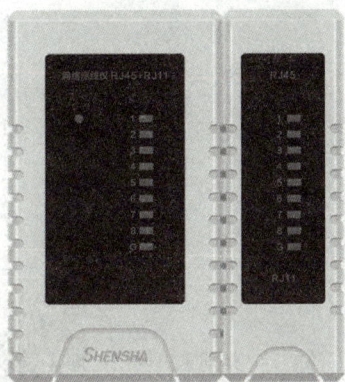

工具的复杂程度也不尽相同，使用方法也不一样。本书要了解的是综合布线领域内应用最广泛的测试工具——测线仪。

测线仪是一种能检测通信双绞线电缆链路通断的测试。现在的测线仪一般都有网络和电话两个连接口（图 5.1-7）。

测线仪的使用方法是将压接好水晶头的双绞线插到对应的接口（注册插孔：RJ-45/RJ-11），观察测线仪上对应的线序灯闪灭结果。如果一一对应的灯闪亮，说明被测通信链路能通；如果对应的灯不亮，说明存在断点，标志测试结果没过。

图 5.1-7　测线仪

5.1.4　问题思考

1. 根据你的学习，描述办公网络搭建时需要注意哪些事项？
2. 如何进行办公网络 IP 地址分配，什么样的地址比较适合？

任务 5.2
搭建小型家庭网络

5.2.1 教学目标与思路

5.2-1
搭建家庭网络

扫码查看工程概况

【教学载体】你受聘于某个网络公司，现有客户提出想在自己的新房子中组建小型家庭网络，实现 IPTV 及网络的连接，请你帮助他设计连接。

【教学目标】

知识目标	能力目标	素养目标	思政要素
1. 能够了解综合布线系统； 2. 能够了解家庭网络的组网特点； 3. 了解家庭网络的接入方式。	1. 能够掌握数据传输技术； 2. 掌握网络互联设备的应用； 3. 掌握网络工程的故障排查过程和方法。	1. 具有良好倾听的能力，能有效地获得各种资讯； 2. 能正确表达自己思想，学会理解和分析问题； 3. 培养学生团队合作意识。	1. 具有良好的职业道德及一丝不苟的工匠精神、鲁班精神； 2. 树立质量意识、安全意识、标准和规范意识； 3. 培养学生劳动习惯、劳动精神，改善生活习惯，提高自理能力。

【学习任务】下图是客户家庭户型图。现要求你对该用户家庭网络进行综合布线设计、安装。并为用户选择合适的网络连接，调试好计算机、路由器等相应设备。

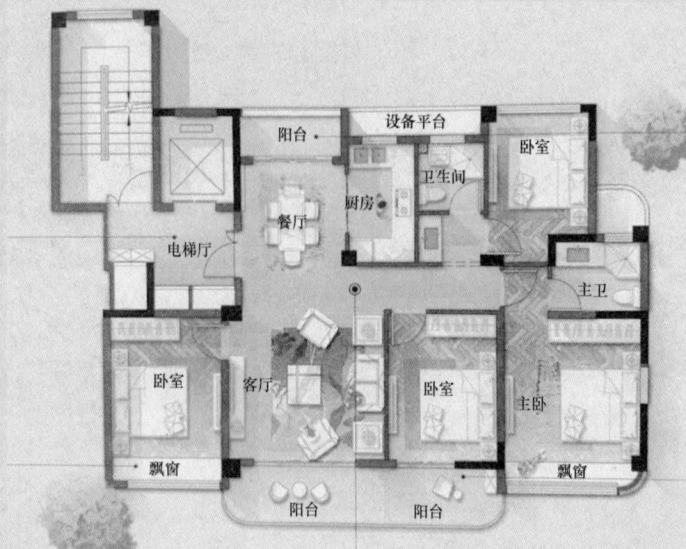

【建议学时】8 学时

【思维导图】

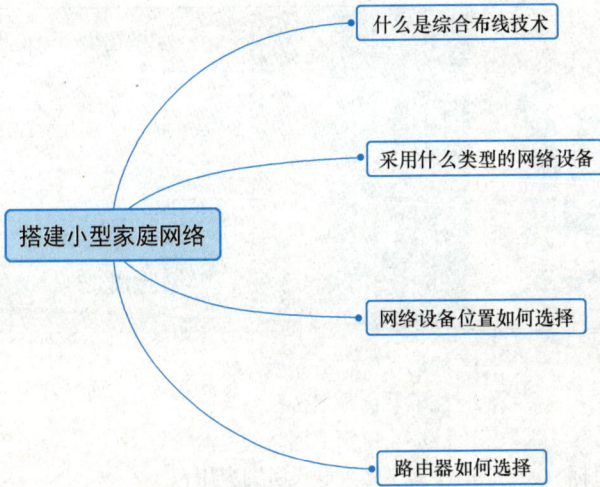

5.2.2 学生任务单

任务名称		搭建小型家庭网络	
学生姓名		班级学号	
同组成员			
负责任务			
完成日期		完成效果（教师评价及签字）	

明确任务	任务目标	1. 能够了解综合布线系统； 2. 能够掌握数据传输技术； 3. 能够了解家庭网络的组网特点； 4. 掌握网络互联设备的应用； 5. 掌握 Internet 的技术； 6. 了解家庭网络的接入方式； 7. 掌握网络工程的故障排查过程和方法。		
自学简述	课前预习 （学习内容、浏览资源、查阅资料）			
	拓展学习 （任务以外的学习内容）			
任务研究	完成步骤 （用流程图表达）			
	任务分工	任务分工	完成人	完成时间

	本人任务	
	角色扮演	
	岗位职责	
	提交成果	

		第 1 步					
任务 实施	完成步骤	第 2 步					
		第 3 步					
		第 4 步					
		第 5 步					
	问题求助						
	难点解决						
	重点记录 （完成任务过程中，用到的基本知识、公式、规范、方法和工具等）						成果提交
学习 反思	不足之处						
	待解问题						
	课后学习						
过程 评价	自我评价 （5 分）	课前学习	时间观念	实施方法	知识技能	成果质量	分值
	小组评价 （5 分）	任务承担	时间观念	团队合作	知识技能	成果质量	分值

5.2.3　知识与技能

现要求你对【学习任务】中客户家庭户型图进行综合布线设计、安装，并为用户选择合适的网络连接，调试好计算机、路由器等相应设备。

技能点一综合布线基础：

（1）综合布线基础

综合布线系统一般采用星形结构，由6个子系统组成：

1）设备间子系统：每幢大楼的适当地点放置综合布线线缆和相关连接硬件、设置进线设备、进行网络管理的场所。

2）工作区子系统：指可以独立设置终端设备的区域，包括水平配线系统的信息插座、连接信息插座和终端设备的跳线及适配器。每个信息插座都应该支持电话机、数据终端、计算机及监视器等终端设备，有些厂家的信息插座做成多种颜色，符合《商业建筑物电信基础结构管理标准》TIA/EIA-606标准。

3）管理区子系统：在楼层分配线设备的房间内，应有交接间的配线设备，输入/输出设备等。

4）水平区子系统：由工作区用的信息插座，楼层分配线设备至信息插座的水平电缆、楼层配线设备和跳线等组成，水平子系统的电缆长度应小于90m，如超过这个距离可在水平子系统中增加光缆等传输性能较高的线缆，信息插座应在内部作固定线连接。

5）垂直干线子系统：由设备间子系统和管理区子系统的引入口之间的布线组成，采用大多数电缆和光缆，两端分别连接在设备间和楼层配线间的配线架上。

6）建筑群干线子系统：由连接各建筑物之间的缆线和配线设备等组成，宜采用光缆，用地下管道敷设方式，其中的铜缆和光缆应遵循电话管道和入孔的各项设计规定，安装时应预留1~2个备用管孔。

（2）综合布线标准

1）通用标准

制定综合布线标准的主要国际组织有：国际标准化委员会ISO/IEC，北美的工业技术标准化委员会TIA/EIA，欧洲电工标准化委员会CENELEC。实际项目工程中，并不需要涉及所有的标准和规范，根据项目性质，适当地引用标准规范。应关注布线方案设计是否遵循了布线系统性能、系统设计标准，布线施工工程是否遵循了布线测试、安装、管理标准及防火、机房及防雷接地标准等。

2）实施标准

一个典型的办公网络的布线系统集成方案中采用的标准如下：

现行国家标准《综合布线系统工程设计规范》GB 50311—2016。

现行国家标准《综合布线系统工程验收规范》GB/T 50312—2016。

《信息通信综合布线系统　第 1 部分：总规范》YD/T 926.1—2023。

《信息通信综合布线系统　第 2 部分：光纤光缆布线及连接件通用技术要求》YD/T 926.2—2023。

北美标准《商用建筑通信布线标准》ANSI/TIA/EIA 568B。

国际标准《信息技术——用户通用布线标准》ISO/IEC 11801。

国际电气与电子工程师协会《CSMA/CD 接口方法》IEEE 802.3。

布线系统的设计好坏直接影响到"3A"的功能的实现，即楼宇自动化、办公自动化和通信自动化。

3）布线项目必须符合以下原则

① 实用性：实现数据、语音、图像通信。

② 灵活性：任意一个信息点都能连接不同类型的设备，如计算机、打印机、终端或电话、传真机。

③ 模块化：除建筑内的缆线外，所有接插件都应是积木式的标准件，以方便管理和使用。

④ 扩充性：可以扩充，适应将来的发展。

⑤ 经济性：在满足要求的基础上尽可能降低布线成本。

4）系统设计说明

① 工作区子系统设计说明

工作区子系统是插座到用户终端的区域。把所有媒体接口（DB15、DB9、DB25、同轴等）标准化为模块化插座（T568A、T568B），信息模块采用 6 类信息模块，信息插座采用单孔和双孔 6 类防尘面板。设计中应保证每个楼层房间内最低为两个信息点，节点出口处做墙上型面板，出口线缆应留出 30cm，对应网线做好标记，连接室内的应用设备时，制作一条接跳线。

② 水平子系统设计说明

连接工作区和管理区的这一部分水平线缆为水平子系统。它是布置在同一楼层上的，一端在信息插座上，另一端接在层配线架上。水平子系统主要采用 4 对非屏蔽双绞线，它能支持大多数现代通信设备，有着极高的传输速度，能够达到 250MHz 的带宽同时能满足 1000Mbps 的传输速度。工程中采用 6 类 4 对双绞线。走线采用"下走线"方式。

③ 管理间子系统设计说明

管理间子系统设置分布在建筑物的配电间内，由交接间的配线设备、双绞线跳线架，光纤跳线架及输入输出设备等组成。使用光缆配线架，用来端接来自各楼层管理间的光缆，并通过光纤跳线和计算机网络中心交换机相连。光缆配线架采用 12 口配线箱，直接安装在标准的 19″机柜内。在各楼和各楼层分设管理间，管理间采用 24 口/12 口快接式配线架，机柜管理系统采用专用机柜，数据跳线采用机制彩色成品跳线，比手工跳线质量好。

④ 主干子系统设计说明

采用 6 芯室内多模光纤与 5 类 25 对大对数作为主干子系统的传输介质。各楼层的管理间各有一根 6 芯多模室内光缆连接到中心机房主配线架，由办公楼三层的设备间到达各楼层的管理间，各有两到三条 5 类 25 对大对数电缆搭接在两端的 110 配线架上，作为语音传输系统。干线的垂直部分均通过弱电井中的金属桥架敷设。金属桥架应是通过电缆外径之和的 3 倍，以保证以后系统扩充。

⑤ 设备间子系统设计说明

系统由交换机、配线架和跳线组成。只要在管理子系统内部稍作调整即可实现功能的调整及 I/O 位置的调整。通过配线间的合理布局，满足系统的扩容。

为使其能达到 100MHz 的带宽和 1000Mbps 的传输速度。网络设置主干接口采用光纤接口，在线系统也称光纤，只需采用光纤跳线将网络设备按照一定网络拓扑结构接入光纤配线就可以了。每个管理间、主设备间内配置 1～2 条 2 芯（ST-SC）多模光纤跳线。设备间子系统主要也采用机柜安装方式，将 24 口配线架，光纤配线架和网络设备皆放在标准机柜内。

（3）网络适配器（网卡）

网卡又名网络适配器（Network Interface Card），简称 NIC。它是计算机和网络线缆之间的物理接口，是一个独立的附加接口电路。任何计算机要想连入网络就必须确保在主板上接入网卡。因此，网卡是计算机网络中最常见也是最重要的物理设备之一。网卡的作用是将计算机要发送的数据整理分解为数据包，转换成串行的光信号或电信号送至网线上传输；同样也把网线上传过来的信号整理转换成并行的数字信号，提供给计算机。因此网卡的功能可概括为：并行数据和串行信号之间的转换，数据包的装配与拆装，网络访问控制和数据缓冲等。

1）网卡的种类。网卡，又可称为网络卡或网络接口卡或网络适配器等，它是局域网中最基本的部件之一。根据工作对象的不同，局域网中的网卡一般分为服务器专用网卡、普通工作站网卡、笔记本电脑专用网卡和无线局域网网卡，如图 5.2-1 所示。

常见的网卡插在计算机主板的扩展槽中，通过网线与网络交换数据、共享资源。计算机主要通过网卡来连接网络。在进行相互通信时，数据不是以流而是以帧的方式进行传输的。可以把帧看作一种数据包，在数据包中不仅包含有数据信息，而且还包含有数据的发送方、接收方信息和数据的校验信息。

一块网卡包括 OSI 模型的两个层——物理层和数据链路层的功能。物理层定义了数据传送与接收

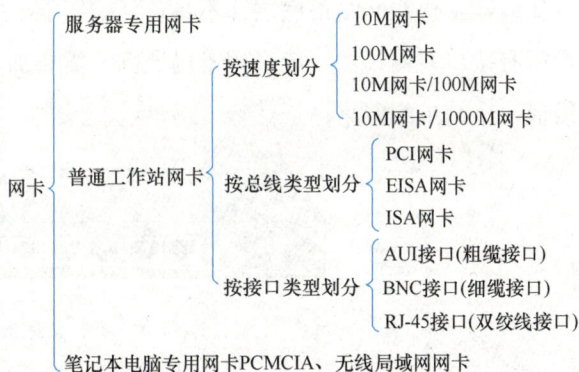

图 5.2-1   网卡的种类

所需要的光电信号、线路状态、时钟基准、数据编码和电路等，并向数据链路层设备提供标准接口。数据链路层则提供寻址机构、数据帧的构建、数据差错检查、传送控制、向网络层提供标准的数据接口等功能。

2）网卡的作用。网卡的主要作用有两个：是将计算机的数据封装为帧，并通过传输介质（ 如网线或无线电磁波）将数据发送到网络上去；二是接收网络上其他设备传过来的帧，并将帧重新组合成数据，通过主板上的总线传输给本地计算机。网卡能接收所有在网络上传输的信号，但正常情况下只接收发送到该计算机的帧和广播帧，将其余的帧丢弃，然后传送到系统的 CPU 中做进一步处理。

3）网卡的组成。

以最常见的 PCI 接口的网卡为例，一块网卡主要由印制电路板、主芯片、数据泵、金手指（总线插槽接口）、BOOTROM 槽、EPROM、晶振、RJ-45 接口、指示灯、固定片以及一些二极管、电阻电容等组成，如图 5.2-2 所示。

（4）集线器

集线器的英文称为"Hub"，如图 5.2-3 所示。它的主要功能是对接收到的信号进行再生整形放大，以扩大网络的传输距离，同时把所有节点集中在以它为中心的节点

图 5.2-2   PCI 的接口网卡组成

上。集线器工作在网络最底层，不具备任何智能，它只是简单地把电信号放大，然后转发给所有接口。集线器一般只用于局域网，需要加电，可以把数个电脑用双绞线连接起来组成一个简单的网络。

图 5.2-3　集线器

集线器通常具有如下功能和特性：

1）可以是星形以太网的中央节点，工作在物理层对接收到的信号进行再生整形放大，以扩大此信号网络的传输距离。

2）一般采用 RJ-45 标准口。

3）以广播的方式传送数据。

4）无过滤功能，无路径检测功能。

5）不同速度的集线器不能级联。

可以用集线器、双绞线、计算机及其网卡组成如图 5.2-4 所示的一个简单的星形共享式局域网。第一台计算机首先把需要传输的信息通过网卡转换成网线上传送的信号，并发送至集线器，加电的集线器将这些信号放大，而后不经过任何处理就直接广播到集线器的所有端口（8 个）。第二个计算机从它接入集线器的端口接收信号，并通过它的网卡转换成数字信息，由此这个通信过程就完成了。

（5）交换机

在外形上交换机和集线器很相似，如图 5.2-5 所示，且都应用于局域网，但是交换机是一个拥有智能和学习能力的设备。交换机接入网络后可以在短时间内学习掌握此网络的结构以及与它相连计算机的相关信息，并且可对接收到的数据进行过滤，而后将数据包送至与目的主机相连的接口。因此，交换机比集线器传输速度更快，内部结构也更加复杂。

图 5.2-4　星形共享式局域网　　　　图 5.2-5　交换机

交换机通常具有如下功能和特性：

1）可以是星形以太网的中央节点，工作在数据链路层。

2）可以过滤接收到的信号，并把有效传输信息按照相关路径送至目的端口。

3）一般采用 RJ-45 标准接口。

4）参照每个计算机的接入位置，有目的的传送数据。

5）有过滤功能和路径检测功能。

6）不同类型的交换机和集线器可以相互级联。

可以用交换机，双绞线，计算机和计算机中的网卡组成如图 5.2-6 所示的一个简单的星形交换式局域网。

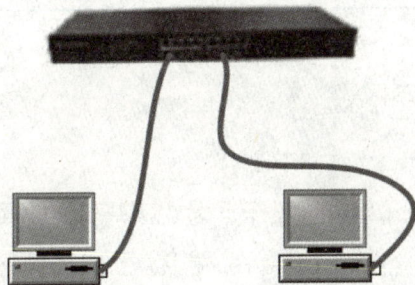

图 5.2-6 星形交换式局域网

当交换机的端口被接入计算机后，交换机便进入了一个"学习"阶段。在这个阶段中，交换机需要获得每台计算机的 MAC 地址并建立一张"端口/MAC 地址映射表"，通过这张表交换机将自己的端口与接入交换机上的计算机联系起来。交换机工作在数据链路层，可以读取数据帧。输入到交换机中的所有数据都会参照映射表进行过滤，并最终建立此数据的通信路径。

5.2.4 问题思考

1. 如何选择互联网接入方式？原因是什么？

2. AP 面板的数量及位置如何选择？

5.2.5 网络资源

5.2-2
作业练习

5.2-3
习题测试

5.2-4
布置预习

5.2.6 知识拓展

资源名称	网络调试命令	网络设备初始化	局域网配置	安全网络配置
资源类型	视频	视频	视频	视频
资源二维码	5.2-5	5.2-6	5.2-7	5.2-8

CHAPTER 6

项目6

中型网络搭建

任务 6.1
搭建中小型校园网络

6.1.1 教学目标与思路

6.1-1 工程概况

扫码查看工程概况

【教学载体】为进一步加快学校信息化建设步伐，规范信息化建设管理，保障信息化建设的实效性与可持续发展，2022 年 3 月，经黑龙江省某高校党委会研究决定将统一领导全校网络安全和信息化建设工作，同时成立"网络安全和信息化建设专家委员会"。办公室（网络与信息中心）为信息化建设和管理部门，下设网络管理科、信息管理科，进行新的网络整体规划，并开展新标准下网络建设和改造。认识校园网络中常使用的网络设备，掌握校园网络设备安装和综合布线。

【教学目标】

知识目标	能力目标	素养目标	思政要素
1. 能够认识网络中的交换设备； 2. 能够认识网络中的路由设备； 3. 掌握局域网规划的方式方法； 4. 掌握网络综合布线的基本原理和操作。	1. 熟练掌握 IP 地址的规划和配置； 2. 掌握网络调试的基本命令； 3. 掌握网络工程验收的过程和方法。	1. 具有良好倾听的能力，能有效地获得各种资讯； 2. 能正确表达自己思想，学会理解和分析问题。	1. 培养民族自豪感； 2. 树立以人为本，预防为主，安全第一的思想。

【学习任务】黑龙江省某高校校园网始建于 2006 年，采用快速以太网技术通过代理服务器接入互联网，2008 年升级为以万兆核心链路为主干的第二代校园网，2014 年开始建设以扁平化为特征的第三代校园信息网络。经过多年持续建设，目前已建成万兆核心链路、千兆（百兆）到桌面的校园基础网络，全网实现了扁平化的基础架构改造，通过教育网、电信、联通与 Internet 互联。信息点 21000 余个，无线接入点 150 个。教学

办公专用出口带宽 1.5Gbps（不含学生公寓），建有物理服务器 60 余台，存储空间 250TB。WWW、DNS、E-mail、VPN、安全过滤、行为审计、数据备份、可视化运维等网络基础服务齐全，校园网整体运行可靠、稳定，能够满足高等教育教学需求及学生在信息化条件下自主学习需求。

图 6.1-1 是本校根据信息化建设现状，进行设计的网络拓扑，后根据网络模块进行简化设计，如图 6.1-2 所示。

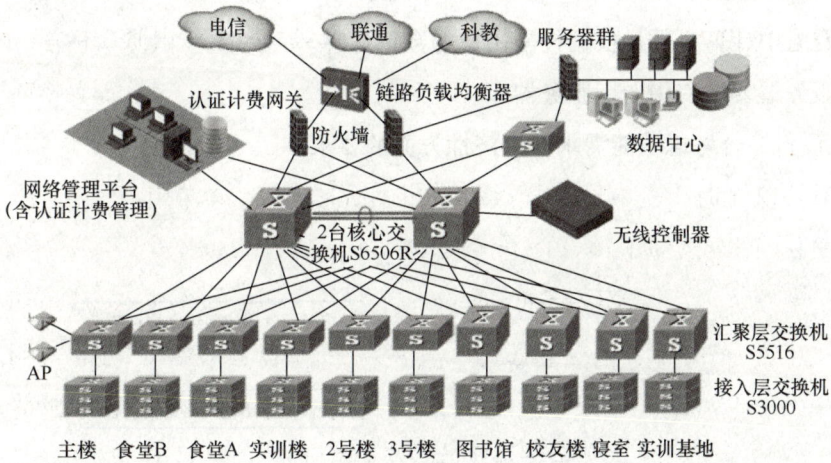

图 6.1-1　校园网网络拓扑图

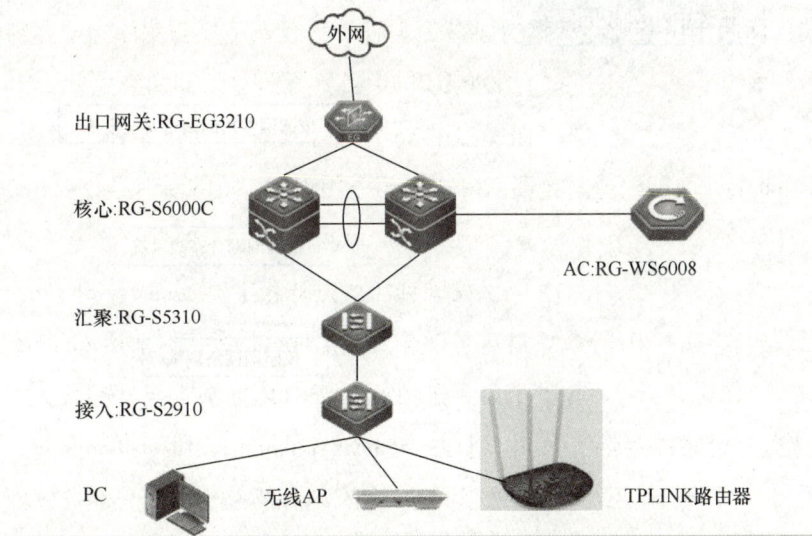

图 6.1-2　校园网简化网络拓扑图

组建校园网络，具体要求：

（1）组建之前规划整个网络的拓扑结构；各栋楼房内部布线按照综合布线标准实施。

（2）选用合理的网络设备。

（3）能够合理地分配整个网络的 IP 地址。

（4）能够通过合适的方式接入到 Internet。

（5）设备要求。

1）网络中计算机数量根据校园用户的数量计算。

2）服务器要求使用专用服务器。

其他设备综合考虑功能需求和经济性方面的要求。

【建议学时】12 学时

【思维导图】

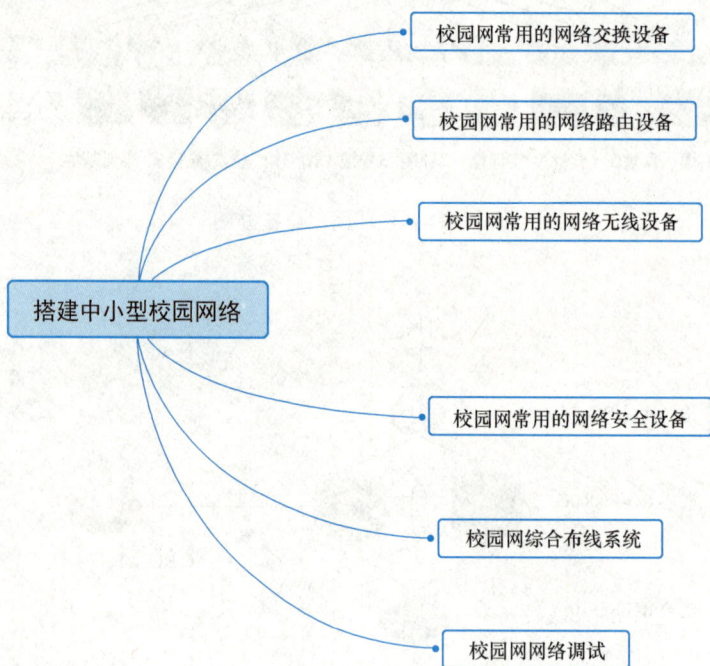

6.1.2　学生任务单

任务名称	搭建中小型校园网络	
学生姓名	班级学号	
同组成员		
负责任务		
完成日期	完成效果（教师评价及签字）	

明确任务	任务目标	1. 能够认识网络中的交换设备； 2. 能够认识网络中的路由设备； 3. 掌握局域网规划的方式方法； 4. 掌握网络综合布线的基本原理和操作。		
自学简述	课前预习 （学习内容、浏览资源、查阅资料）			
	拓展学习 （任务以外的学习内容）			
任务研究	完成步骤 （用流程图表达）			
	任务分工	任务分工	完成人	完成时间

	本人任务	
	角色扮演	
	岗位职责	
	提交成果	

		第1步	
		第2步	
	完成步骤	第3步	
		第4步	
		第5步	
任务实施	问题求助		
	难点解决		
	重点记录（完成任务过程中，用到的基本知识、公式、规范、方法和工具等）		成果提交
学习反思	不足之处		
	待解问题		
	课后学习		

过程评价	自我评价（5分）	课前学习	时间观念	实施方法	知识技能	成果质量	分值
	小组评价（5分）	任务承担	时间观念	团队合作	知识技能	成果质量	分值

6.1.3　知识与技能

（1）交换机

交换机是网络中的重要设备，负责将信息交换到目标机器，相比早期集线器的共享工作模式，交换机通过交换方式工作，工作效率明显提高。

1）交换机简介

"交换"和"交换机"最早起源于电话通信系统（PSTN）。交换是指两个网络节点间如何创建连接的，主要有三种交换方法：电路交换、报文交换、分组交换。分组交换通过不同的链路到达目的地，然后目标节点会根据数据包中的包序号对数据包进行重组。在因特网上广泛使用的是分组交换技术。

2）交换机分类

① 按端口数量

目前主流交换机主要有 8 口、16 口和 24 口几种，但也有少数品牌提供非标准端口数。图 6.1-3 所示是一款 16 口交换机。

图 6.1-3　16 口交换机

② 按带宽

按照交换机所支持的带宽不同，通常可分为 100Mbps、1000Mbps、100Mbps/1000Mbps 三种。对于 100Mbps/1000Mbps 自适应的交换机，其内部内置了 100Mbps 和 1000Mbps 两条内部总线，可以手动或自动完成 100Mbps/1000Mbps 的切换。

③ 按应用领域

a. 广域网交换机

广域网交换机主要有：访问交换机（Access Switch）、边缘交换机（Edge Switch）和核心交换机（Core Switch）。

b. 局域网交换机

根据使用的网络技术和传输速度来划分，局域网交换机可以分为：以太网交换机、快速以太网交换机、千兆（G 位）以太网交换机、10 千兆（10G 位）以太网交换机、ATM 交换机、令牌环交换机和 FDDI 交换机等。

以太网交换机。这种交换机用于 100Mb/s 以下的以太网，是使用最普遍且较便宜的一种，它可以提供三种网络接口：RJ-45、BNC 和 AUI，适用的传输介质分别为：双绞线、细同轴电缆和粗同轴电缆。如图 6.1-4 所示的是一款带有 RJ-45 和 AUI 接口的以太网交换机产品图。

(a)   (b)

图 6.1-4　带有 RJ-45 和 AUI 接口的以太网交换机产品

千兆以太网交换机。千兆以太网交换机用于千兆以太网中，一般用于大型网络的骨干网段，所采用的传输介质有光纤、双绞线两种，对应的网络接口为 SC 和 RJ-45 接口两种。图 6.1-5 所示的就是两款千兆以太网交换机产品示意图。

图 6.1-5　两款千兆以太网交换机产品

10 千兆以太网交换机。10 千兆以太网交换机主要是用于当今 10 千兆以太网络的接入，主要用于骨干网段上，采用的传输介质为光纤，其接口方式也就相应为 SC 接口。图 6.1-6 所示的是一款 10 千兆以太网交换机产品示意图。

ATM 交换机。ATM 交换机是用于 ATM 网络的交换机产品，在市场上很少看到。它的传输介质一般采用光纤，接口类型一般有两种：以太网 RJ-45 接口和光纤接口。图 6.1-7 所示就是这样一款 ATM 交换机产品示意图。

图 6.1-6　10 千兆以太网交换机产品

图 6.1-7　ATM 交换机产品

FDDI 交换机。FDDI 技术是在快速以太网技术还没有出现之前开发的，主要是为了解决当时 10Mb/s 以太网和 16Mb/s 令牌网速度的局限，因为它的传输速度可达到 100Mb/s，所以在当时还是有一定市场的。但随着快速以太网技术的成功，FDDI 技术也就失去了它应有的市场。图 6.1-8 所示的是一款 FDDI 交换机产品图。

　　c. 根据应用层次划分。局域网交换机可以分为：企业级交换机、部门级交换机、工作组交换机和桌面型交换机等。

　　企业级交换机。企业级交换机通常作为核心交换机，一般采用模块化的结构，用于中大型企事业单位构建高速局域网的骨干网络，属于企业网络的最顶层。图 6.1-9 所示的是一款模块化千兆以太网交换机，属企业级交换机。

图 6.1-8　FDDI 交换机产品

图 6.1-9　企业级交换机

　　部门级交换机。部门级交换机是面向中小型企事业单位网络使用的交换机，这类交换机可以是固定配置，也可以是模块配置，一般除了常用的 RJ-45 双绞线接口外，还带有光纤接口。图 6.1-10 所示是一款部门级交换机产品示意图。

　　工作组交换机。工作组交换机一般为固定配置，其功能较为简单。图 6.1-11 所示的是一款快速以太网工作组交换机产品示意图。

图6.1-10　部门级交换机产品

图6.1-11　工作组交换机

桌面型交换机。这类交换机是一种低档交换机，并且端口数也较少，只具备最基本的交换机特性，当然价格也是最便宜的。图6.1-12是一款桌面型交换机产品图。

图6.1-12　桌面型交换机

（2）交换机本地登录

本地配置我们主要考虑物理连接方式和软件配置，在软件配置方面以最常见的H3C的"H3C LS-3600V2"交换机为例来讲述。

1）物理连接

交换机的本地配置方式是通过计算机与交换机的"Console"端口直接连接的方式进行通信的，它的连接图如图6.1-13所示。基于笔记本电脑的便携特性，因此，配置交换机通常通过笔记本电脑进行，在没有笔记本电脑的情况下，当然也可以采用台式机，但因本地登录受距离限制，可能会需要移动PC，比较麻烦。

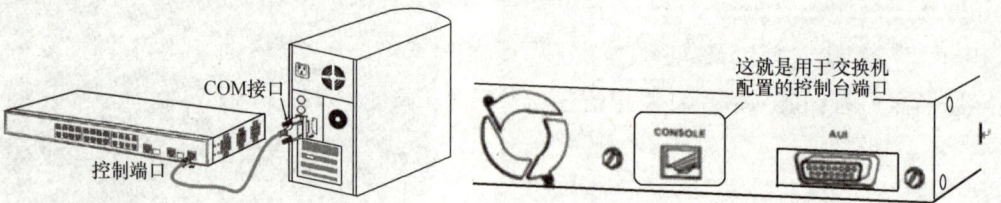

图6.1-13　交换机物理连接

2）软件配置连接

物理连接完成后，就可以打开计算机和交换机电源进行软件配置，通常使用终端软件。下面以H3C的一款网管型交换机"H3C LS-3600V2"来讲述配置过程。

（3）交换机与交换机连接

当一台交换机能够提供的端口数量不足以满足网络对计算机信息点的需求时，这就必须将多个交换机连接在一起，以扩展连接端口。通常有以下几种方法可以将交换机连接在一起。

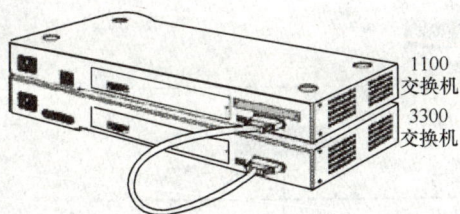

图 6.1-14　交换机的堆叠

1）交换机的堆叠

交换机的堆叠是扩展端口最快捷、最便利的方式，如图 6.1-14 所示。

2）交换机的 UTP 级联

级联方式是最常用的一种组网方式，它通过交换机上的级联口（UpLink）进行连接，也可通过交换机的普通 RJ-45 口级联。需要注意的是交换机不能无限制级联，超过一定数量的交换机进行级联，最终会引起广播风暴，导致网络性能严重下降，另外用 UTP 双绞线进行级联的有效距离是 100m，如图 6.1-15所示。

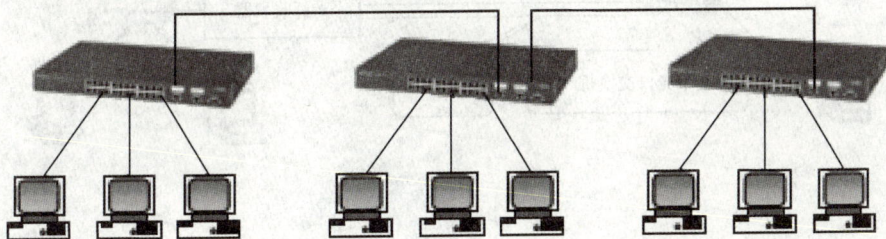

图 6.1-15　交换机的 UTP 级联

3）端口聚合方式

端口聚合方式相当于用多个端口同时进行级联，它提供了更高的互联带宽和线路冗余，使网络具有一定的可靠性，如图 6.1-16 所示，使用两个端口进行端口聚合。

4）分层式结构

分层式组网应用于比较复杂的网络结构中，按照功能可划分为：接入层、汇聚层、核心层，如图 6.1-17 所示。

5）交换机的光纤连接

实际上这也是交换机的一种级联方式，不过由于采用光纤连接可以极大地延伸以太网的传输距离，提高网络传输速度，现在这种连接方式已广泛在组网实践中应用。用光纤级联通常有两种情况：一是利用交换机上自带的光纤端口进行级联，二是若交换机上没有光纤端口，可利用光纤收发器进行级联，但这种连接方式受 UTP 的传输速度限制，如图 6.1-18所示。

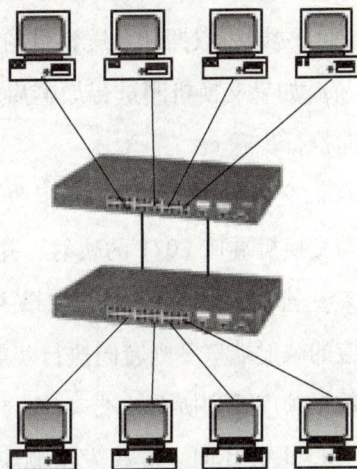

图 6.1-16　端口聚合方式

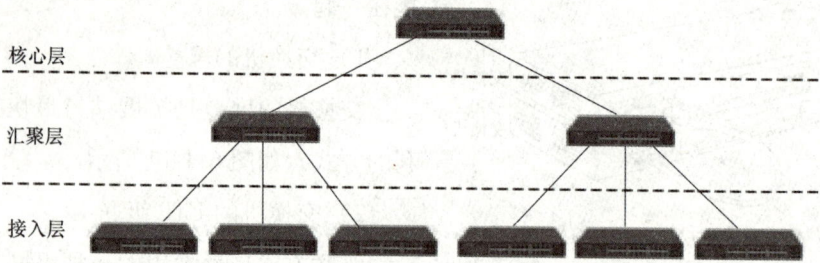

图 6.1-17　分层式结构

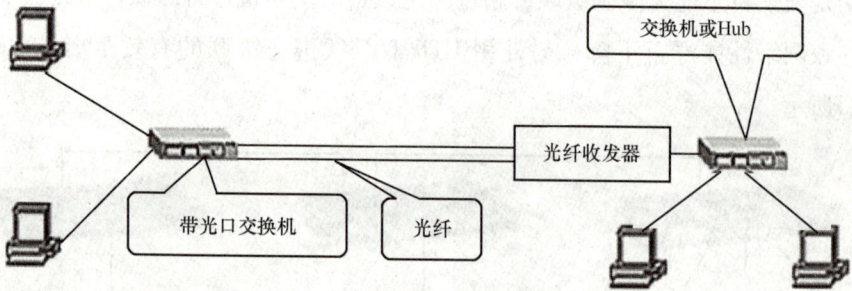

图 6.1-18　交换机的光纤连接

（4）交换机工作原理

"交换"和"交换机"最早起源于电话通信系统（PSTN）。交换是指两个网络节点间如何创建连接的。

1）交换机的数据存储转发过程如下：

① 它将某个端口发送的数据帧先存储起来。

② 通过解析数据帧以获得目的 MAC 地址。

③ 然后在 MAC 地址表找到目的主机所连接的交换机的端口。

④ 立即将数据帧发送到目的端口。

a. 如果交换机刚进行加电启动初始化，MAC 地址表是空的，则执行步骤 b，否则转向执行步骤 c。

b. 交换机接收帧时，根据收到的数据帧中的源 MAC 地址，建立主机 A 的 MAC 地址与交换机端口 E0/1 的映射，并将其写入 MAC 地址表中。

c. 查询 MAC 地址表，如果主机 B 的 MAC 地址存在，查询到主机 B 的 MAC 地址所对应的映射端口，则转向执行步骤 e，否则由于目的主机 B 的 MAC 地址未知，交换机把数据帧广播到所有的端口。

d. 主机 B 向主机 A 发出响应，交换机也知道了 B 的 MAC 地址。交换机会建立主机 B 的 MAC 地址与交换机端口 E0/3 的映射，并将其写入 MAC 地址表中。

e. 将数据帧转发到端口 E0/3。

图 6.1-19 为交换机的数据存储。

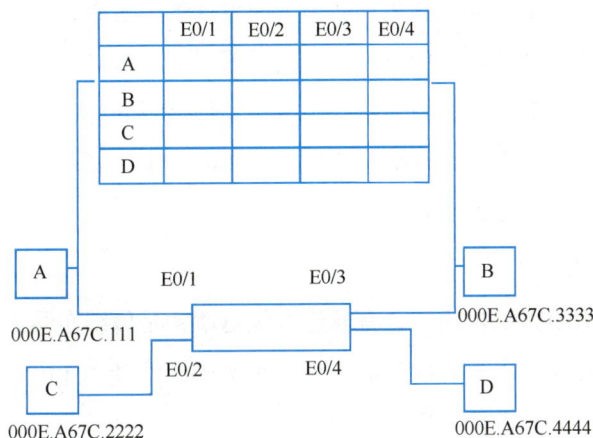

图 6.1-19　交换机的数据存储

2）几个重要概念

① MAC 地址表。MAC 地址表的结构包含 MAC 地址和端口号，MAC 地址表存放在交换机的缓存（RAM）中。MAC 地址表需要新建或更新，也就是 MAC 地址学习，学习地址时，交换机要记录两件事：

记录 MAC 地址本身和对应端口号。

② 将 MAC 地址的生存期清零；表中的地址生存期每秒加 1，生存期达到一个特定值，对应的 MAC 地址表项就会被删除掉。

③ 丢弃：当与本端口连接的主机访问本端口连接的主机时丢弃。

④ 转发：当与某端口连接的主机访问已知地址的某端口连接的主机时转发。

⑤ 广播：当与某个端口连接的主机访问未知地址的端口连接的主机时需要进行广播。

⑥ 生存期：生存期是端口地址列表中表项的寿命。对于长期不发送数据的主机，其 MAC 地址的表项在生成期结束时删除。所以端口地址表记录的总是最活跃的主机的 MAC 地址。

3）交换机的三种交换策略

交换机接收到的数据帧由 5 个部分组成：目的 MAC 地址（6 个字节）+ 源 MAC 地址（6 个字节）+ 协议（2 个字节）+ 数据（46 ~ 1500 个字节）+ 帧校验序列（4 个字节）。交换机在将数据帧从源端口传送到目的端口时主要采用三种交换策略：直通交换式、存储转发式和碎片隔离式。

（5）局域网综合布线

1）综合布线概述

综合布线系统是为了顺应信息化发展需求而设计的一套布线系统。对于现代化的大楼来说，就如体内的神经，它采用了一系列高质量的标准材料，以模块化的组合方式，把语音、数据、图像和部分控制信号系统用统一的传输媒介进行综合，经过统一的规划设计，综合在一套标准的布线系统中，将现代建筑的三大子系统有机地连接起来，为现代建筑的系统集成提供了物理介质。

2）综合布线的特点

综合布线与传统的布线相比较，有着许多优越性，是传统布线无法相比的。其特点主要表现在它具有兼容性、开放性、灵活性、可靠性、先进性和经济性，而且在设计、施工和维护方面也给人们带来了许多方便。

3）综合布线体系结构

从功能上看，综合布线系统包括工作区子系统、水平子系统、管理子系统、垂直干线子系统、设备间子系统、建筑群子系统，如图 6.1-20 所示。

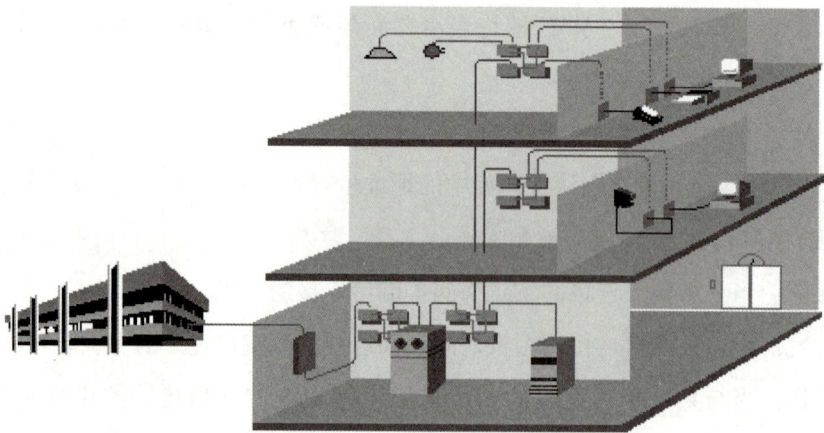

图 6.1-20　综合布线系统

（6）综合布线设计等级

在综合布线系统工程设计中，必须根据智能化建筑的客观需要和具体要求来考虑链路的选用。它涉及链路的应用级别和相关的链路级别，且与所采用的缆线有着密切关系。目前链路有 5 种应用级别，不同的应用级别有不同的服务范围及技术要求。布线链路按照不同的传输介质分为不同级别，并支持相应的应用级别。链路分类如表 6.1-1 所示。

链路分类　　　　　　　　　　表 6.1-1

序号	应用级别	布线链路传输介质	应用场合	支持应用的链路级别	频率
1	A 级	A 级对称电缆布线链路	话音带宽和低频信号	最低速度的级别，支持 A 级	100kHz 以下
2	B 级	B 级对称电缆布线链路	中速（中比特率）数字信号	支持 B 级和 A 级的应用	1MHz 以下
3	C 级	C 级对称电缆布线链路	高速（高比特率）数字信号	支持 C 级、B 级和 A 级的应用	16MHz 以下
4	D 级	D 级对称电缆布线链路	超高速（甚高比特率）数字信号	支持 D 级、C 级、B 级和 A 级的应用	100MHz 以下
5	光缆级	光缆布线链路按光纤分为单模光纤	高速和超高速度的数字信号	支持光缆级的应用，支持传输速度 10MHz 及以上的各种应用	10MHz 及以上

（7）IP 地址规划

例题：某网络的子网掩码为 255.255.252.0，请计算网络的主机数目，若主机 1 的 IP 为 192.168.1.100，主机 2 的 IP 为 192.168.5.3，是否连通。

解析：子网掩码 255.255.252.0 的二进制形式为 11111111.11111111.11111100.00000000，由此可以看出主机数目为 $4 \times 256 - 2 = 1022$。

若主机 1 的 IP 为 192.168.1.100，则与子网掩码运算得到网络号为 192.168.0.0，运算过程如下：按位与 192.168.00000001.100

255.255.11111100.0

192.168.00000000.0

若主机 2 的 IP 为 192.168.5.3，则与子网掩码运算得到网络号为 192.168.4.0，运算过程如下：

按位与 192.168.00000101.100

255.255.11111100.0

192.168.00000100.0

两个网络号不同，故不在一个网络中。

6.1.4　问题思考

1. 根据你的学习，描述办公网络搭建时需要注意的事项。

2. 如何进行办公网络 IP 地址分配，什么样的地址比较适合？

任务 6.2
搭建网络服务器

6.2.1　教学目标与思路

【教学载体】李先生开了一个咨询公司，有员工 20 人，每人一台计算机，公司有一个服务器，安装了 Windows 服务器操作系统，公司有固定电话。现李先生想在单位组建一个局域网，能够实现 Web 服务及相关管理操作，客户能够查看公司网页，了解产品信息。试为李先生设计组网方案并进行相关配置。

【教学目标】

知识目标	能力目标	素养目标	思政要素
1. 能够认识网络服务器； 2. 能够安装文件服务器； 3. 能够了解网络协议； 4. 掌握网络协议原理和操作。	1. 能够熟练配置 Web 服务器； 2. 掌握网络调试的基本命令； 3. 掌握网络工程验收的过程和方法。	1. 具有良好倾听的能力，能有效地获得各种资讯； 2. 能正确表达自己思想，学会理解和分析问题； 3. 培养学生团队合作意识。	1. 具有良好的职业道德及一丝不苟的工匠精神、鲁班精神； 2. 树立质量意识、安全意识、标准和规范意识； 3. 培养学生劳动习惯、劳动精神，改善生活习惯，提高自理能力。

【学习任务】经过与用户交流（可由教师扮演用户角色），确定创建 Web 站点，具体要求：

（1）架构服务器，并接入互联网。

（2）具有公网 IP 地址，可使用 IP 地址或域名访问 Web 服务器。

（3）服务器安装 IIS 组件，配置 IIS 中的 Web 服务。

（4）搭建文件服务器。

李先生的咨询公司需要提供 Web 服务，建立 WWW 站点，请为李先生设计服务器建设方案。

目前，服务器的架构主要有自建机房、申请免费主页空间、申请虚拟主机、申请主机托管等。自建机房的优点是管理灵活、数据安全性可控，但投入大，管理要求高，一般适合于大中型企事业单位网络（见下图）。

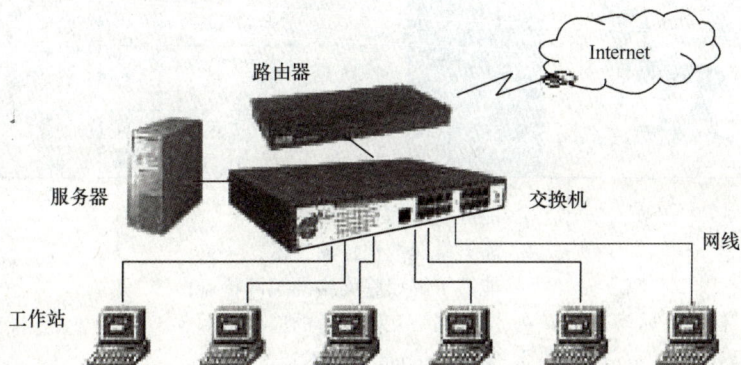

【建议学时】8 学时

【思维导图】

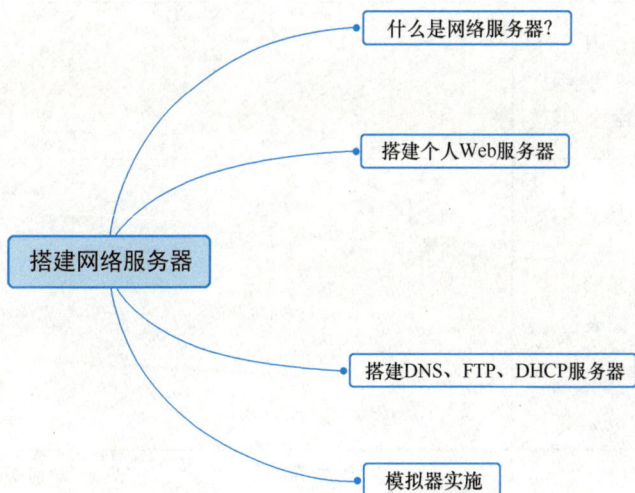

6.2.2 学生任务单

任务名称		搭建网络服务器	
学生姓名		班级学号	
同组成员			
负责任务			
完成日期		完成效果（教师评价及签字）	

明确任务	任务目标	1. 能够了解综合布线系统； 2. 能够掌握数据传输技术； 3. 能够了解家庭网络的组网特点； 4. 掌握网络互联设备的应用； 5. 掌握 Internet 的技术； 6. 了解家庭网络的接入方式； 7. 掌握网络工程的故障排查过程和方法。		
自学简述	课前预习 （学习内容、浏览资源、查阅资料）			
	拓展学习 （任务以外的学习内容）			
任务研究	完成步骤 （用流程图表达）			
	任务分工	任务分工	完成人	完成时间

	本人任务	
	角色扮演	
	岗位职责	
	提交成果	

		第1步	
任务实施	完成步骤	第2步	
		第3步	
		第4步	
		第5步	
	问题求助		
	难点解决		
	重点记录（完成任务过程中，用到的基本知识、公式、规范、方法和工具等）		成果提交
学习反思	不足之处		
	待解问题		
	课后学习		

过程评价	自我评价（5分）	课前学习	时间观念	实施方法	知识技能	成果质量	分值
	小组评价（5分）	任务承担	时间观念	团队合作	知识技能	成果质量	分值

6.2.3　知识与技能

1. 知识点——工程实施前的准备工作

（1）Web 站点服务器的架构

1）免费主页空间

免费主页空间是由提供网站空间的服务商免费开放给客户，用于制作个人主页、公司主页等。此类空间一般只支持静态网页（html/htm/txt），但也有许多空间支持 ASP/PHP 等动态语言的网页。数据上传方式有两种：超文本传输协议上传（即 Web 上传）和文件传输协议上传（即 FTP 上传）。

2）虚拟主机

Internet 日益成为商家瞩目的焦点，在技术迅猛发展的今天，企业的信息化已成为市场竞争的重要手段，走向市场、走向国际化或者保持国内市场是企业发展的必要条件之一，企业可以通过服务器硬盘空间出租、网络虚拟主机服务实现企业信息化。

虚拟主机，也叫"网站空间"，就是把一台运行在互联网上的服务器划分成多个"虚拟"的服务器，每一个虚拟主机都具有独立的域名和服务器功能。

3）主机托管

主机托管是客户自身拥有一台服务器，并把它放置在 Internet 数据中心的机房，由客户自己进行维护，或者由其他的签约人进行远程维护，这样企业将自己的服务器放在专用托管服务器机房，可以省去机房管理的开支，节约成本，同时对设备拥有所有权和配置权，并可要求预留足够的扩展空间。

（2）地址申请

某科技公司企业网 Web 服务器要配置 Internet 能访问的 IP 地址，需要申请 IP 地址。

【任务分析】

Internet 中通信都是根据主机的 IP 地址来查找目标主机的，IP 地址是 Internet 中主机必须具备的信息，我们的计算机要想在 Internet 中能被直接访问，必须申请固定 IP 地址。

NIC（Internet Network Information Center）统一负责全球 IP 地址的规划、管理，同时由 InterNIC、APNIC（亚太互联网络信息中心）、RIPE 等网络信息中心具体负责美国及全球其他地区的 IP 地址分配，APNIC 负责亚太地区 IP 地址分配，我国申请 IP 地址要通过 APNIC，申请时要考虑申请哪一类的 IP 地址，也可以向国内的代理机构提出申请。

【任务实施步骤】

1）直接向 APNIC 申请

APNIC 总部设在澳洲，办公语言和申请文件全部采用英文。目前，中国的大多数用户在直接向 APNIC 申请时，都会面临三个难题。一是语言交流困难；二是对地址的管理办法、分配政策、申请方法、收费标准和相关服务等内容理解困难；三是 IP 地址使用成本高。

2）向 ISP 或 CNNIC 申请

对于个人用户或中小企业，直接向 ISP 申请 IP 地址是一种便捷的途径。个人用户申请固定 IP 地址的价格相对较为固定，而中小企业在与 ISP 进行价格谈判时，申请 IP 地址的数量、接入带宽是影响价格的重要因素。

（3）注册域名

某科技公司企业网 Web 服务器要实现在 Internet 中能被用户访问，通常通过域名来访问，此时需要注册域名。

【任务分析】

IP 地址为数字化信息，毫无规律可言，不便于记忆。我们访问 Internet 主机一般都通过域名，域名可以采用具有一定意义的英文单词或序列，容易记忆。域名已经成为影响企业形象的重要因素，是企业的另一块标志，抢注域名的事件时有发生。

【任务实施步骤】

1）域名命名

由于 Internet 上的各级域名是分别由不同机构管理的，所以，各个机构管理域名的方式和域名命名的规则也有所不同。但域名的命名也有一些共同的规则，主要有以下几点：

① 域名中包含的字符

26 个英文字母。

0，1，2，3，4，5，6，7，8，9 十个数字。

"-"（英文中的连词号）。

② 域名中字符的组合规则

在域名中，不区分英文字母的大小写。

对于一个域名的长度是有一定限制的。

③ .cn 下域名命名的规则

遵照域名命名的全部共同规则。

早期 .cn 域名只能注册三级域名，从 2002 年 12 月份开始，CNNIC 开放了国内 .cn 域名下的二级域名注册，可以在 .cn 下直接注册域名。

2009 年 12 月 14 日 9 点之后新注册的 cn 域名需提交实名制材料（注册组织、注册联系人的相关证明）。

④ 不得使用或限制使用以下名称:

注册含有"CHINA""CHINESE""CN""NATIONAL"等应经国家有关部门(指部级以上单位)正式批准(这条规则基本废除了)。

公众知晓的其他国家或者地区名称、外国地名、国际组织名称不得使用。

县级以上(含县级)行政区划名称的全称或者缩写需县级以上(含县级)人民政府正式批准。

行业名称或者商品的通用名称不得使用。

他人已在中国注册过的企业名称或者商标名称不得使用。

对国家、社会或者公共利益有损害的名称不得使用。

2)域名注册流程

① 查询域名。查询所要注册的域名是否可以注册,如果该域名已被注册,则不能重复注册。我们可以通过 CNNIC 网站进行查询。

② 申请注册。选择注册机构,在其网站上在线填写或下载后填写域名注册申请信息,然后提交,如果是单位用户,则需提供相关资质证明材料,传真或邮递至注册机构。

③ 域名与 IP 地址绑定。如需要做域名解析,即将域名与 IP 地址进行绑定,则需打印"域名解析表申请"一份并加盖单位公章,传真或邮递至注册机构。

④ 通过合适方式付费。

⑤ 注册机构收到申请并核对收费情况后,办理注册手续。

⑥ 用户申请域名所需材料:

单位用户须携带域名管理人身份证原件及复印件、《域名注册业务登记表》(加盖单位公章)。如申请 gov(政府)类国内域名,另须提交 2 份书面材料:国内 gov(政府)类域名注册申请表和证明申请单位为政府机构的相关资料。

个人用户须提供个人身份信息。

2. 知识点——工程施工过程中的要点-Web 服务器

(1)创建 Web 服务器

【任务 1】李先生想建立 Web 服务器,对外提供 Web 服务,并对站点进行管理。

【任务 2】李先生建立 Web 服务器,需要用户直接访问 Web 站点目录中的子目录,提供便捷的访问方式。

【任务 1 分析】

在本节任务中,我们创建站点 Web,服务器为 tlpvtc-g,站点目录为 E:\web,站点首页文件为 aaa.htm。通过 Windows Server 2008 自带的 IIS 来创建 Web 站点,并对站点进行安全管理。

【任务1 实施步骤】

1）安装 IIS

① 使用"服务器管理器"安装

单击"开始"→"所有程序"→"管理工具"→"服务器管理器",打开"服务器管理器"对话框,在对话框左侧单击"角色",然后单击"添加角色",在随后弹出的对话框中选中"Web 服务器(IIS)"前的复选框,如图6.2-1所示。

在"选择角色服务"对话框中,选择需要的角色服务,如图6.2-2所示,单击"下一步",进行安装。

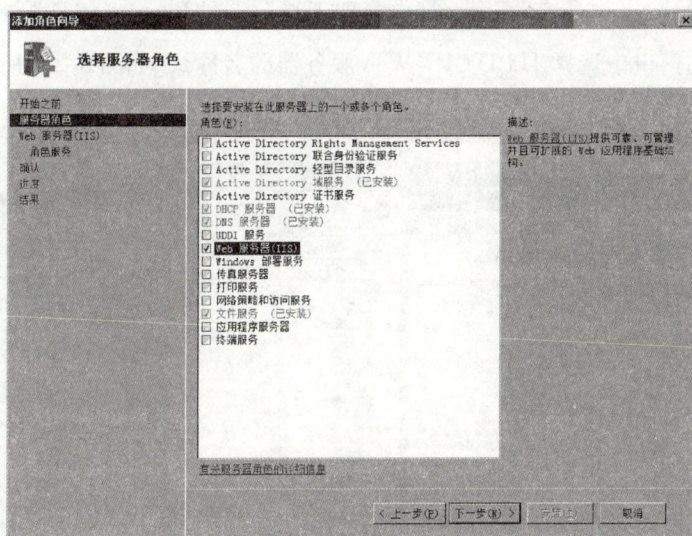

图6.2-1 选中"Web 服务(IIS)前的复选框"

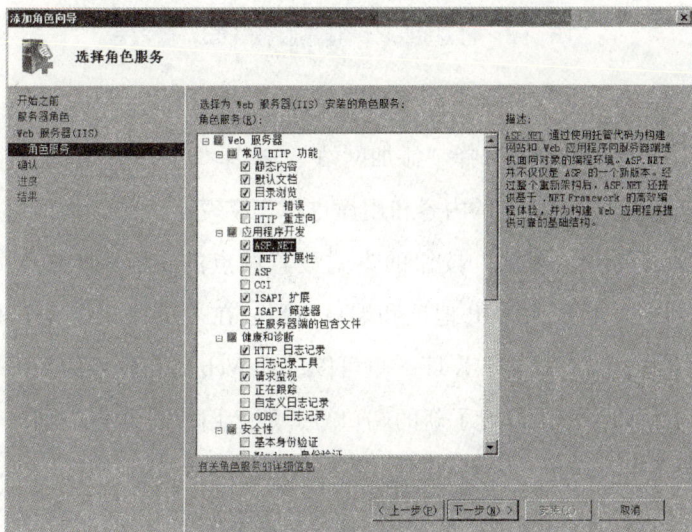

图6.2-2 选择角色服务

② 使用"控制面板"中的"程序和功能"来安装

打开"控制面板"→"程序和功能",在出现的对话框中单击"打开或关闭 Windows 功能",出现如图 6.2-1 所示对话框,然后按照步骤①中的方法进行安装。安装时,光驱中插入 Windows Server 2008 安装光盘,单击"确定"按钮。如果没有光驱,Windows Server 2008 系统在硬盘上有备份,也可以输入 Windows Server 2008 系统存储的位置进行安装。

2)创建 Web 站点

① 打开 Internet 信息服务(IIS)管理器

单击"开始"→"所有程序"→"管理工具"→"Internet 信息服务(IIS)管理器",在打开的窗口中选择 TLPTPC1(Web 服务器的名称),如图 6.2-3 所示。

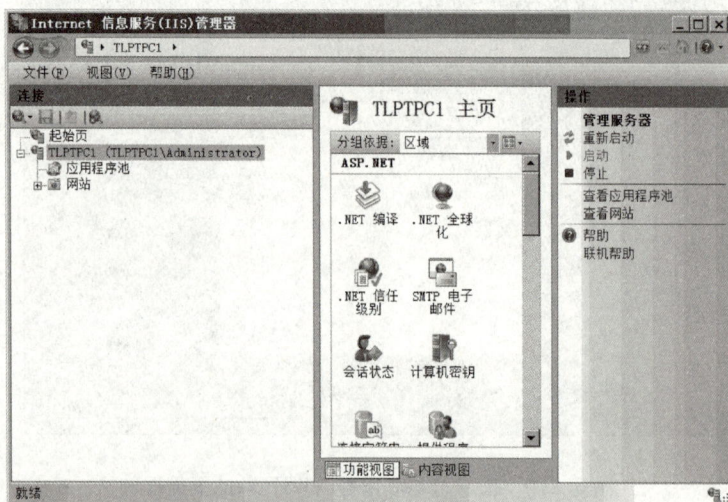

图 6.2-3　打开 Internet 信息服务（IIS）管理器

② 设置网站属性

在"网站"上单击右键,选择"添加网站",选择"下一步",在"网站名称"文本框中输入"xxxweb",对站点的内容和用途进行文字说明。在"物理路径"下面的文本框中输入或通过单击"浏览"按钮的方式设置站点的主目录,输入站点的主目录 e:\web。在"绑定"下方进行 IP 地址和端口设置。在"IP 地址"下拉列表中选择所需用到的本机 IP 地址"192.168.1.1",也可以设置 Web 站点使用的 TCP 端口号,在默认情况下端口号为 80,如果设置了新的端口号,那么用户必须指定端口号,才能访问 Web 站点,如图 6.2-4 所示。

③ 添加站点首页文件

添加站点首页文件的方法是:单击新建的站点"xxxweb",在图 6.2-5 所示窗口的

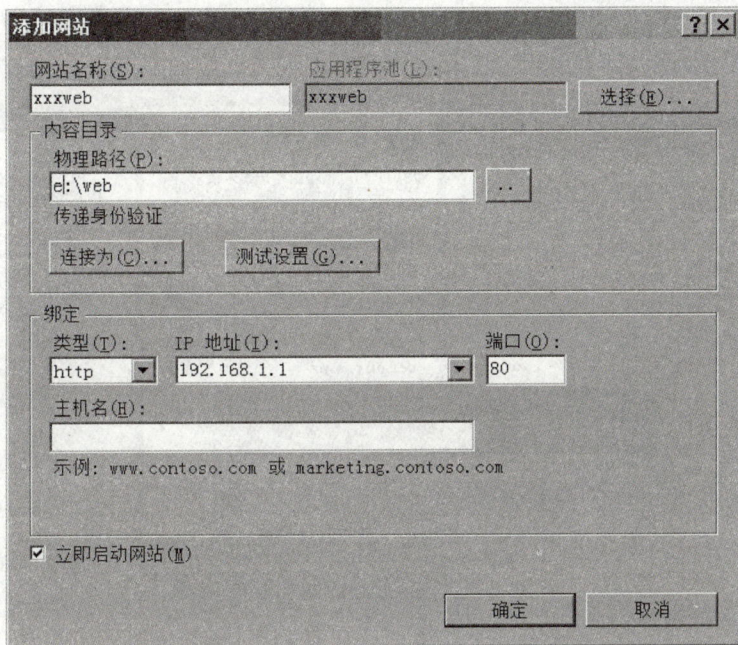

图6.2-4 设置网站属性

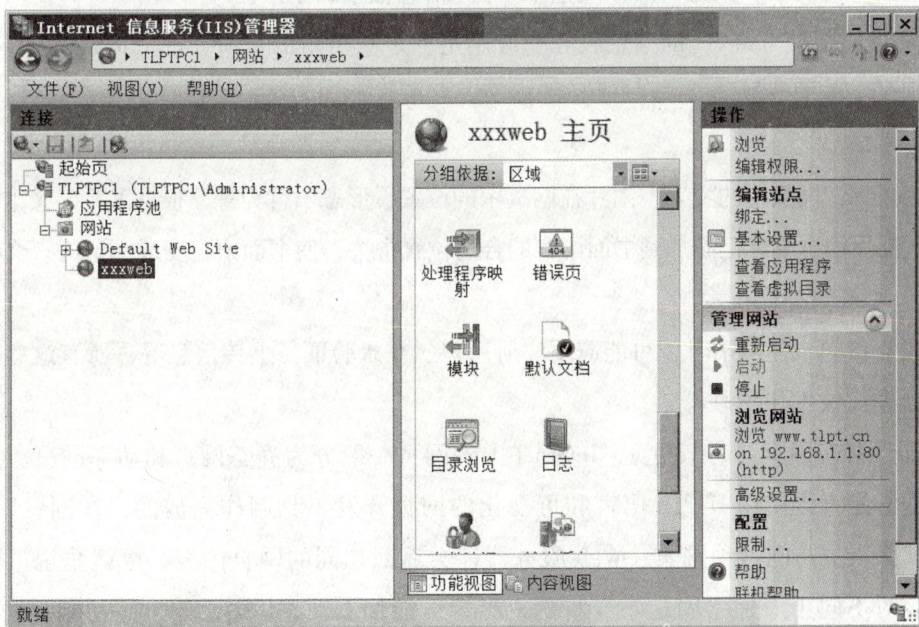

图6.2-5 添加站点首页文件（一）

中间栏双击"默认文档"，打开如图6.2-6所示窗口，单击"添加"按钮，出现"添加默认文档"对话框，在此对话框中输入首页文件名，如 aaa. htm。

WWW 是 World Wide Web 的缩写，我们称之为万维网，也简称为 Web。万维网不

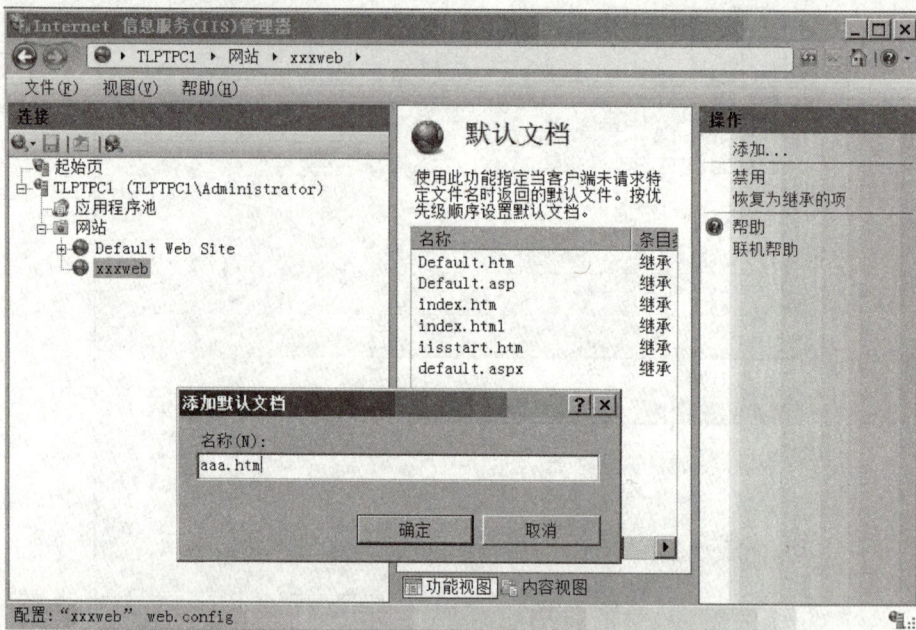

图6.2-6　添加站点首页文件（二）

是一种类型的网络，而是 Internet 提供的一种信息检索的手段。1991 年 WWW 技术被引进 Internet，促使 Internet 的信息服务和应用走上了一个新的台阶，使 Internet 技术和应用得到了空前的发展。

a. 标记语言

为了标记网页上的文字、图片在网页中的位置、形态、行为等，根据需要定义出一套标记，然后将这套标记添加到书面语言的合适位置中去，使书面语言变成标记语言文档。

b. Web 数据库技术

我们访问一些网站时，可能需要注册用户、登录验证、上传信息等，所有这些需要 Web 数据库技术作支撑。

（a）静态网页与动态网页。Internet 上的网页一般分为静态网页和动态网页。静态网页通常是直接使用 HTML 语言和可视化的网页开发工具制作完成的，在同一时间，无论什么人去访问这种网页，Web 服务器都会返回相同的网页内容，也就是说，网页的内容对不同用户是"固定不变"的，尽管可能加上动态图片，产生一些动画效果。动态网页具有很强的交互性，在同一时间，不同的人去访问同一个网页，可能会产生不同的页面。另外，动态网页还支持后台管理，页面更新具有简单化、程序化的特点，可大大减少网页更新所带来的工作量。

（b）动态网页技术。ASP、JSP 和 PHP 是服务器端脚本编程技术，它们的相同点是将程序代码嵌入到 HTML 中，程序代码在服务器端完成信息的处理，并将执行结果重新嵌入到 HTML 中发送给客户端浏览器。

（2）Web 站点管理和配置

李先生新建了一个 Web 服务器，因业务需要，需对 Web 站点进行配置，设置网站 IP 地址、端口等选项。通过对这些项目的设置，用户可以使其 Web 站点更好地运行。

1）配置 IP 地址和端口

Web 服务器安装完成以后，可以使用默认创建的 Web 站点来发布 Web 网站。不过，如果服务器中绑定有多个 IP 地址，就需要为 Web 站点指定惟一的 IP 地址及端口。

① 在 IIS 管理器中，右击默认站点，单击快捷菜单中的"编辑绑定"命令，或者在右侧"操作"栏中单击"绑定"按钮，显示如图 6.2-7 所示的"网站绑定"对话框。默认端口为 80，使用本地计算机中的所有 IP 地址

② 选择该网站，单击"编辑"按钮，显示如图 6.2-8 所示的"编辑网站绑定"对话框，在"IP 地址"下拉列表框中选择欲指定的 IP 地址即可，如 192.168.1.1。在"端口"文本框中可以设置 Web 站点的端口号，且不能为空，默认为 80。"主机名"文本框用于设置用户访问该 Web 网站时的名称，当前可保留为空。

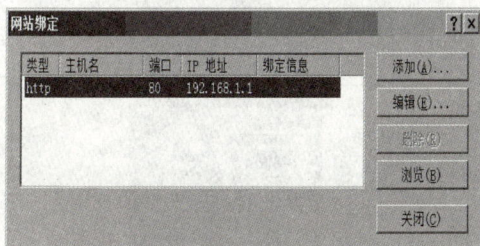

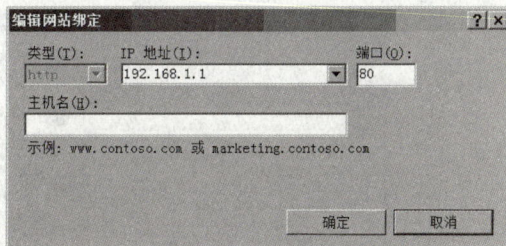

图 6.2-7　网站绑定　　　　　图 6.2-8　编辑网站绑定

2）配置主目录

主目录也就是网站的根目录，用于保存 Web 网站的网页、图片等数据，默认路径为"C：\ Intepub \ wwwroot"。但是，数据文件和操作系统放在同一磁盘分区中，会存在安全隐患，并可能影响系统运行，因此应将主目录设置为其他磁盘或分区。

打开 IIS 管理器，选择欲设置主目录的站点，如图 6.2-9 所示，在右侧窗格的"操作"任务栏中单击"基本设置"，显示如图所示的"编辑网站"对话框，在"物理路径"文本框中显示的就是网站的主目录。

（3）Web 站点安全及实现

李先生新建了一个 Web 服务器，并对 Web 站点进行了初步配置，为了具有更高的安全性，需对目录安全性做相应设置。

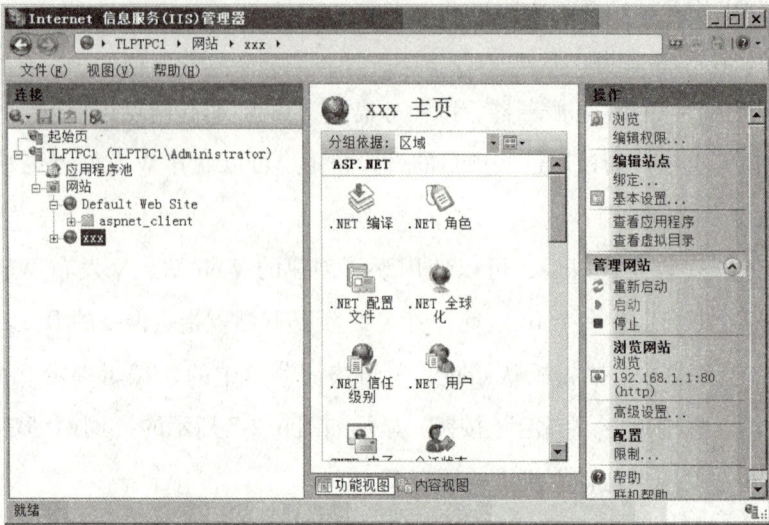

图 6.2-9　配置主目录

1）禁用匿名访问

① 在 IIS 管理器中，选择欲设置身份验证的 Web 站点，如图 6.2-10 所示。

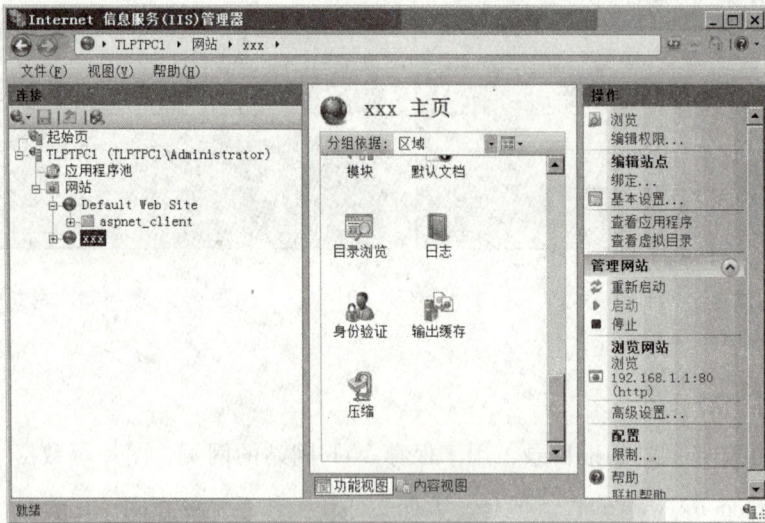

图 6.2-10　设置身份验证的 Web 站点

② 在站点主页窗口中，选择"身份验证"，双击，显示"身份验证"窗口。默认情况下，"匿名身份验证"为"已启用"状态，如图 6.2-11 所示，单击窗口右侧"操作"下方的"禁用"即可禁用匿名身份验证。

2）使用身份验证

在 IIS 7.0 的身份验证方式中，还提供基本验证、Windows 身份验证和摘要身份验

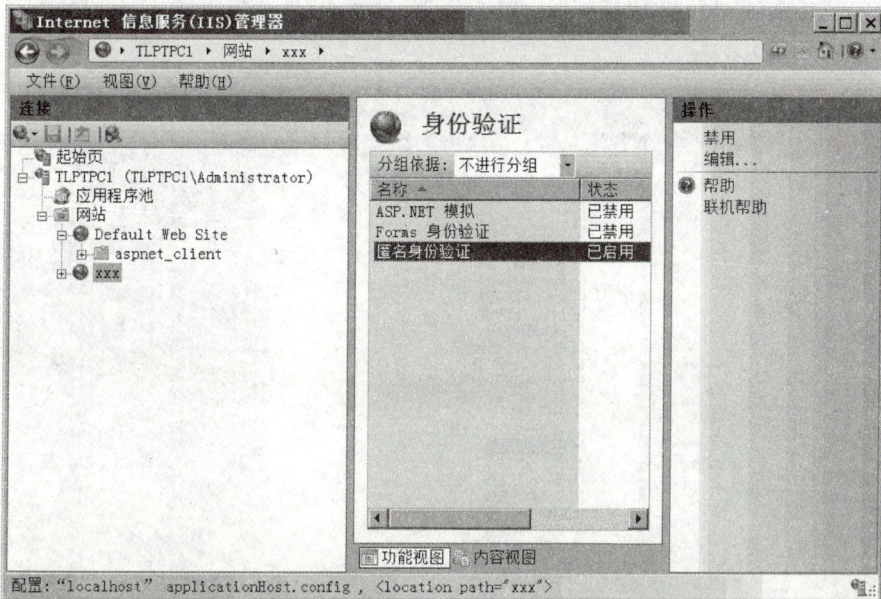

图 6.2-11 身份验证

证。需要注意的是，一般在禁止匿名访问时，才使用其他验证方法。不过，在默认安装方式下，这些身份验证方法并没有安装。可在安装过程中或者安装完成后手动选择。

① 在"服务器管理器"窗口中，在左侧窗口展开"角色"节点，选择"Web 服务器（IIS）"，如图 6.2-12 所示，在右侧窗口单击"添加角色服务"，显示如图 6.2-13 所

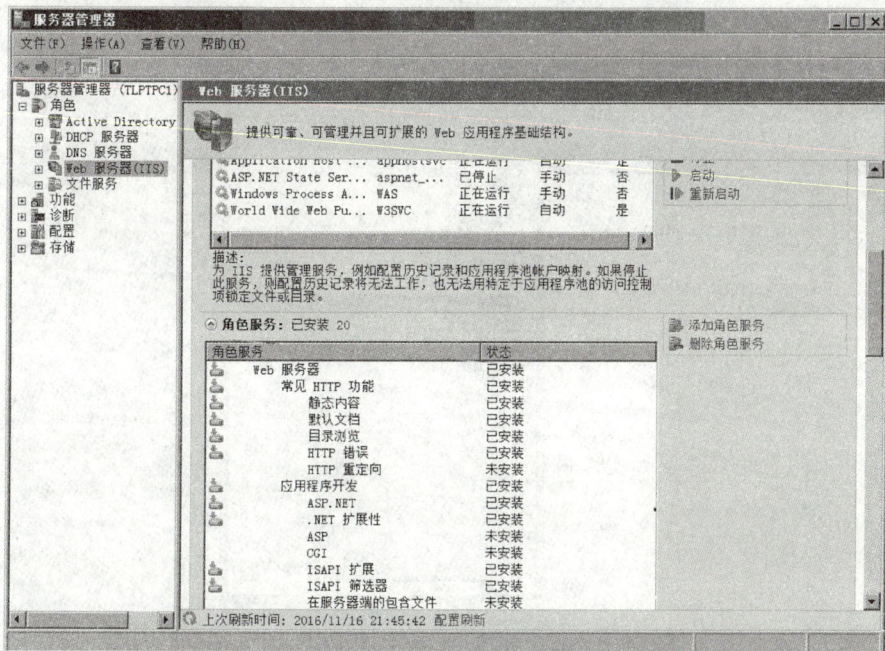

图 6.2-12 服务器管理器

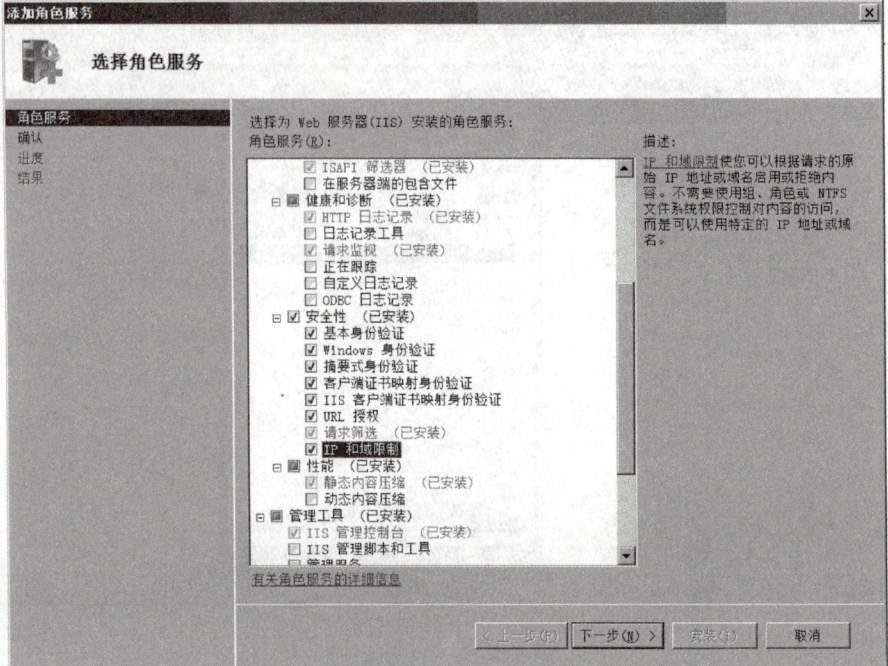

图 6.2-13　选择角色服务

示的"选择角色服务"对话框。在"安全性"选项区域中，可选择安装的身份验证方式。

② 安装完成后，打开 IIS 管理器，再打开"身份验证"窗口，所安装的身份验证方式将显示在列表中，并且默认均为禁用状态，如图 6.2-14 所示。

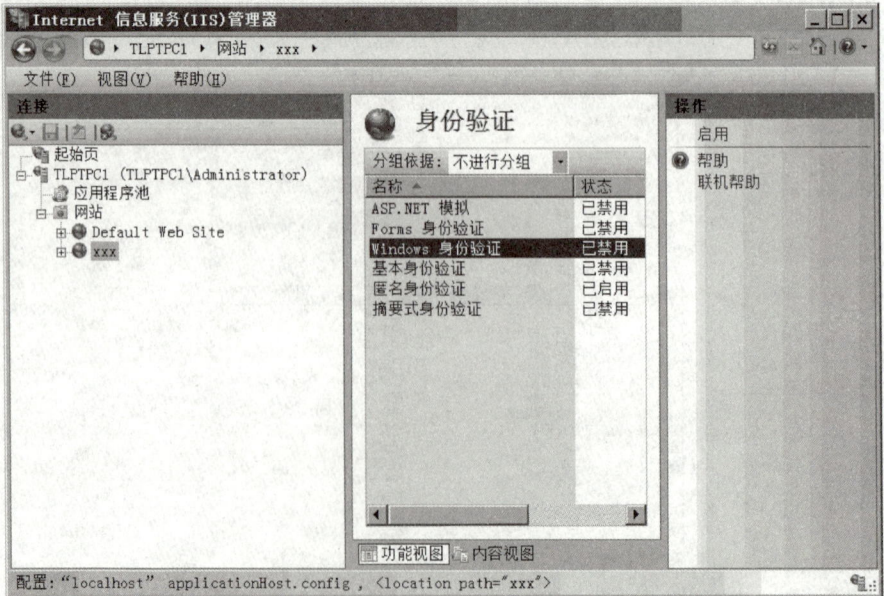

图 6.2-14　显示身份验证信息

可安装的身份验证方式共有三种。

a. 基本身份验证：该验证会"模仿"为一个本地用户（即实际登录到服务器的用户），在访问 Web 服务器时登录。因此，若欲以基本验证方式确认用户身份，用于基本验证的 Windows 用户必须具有"本地登录"用户权限。

b. 摘要式身份验证：该验证只能在带有 Windows 域控制器的域中使用。域控制器必须具有所用密码的纯文本复件，因此必须执行散列操作并将结果与浏览器发送的散列值相比较。

c. Windows 身份验证：集成 Windows 验证是一种安全的验证形式，它也需要用户输入用户名和密码，但用户名和密码在通过网络发送前会经过散列处理，因此可以确保安全性。

3）通过 IP 地址限制保护网站

在 IIS 中，还可以通过限制 IP 的方式来增加网站的安全性。通过允许或拒绝来自特定 IP 地址的访问，可以有效避免非法用户的访问。不过，这种方式只适合于向特定用户提供 Web 网站的情况。同样，"IP 地址限制"功能也需要手动安装，可在"选择角色服务"窗口中勾选"IP 和域限制"复选框以进行安装。

设置允许访问的 IP 地址的操作步骤如下。

打开 IIS 管理器，选择欲限制的 Web 站点，双击"IPv4 地址和域限制"图标，打开如图 6.2-15 所示的"IPv4 地址和域限制"窗口。

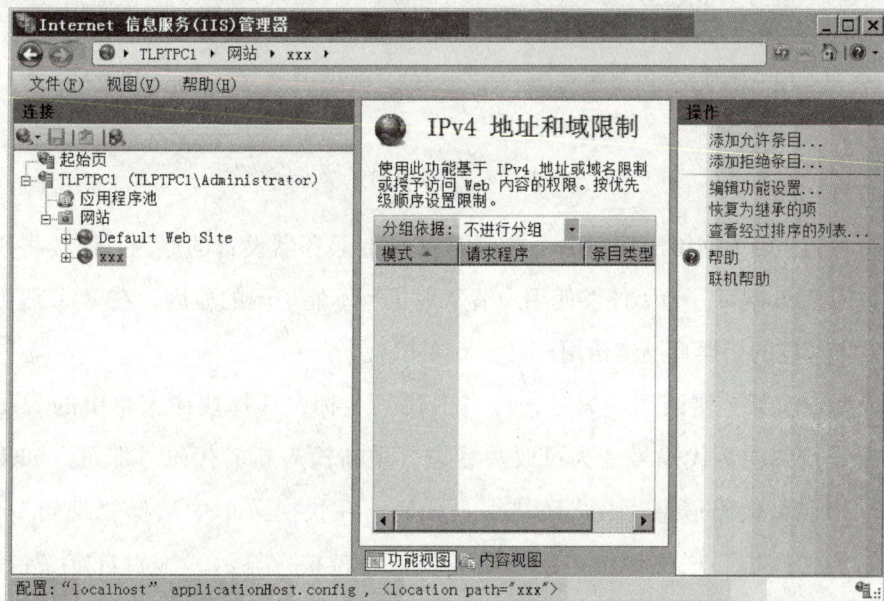

图 6.2-15 "IPv4 地址和域限制"窗口

在右侧"操作"任务栏中，单击"添加允许条目"链接，显示如图 6.2-16 所示的"添加允许限制规则"对话框。如果要添加一个 IP 地址，可选中"特定 IPv4 地址"单选按钮，并输入允许访问的 IP 地址即可；如果要添加一个 IP 地址段，可选中"IPv4 地址范围"单选按钮，并输入 IP 地址及子网掩码。单击"确定"按钮，IP 地址添加完成。

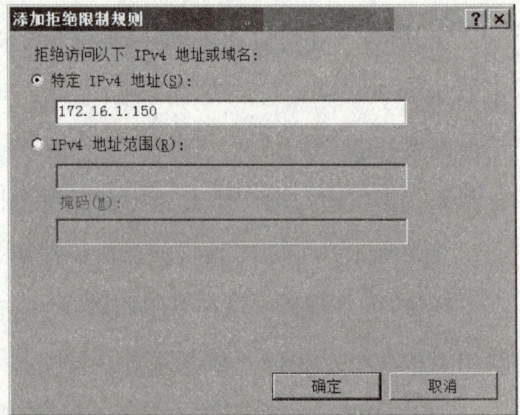

"拒绝访问"与"允许访问"正好相反。通过"拒绝访问"设置将拒绝来自一个 IP 地址或 IP 地址段的计算机访问 Web 站点。不过，已授予访问权限的计算机仍可访问。单击"添加拒绝条目"按钮，在打开的"添加拒绝限制规则"对话框中，添加拒绝访问的 IP 地址，如图 6.2-17 所示，其操作步骤与"添加允许条目"中相同。

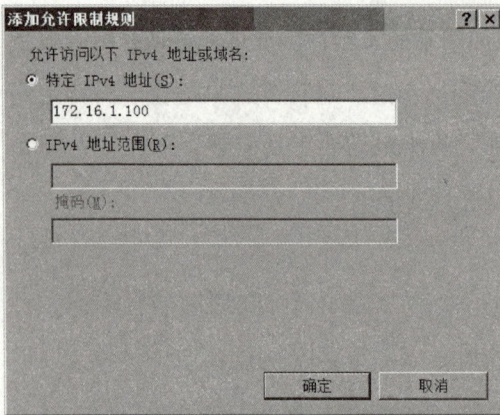

图 6.2-16　添加允许限制规则　　　　图 6.2-17　添加拒绝限制规则

4）自定义错误页

有时可能会因为网络出现问题，或者因为 Web 服务器设置的原因，而使得用户无法正常访问 Web 网页。为了能够使用户清楚地了解不能访问的原因，在 Web 服务器上可通过设置相应的错误页反馈给用户（图 6.2-18）。

如果要更改某个错误页代码号，可右击代码名称，选择快捷菜单中的"更改状态"命令，则错误页代码号变为可改写状态，重新输入新的代码号即可。如果要查看或修改错误页代码信息，右击该错误页代码，在快捷菜单中选择"编辑"命令，或者在右侧"操作"栏中单击"编辑功能设置"链接，显示"编辑自定义错误页"对话框，此时即可自定义发生该错误时返回给用户的信息，以及发生该错误时所执行的操作。

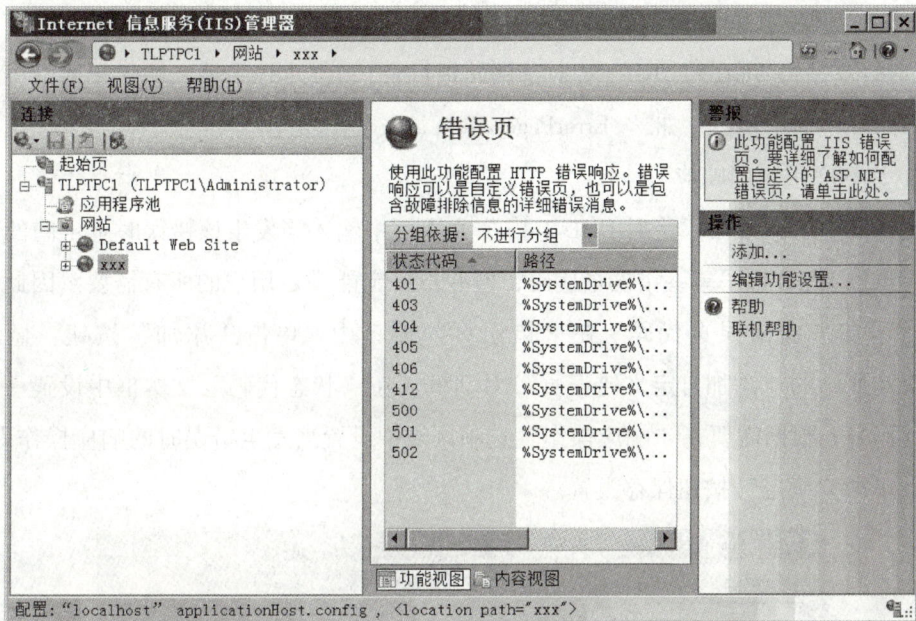

图 6.2-18 错误页反馈给用户

① 将静态文件中的内容插入错误响应中

在"文件路径"文本框中可设置当发生错误时，返回给客户端的 Web 页。如果勾选"尝试返回使用客户端语言的错误文件"复选框，可以根据客户端计算机所使用的语言不同返回相应的错误页（图 6.2-19）。

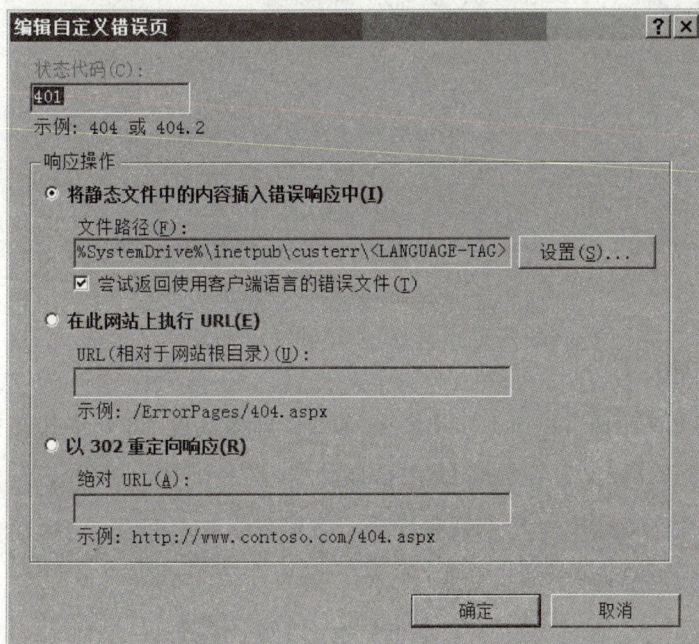

图 6.2-19 将静态文件中的内容插入错误响应中

② 在此网站上执行 URL

选择该项后，可在"URL（相对于网站根目录）"文本框中输入相对于网站根目录的相对路径中的错误页，如"/ErrorPages/404.aspx"。

③ 以 302 重定向响应

选择该项后，可在"绝对 URL（A）"文本框中输入当发生该错误时重定向的网站地址。虽然 IIS 自带了一些错误页代码，但并不一定能满足用户的所有需要。因此，可以自行添加一些错误页代码。在"错误页"窗口中，单击"添加"按钮，显示如图 6.2-20所示的"添加自定义错误页"对话框。在"状态代码"文本框中设置一个错误页代码号，根据需要在"响应操作"选项区域中设置当发生错误时的响应操作即可。最后，单击"确定"按钮保存设置。

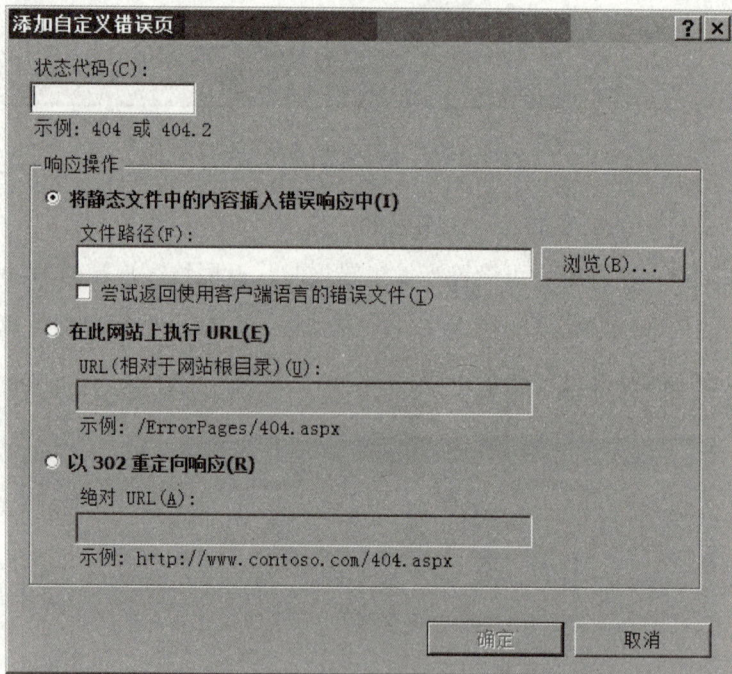

图 6.2-20　添加自定义错误页

5）配置 MIME 类型

MIME（Multipurpose Internet Mail Extensions）即多功能 Internet 邮件扩充服务，这是一种保证非 ASCII 码文件在 Internet 上传播的标准，最早用于邮件系统传送图片等非 ASCII 的内容，如今浏览器也支持这种规范。如果 Web 服务器中没有添加相应的 MIME 类型，则用户无法访问该类型的文件。

在 IIS 管理器中，选择 Web 站点主页，双击"MIME 类型"图标，打开如图 6.2-21 所示的"MIME 类型"窗口，列出了系统已经集成的 MIME 类型。

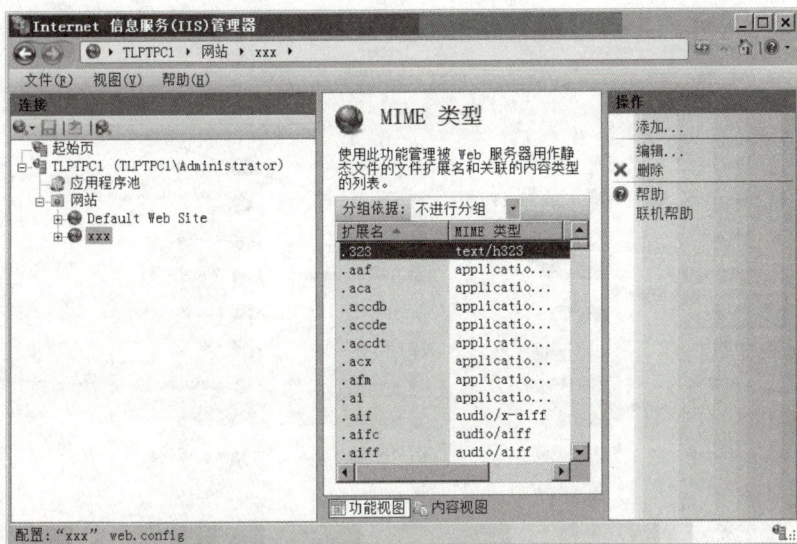

图 6.2-21　"MIME 类型"窗口

如果想添加新的 MIME 类型，可在"操作"栏中单击"添加"链接，显示如图 6.2-22 所示的"添加 MIME 类型"对话框。在"文件扩展名"文本框中输入欲添加的 MIME 类型，如".iso"，在"MIME 类型"文本框中输入文件扩展名所属的类型。

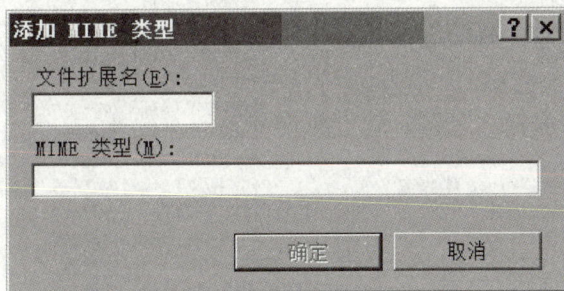

图 6.2-22　"添加 MIME 类型"对话框

3. 知识点——工程施工过程中的要点-文件服务器

文件服务器现在基本是每个企业都会选择搭建，可以方便企业内部各类文件的分享使用，那么文件服务器如何搭建呢？下面从两个方面跟大家分享一下在 win2008 环境中搭建文件服务器的方法。

通过 IIS 搭建文件服务器：

1）打开控制面板，在右上角找到并点击类别，在弹出的菜单中点击大图标，然后找到并点击管理工具（图 6.2-23）。

图 6.2-23 通过 IIS 搭建文件服务器（一）

2）在打开的窗口中找到并双击 internet information services(IIS) 管理器(图 6.2-24)。

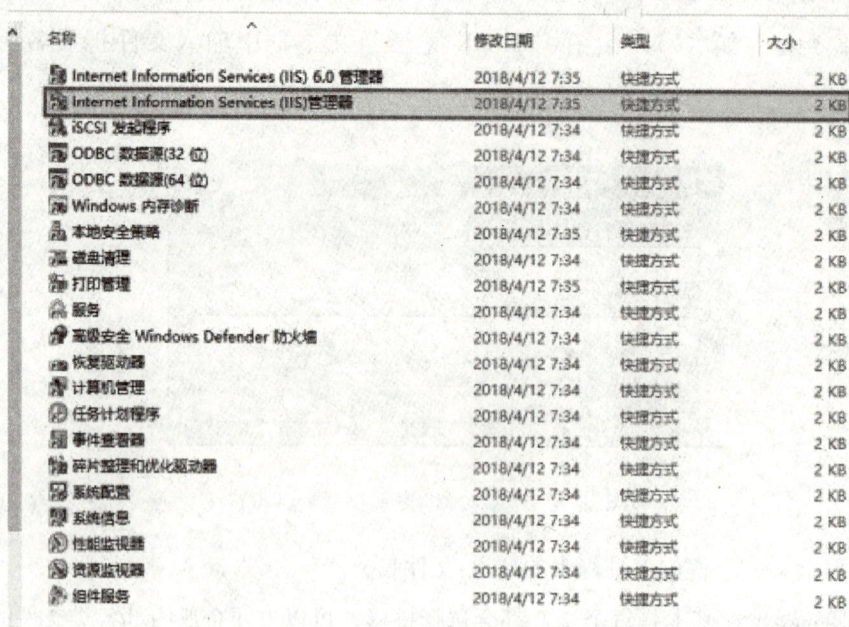

图 6.2-24 通过 IIS 搭建文件服务器（二）

3）在打开的窗口左侧依次点击展开，在初始默认的网站：Default web site 上方点击右键，在弹出的菜单中点击删除（图 6.2-25）。

4）在网站上方点击右键，在弹出的菜单中点击添加网站（图 6.2-26）。

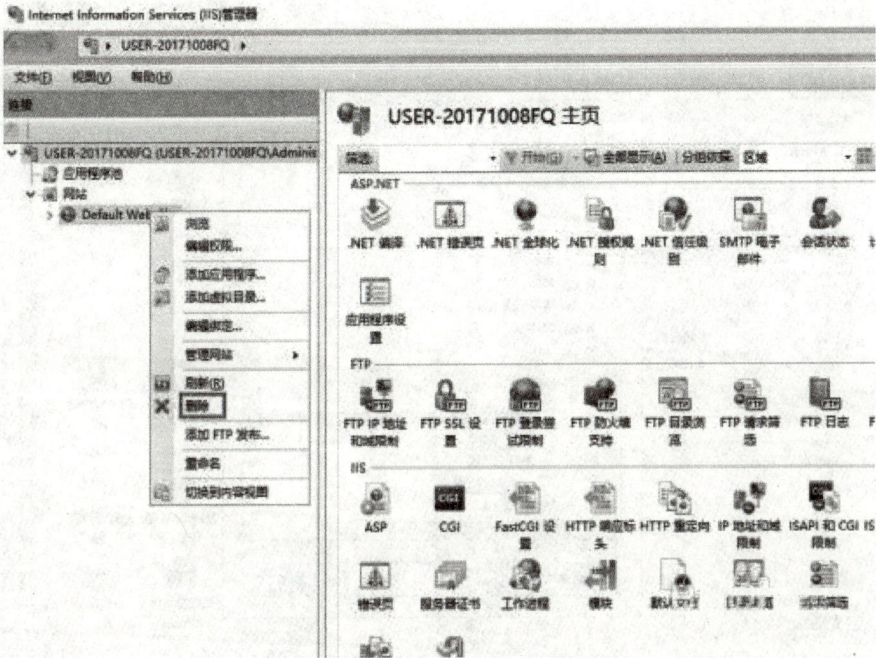

图 6.2-25　通过 IIS 搭建文件服务器（三）

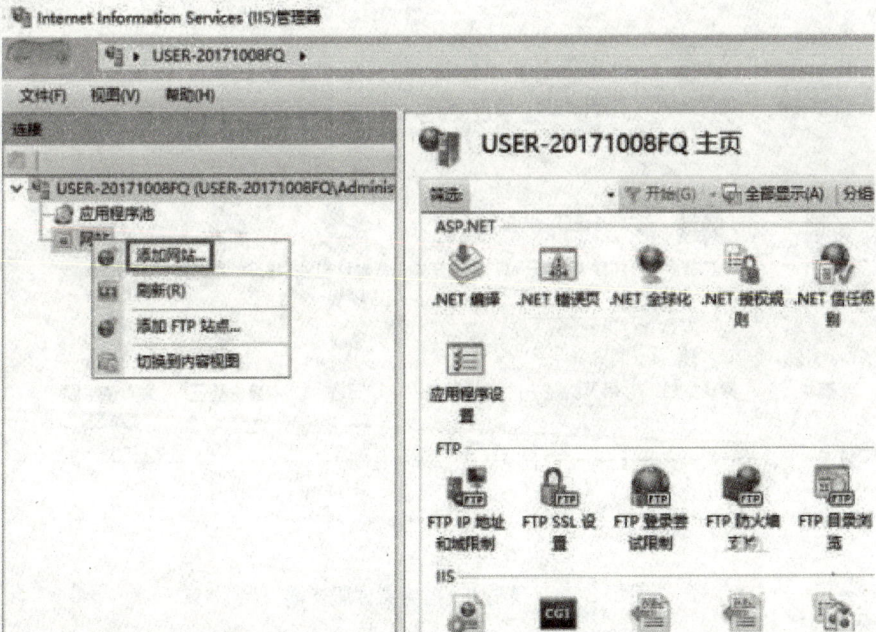

图 6.2-26　通过 IIS 搭建文件服务器（四）

5）在网站名称中随便填写，在物理路径后方点击浏览，选中要分享的文件，点击确定，其他默认即可，最后点击确定（图 6.2-27）。

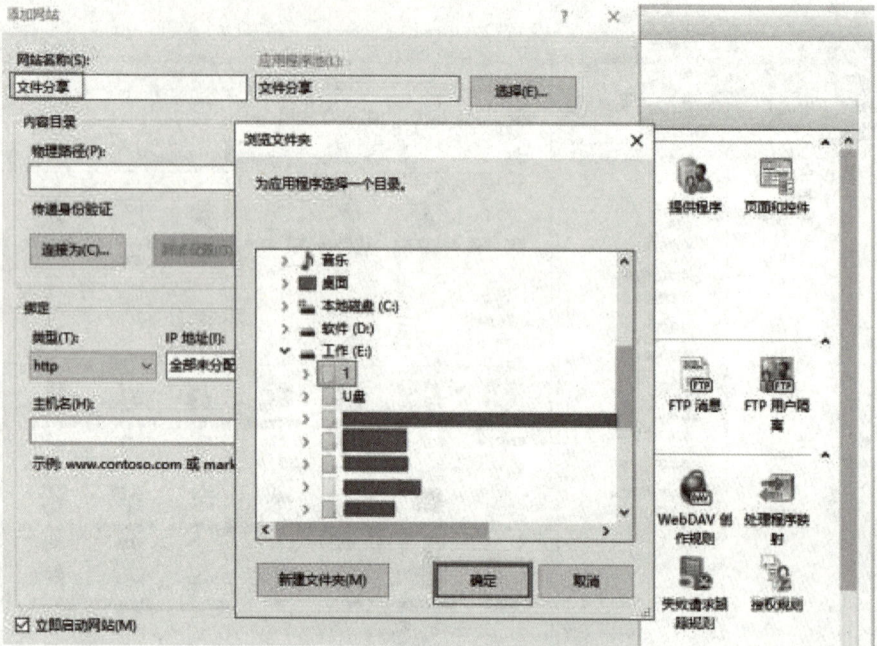

图 6.2-27　通过 IIS 搭建文件服务器（五）

6）在 IIS 控制器界面找到并双击打开目录浏览，点击启用即可（图 6.2-28）。

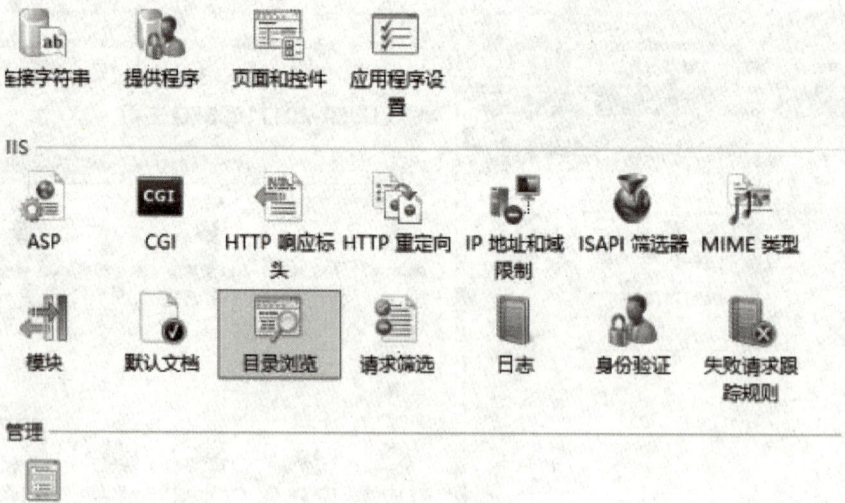

图 6.2-28　通过 IIS 搭建文件服务器（六）

7）这样直接在浏览器中输入该服务器 IP 地址，点击回车键就可以访问文件共享里面的文件了。

6.2.4　问题思考

1. Web 服务器搭建的操作步骤是什么？

2. 查找资料，说明 DNS 服务器搭建方式，并通过模拟器进行验证。

6.2.5　知识拓展

资源名称	Web 服务器配置	DNS 服务实现	FTP 协议分析	DHCP 服务实现
资源类型	视频	动画	动画	动画
资源二维码	6.2–2	6.2–3	6.2–4	6.2–5